AF277337

CÓDIGO ESTRUCTURAL
EJERCICIOS DE HORMIGÓN
ARMADO Y PRETENSADO

Por

ANTONI CLADERA BOHIGAS

CARLOS R. RIBAS GONZÁLEZ

JOAQUÍN G. RUIZ PINILLA

DAVID BOIXADER CAMBRONERO

BELLISCO
Ediciones Técnicas y Científicas   MADRID

1ª Edición 2024

Librería On-Line: *www.belliscovirtual.com*

PEDIDOS:

1. *Por Teléfono: 91 464 18 02*
2. *En web, www.belliscovirtual.com*
3. *Correo Electrónico: pedidos@belliscovirtual.com*
4. *En su librería habitual*

Impreso en España
Printed in Spain

ISBN: 978-84-128031-0-5
Depósito Legal: M-207-2024

IMPRESO POR: *SERVICEPOINT. Madrid*

Prólogo

En agosto de 2021, el Boletín Oficial del Estado sorprendió al sector de la ingeniería estructural española al publicar en el Boletín Oficial del Estado el Real Decreto 470/2021 por el que se aprobaba el **Código Estructural**. Una nueva normativa, de hormigón, acero y estructuras mixtas que trataba de acercar, no sin controversia, los Eurocódigos a la práctica estructural española. En relación al proyecto de estructuras de hormigón, el RD 470/2021 **derogaba la Instrucción EHE-08** proponiendo un nuevo articulado que podría considerarse una evolución de la anterior Instrucción en sus aspectos generales (Título 2), pero que en aspectos específicos de proyecto y cálculo (Anejo 19) se planteaba como una traducción con ciertas modificaciones del Eurocódigo 2 (UNE-EN 1992-1-1:2013 y UNE-EN 1992-1-1:2013/A1:2015). En sintonía con esta evolución, el Código Estructural también aborda los aspectos relativos a proyecto de estructuras de hormigón sometidas al fuego y las reglas especiales para puentes de hormigón.

Se prevé que, tras el voto favorable en mayo de 2023 del contenido del Eurocódigo 2 de segunda generación, el Código Estructural tenga un periodo de vigencia limitado. Con todo, resulta fundamental invertir esfuerzos en la creación de ejemplos aplicados, no solo con el propósito de guiar el diseño de nuevas estructuras bajo esta normativa actual, sino también para asegurar que, en el futuro, se puedan comprender a fondo los criterios que influenciaron los proyectos de estructuras en este periodo.

Surge así este libro, un **compendio de ejercicios resueltos** que se alinea con las disposiciones del Código Estructural, escrito por cuatro autores con distinta formación inicial desde la Ingeniería Civil, Industrial y la Arquitectura, con más de 20 años de experiencia docente transversal en Grados y Másteres de Edificación, Ingeniería Civil, Ingeniería Industrial e Ingeniería Agrónoma.

El libro plantea la **adquisición de competencias** en el proyecto de estructuras de hormigón mediante la resolución de problemas. Los contenidos se introducen en **10 bloques temáticos** consecutivos que acumulan progresivamente los conocimientos necesarios. Si bien el libro puede considerarse como la evolución de un libro anterior de tres de los cuatro autores actuales, se ha realizado un gran esfuerzo no sólo para adaptar los contenidos al Código Estructural sino también para mejorar la calidad gráfica del libro e incorporar nuevos problemas resueltos como el armado del alzado de un muro de contención de tierras, el cálculo frente a punzonamiento en losas sin y con armadura a cortante o en zapatas aisladas, el proyecto de una ménsula corta o el diagrama momento-curvatura de una jácena pretensada. Además, se han incluido comentarios para remarcar algunas diferencias entre el **Código Estructural** y el articulado general del **Eurocódigo 2** cuando se ha estimado necesario para la resolución de los ejercicios.

Los autores deseamos destacar nuestro compromiso con la difusión de conocimientos especializados a través de distintas plataformas digitales, que incluyen el canal de YouTube ConStruct-Ingenia y el blog Estructurando, plataformas que permiten a los entusiastas de la ingeniería estructural profundizar en diversas facetas teóricas y prácticas vinculadas a las estructuras de hormigón, acero o madera.

Le extendemos nuestro agradecimiento por su interés en este libro. Confiamos en que se erigirá como un recurso valioso en su trayectoria académica y profesional, siendo útil tanto para aquellos que se están iniciando en el proyecto de estructuras de hormigón como para profesionales que buscan actualizarse conforme a nuevas directrices, esta vez marcadas por el Código Estructural.

Los autores.

Palma y Cartagena, noviembre de 2023

Índice

Bloque temático 1. Análisis.

1.1 Obtención de esfuerzos de cálculo en una viga biapoyada con voladizos.

La viga que se muestra en la figura tiene una sección de 0,60 metros de canto por 0,40 metros de ancho. Sobre ella actúan las siguientes cargas:
- Sobrecarga de uso (q_k): .... 10 kN/m
- Sobrecarga puntual (Q_k): .... 15 kN

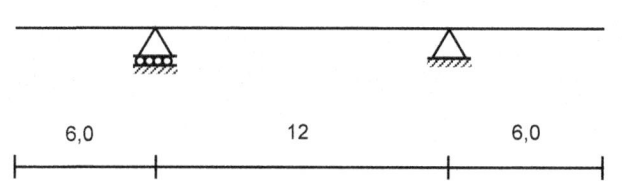

HA-30/F/20/XS1
B 500 SD
Cotas en metros
Nivel control intenso

6,0   12   6,0

Se pide:

a) **Obtener el esfuerzo flector más desfavorable para la comprobación del Estado Límite de Agotamiento frente a solicitaciones normales en las secciones de centro-luz y apoyo.**
b) **Determinar el esfuerzo cortante más desfavorable para la comprobación del ELU de Agotamiento frente a cortante.**
c) **Obtener la distribución de las cargas, y el valor representativo de dichas cargas, que utilizaría para la verificación del ELS de deformación (flecha total), tanto en centro luz como en el extremo del voladizo. No es preciso obtener los esfuerzos ni las flechas resultantes.**

Los coeficientes de combinación de las sobrecargas son:

ψ_0	ψ_1	ψ_2
0,7	0,5	0,3

Nota: Las sobrecargas de uso pueden no existir, o actuar en el vano central, en el voladizo izquierdo o/y el voladizo derecho. La carga puntual es única, y por tanto sólo puede estar en un punto en cada combinación. Sin embargo, la sobrecarga de uso repartida puede ocupar toda la estructura o distintas zonas de ella, en función de su efecto favorable o desfavorable.

Combinación de acciones
Para situaciones permanentes, la combinación de acciones para el cálculo de Estados Límite Últimos (apartados a y b) viene dada en el Código Estructural por (Anejo 18-§6.4.3.2):

$$\sum_{j\geq 1} \gamma_{G,j} G_{k,j} + \gamma_{Q,1} Q_{k,1} + \sum_{i>1} \gamma_{Q,i} \Psi_{0,i} Q_{k,i}$$

En general, para las acciones permanentes, la obtención de su efecto favorable o desfavorable se determina ponderando todas las acciones del mismo origen con el mismo coeficiente. Frecuentemente se considera un coeficiente parcial de seguridad desfavorable para las acciones permanentes, no obstante, podría requerirse en determinados casos el uso del coeficiente favorable. En cambio, para las acciones variables, el coeficiente parcial de seguridad dependerá, vano a vano, de si su efecto es favorable o desfavorable. Los coeficientes parciales a utilizar se definen, en el caso de estructuras de edificación, en el Código Técnico (Documento Básico SE Seguridad Estructural – Tabla 4.1):

Acciones permanentes: $\gamma_G = 1,35$ (efecto desfavorable)
Acciones variables: $\gamma_Q = 0$ (efecto favorable)
$\gamma_Q = 1,50$ (efecto desfavorable)

Por tanto, las cargas mayoradas a considerar para el cálculo de los esfuerzos serán:
- Cargas permanentes (peso propio): $g_k = 0,60 \cdot 0,40 \cdot 25$ kN/m³=6,0 kN/m

$$g_d = \gamma_G \cdot g_k = 1,35 \cdot 6 = 8,1 \text{ kN/m}$$

- Cargas variables: $q_d = \gamma_Q \cdot q_k = 1,50 \cdot 10 = 15$ kN/m (desfavorable)
$q_d = \gamma_Q \cdot q_k = 0 \cdot 10 = 0$ kN/m (favorable)
$Q_d = \gamma_Q \cdot Q_k = 1,50 \cdot 15 = 22,5$ kN (desfavorable)
$Q_d = \gamma_Q \cdot Q_k = 0 \cdot 15 = 0$ kN (favorable)

Una de las sobrecargas de uso deberá considerarse como acción variable principal, y la otra será la secundaria e irá multiplicada por el coeficiente de combinación, Ψ_0 (denominado coeficiente de simultaneidad en el Código Técnico de la Edificación). En este ejemplo, el efecto de la carga repartida será más desfavorable que la carga puntual, por lo que la primera se tomará como sobrecarga principal. En caso de duda se deberían realizar las dos combinaciones, intercambiando las cargas principales y secundarias entre sí, y tomar los esfuerzos máximos (los más desfavorables).

Momento flector más desfavorable en la sección de centro-luz
En la sección de centro-luz, el momento flector desfavorable será un momento flector positivo. El momento flector que produciría en la sección de centro luz la carga variable repartida en los voladizos sería negativo, por lo que su efecto sería favorable ($q_d = 0$ kN/m). La carga puntual se debe disponer en la posición de centro luz, con el valor $\Psi_0 \cdot Q_d = 0,7 \cdot 22,5 = 15,75$ kN.

Por tanto, el momento flector en la sección de centro luz se obtiene del siguiente esquema de cargas:

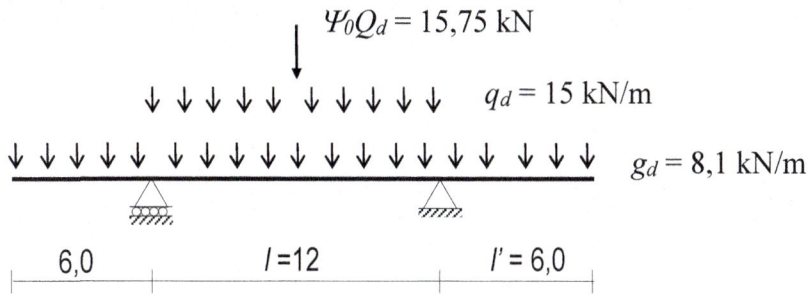

Los diagramas de momentos flectores producidos por cada acción son:

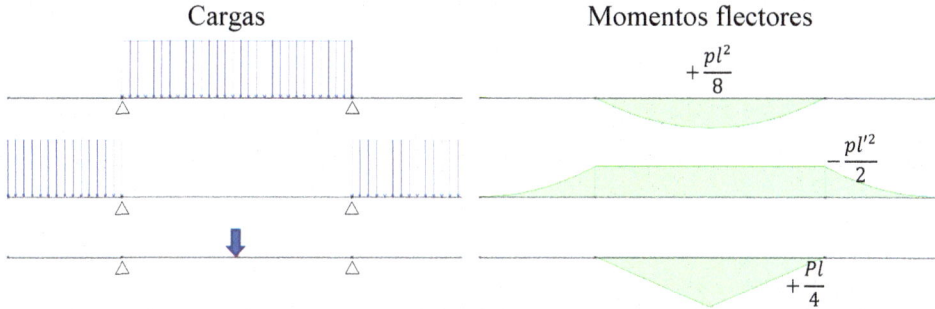

Por tanto, el momento flector de cálculo más desfavorable en la sección de centro luz, vale, considerando la zona central como biapoyada y el momento flector negativo que introduce la carga permanente en los voladizos:

$$M_{d,CL} = \frac{g_d \cdot l^2}{8} - \frac{g_d \cdot l'^2}{2} + \frac{q_d \cdot l^2}{8} + \frac{\Psi_0 Q_d \cdot l}{4} = \frac{8,1 \cdot 12^2}{8} - \frac{8,1 \cdot 6^2}{2} + \frac{15 \cdot 12^2}{8} +$$
$$\frac{15,75 \cdot 12}{4} = 145,8 - 145,8 + 270 + 47,25 = 317,25 \ kNm$$

Del cálculo anterior se observa que la carga permanente no introduce momento en la sección central. Al ser los voladizos exteriores de la mitad de la longitud que el vano central, los momentos quedan compensados. Dado que la carga repartida produce un momento flector mucho más elevado que la carga puntual, ha sido correcto considerar la carga repartida como la acción variable principal.

Momento flector más desfavorable en la sección de apoyos
El momento flector en el apoyo será negativo, y su valor depende únicamente de las cargas situadas en los voladizos, ya que la carga situada en el vano biapoyado no influye. Por tanto, el momento flector negativo será máximo cuando se disponga la máxima carga posible sobre el mismo y lo más alejada posible del apoyo, es decir, la carga repartida y la carga puntual en el extremo. El resultado evidentemente hubiera sido el mismo en caso de disponer la carga variable repartida por toda la viga.

$\downarrow \quad \Psi_0 Q_d = 15,75$ kN

$\downarrow \; \downarrow \; \downarrow \; \downarrow \; \downarrow \quad q_d = 15$ kN/m

$\downarrow \downarrow \downarrow \downarrow \downarrow \; \downarrow \downarrow \downarrow \downarrow \downarrow \; \downarrow \downarrow \downarrow \downarrow \downarrow \; \downarrow \downarrow \downarrow \quad g_d = 8,1$ kN/m

| 6,0 | $l = 12$ | $l' = 6,0$ |

$$M_{d,apoyo} = -\frac{g_d \cdot l'^2}{2} - \frac{q_d \cdot l'^2}{2} - \Psi_0 Q_d \cdot l = -\frac{8,1 \cdot 6^2}{2} - \frac{15 \cdot 6^2}{2} - 15,75 \cdot 6 =$$
$$-145,8 - 270 - 94,50 = -510,3 \, kNm$$

Esfuerzo cortante más desfavorable

No resulta evidente, a priori, saber en qué lado de los apoyos se produce el máximo esfuerzo cortante. Inicialmente, se calculará el máximo cortante en el apoyo por el lado del voladizo. Los esfuerzos se obtendrán a partir de la siguiente disposición de las cargas:

$\downarrow \quad \Psi_0 Q_d = 15,75$ kN

$\downarrow \; \downarrow \; \downarrow \; \downarrow \; \downarrow \quad q_d = 15$ kN/m

$\downarrow \downarrow \downarrow \downarrow \downarrow \; \downarrow \downarrow \downarrow \downarrow \downarrow \; \downarrow \downarrow \downarrow \downarrow \downarrow \; \downarrow \downarrow \downarrow \quad g_d = 8,1$ kN/m

| $l' = 6,0$ | $l = 12$ | $l' = 6,0$ |

La carga repartida se podría poner por toda la estructura y la carga puntual en cualquier punto del voladizo. El esfuerzo cortante valdría:

$$V_d = g_d l' + q_d l' + \Psi_0 Q_d = 8,1 \cdot 6 + 15 \cdot 6 + 15,75 = 154,35 \, kN$$

También es posible obtener el máximo esfuerzo cortante en el mismo apoyo, pero en el lado interior. En este caso, la carga variable repartida en el voladizo extremo contrario es favorable, por lo que no debe colocarse. La carga puntual se debería colocar muy cerca del apoyo para obtener el máximo cortante. Se dispone a un canto útil del eje, ya que como se verá en temas posteriores, si la carga está más cerca del apoyo ésta entra directamente como una biela comprimida y no influye en el cálculo de la armadura a cortante. El canto útil se podría tomar como $d \approx 55$ cm, pero como todavía no se ha llegado al apartado correspondiente, se tomará para la resolución de este problema igual al canto total, $h = 60$ cm.

$\Psi_0 Q_d = 15,75$ kN

$q_d = 15$ kN/m

$g_d = 8,1$ kN/m

$l' = 6,0$ $l = 12$ $l' = 6,0$

Por equilibrio se calculan las reacciones R_A y R_B.

$$R_A + R_B = g_d(l + 2 \cdot l') + q_d(l + l') + \Psi_0 Q_d$$

$$R_B \cdot l = \Psi_0 Q_d \cdot 0,60 + g_d(l + 2 \cdot l')\frac{l}{2} + q_d(l + l')(\frac{l+l'}{2} - l')$$

Resultando:

$$R_B = 165,49 \ kN$$
$$R_A = 314,66 \ kN$$

El cortante por la izquierda del apoyo A, vale:

$$V_{d,izq} = g_d l' + q_d l' = 8,1 \cdot 6 + 15 \cdot 6 = 138,6 \ kN$$

Y por la derecha, por tanto:

$$V_{d,der} = 314,66 - 138,6 = 176,06 \ kN$$

El esfuerzo cortante más desfavorable se produce en el lado interior (176,06 kN). Para armar a cortante esta viga, se debería considerar el cortante por cada lado del apoyo, ya que la armadura a cortante podrá ser diferente a cada lado del mismo.

Combinación de cargas para cálculo de la flecha total en el centro de la luz

La comprobación de la flecha total, según el Código Técnico (DB-SE §4.3.3.1), se realiza para la combinación casipermanente.

$$\sum_{j \geq 1} G_{k,j} + \sum_{i \geq 1} \Psi_{2,i} Q_{k,i}$$

El coeficiente de combinación Ψ_2 vale 0,3 según el enunciado del problema. La combinación de cargas que maximiza la flecha en el centro del vano viene dada por:

$\Psi_2 Q_k = 4,5$ kN

$\Psi_2 q_k = 3$ kN/m

$g_k = 6,0$ kN/m

$l' = 6,0$ $l = 12$ $l' = 6,0$

Combinación de cargas para cálculo de la flecha total en extremo del voladizo

Del mismo modo, la distribución de cargas que produce la máxima flecha hacia abajo en el extremo del voladizo, quedaría:

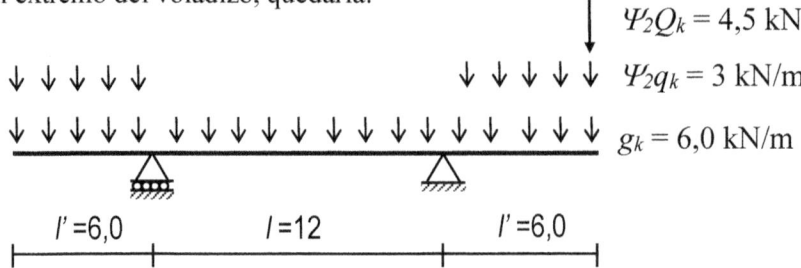

La carga variable distribuida debe ponerse en los dos voladizos extremos para obtener la máxima flecha.

1.2 Obtención de esfuerzos de cálculo en una viga continua de tres vanos.

La viga de tres vanos de la figura es una viga plana de sección rectangular de 70 cm de ancho y 29 cm de canto. Es una viga intermedia de un forjado unidireccional. La distancia transversal entre vigas es de 4,50 metros. Las cargas actuantes son:
- **Peso del forjado de vigueta y bovedilla: 3,15 kN/m²**
- **Peso del pavimento: 1,0 kN/m²**
- **Tabiquería: 1,0 kN/m²**
- **Sobrecarga de uso: 2,0 kN/m²**

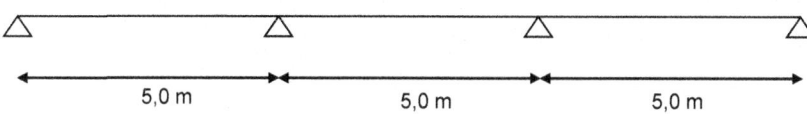

Se pide:

a) **Obtener el máximo momento flector positivo en los vanos extremos y en el vano central para el cálculo de ELU de flexión.**
b) **Obtener el máximo momento flector negativo de la viga para el cálculo del ELU de flexión.**
c) **Determinar el esfuerzo cortante más desfavorable en el apoyo extremo para el cálculo del ELU de agotamiento por esfuerzo cortante.**
d) **Determinar el esfuerzo cortante más desfavorable en el apoyo interior para el cálculo del ELU de agotamiento por esfuerzo cortante.**
e) **Obtener la distribución de las cargas y el valor de las mismas para la verificación del ELS de deformación (integridad de los tabiques rígidos) del vano exterior.**

Combinación de acciones

Para situaciones permanentes, la combinación de acciones para el cálculo de ELU (apartados a - d) viene dada en el Código Estructural (Anejo 18-§6.4.3.2):

$$\sum_{j\geq 1} \gamma_{G,j} G_{k,j} + \gamma_{Q,1} Q_{k,1} + \sum_{i>1} \gamma_{Q,i} \Psi_{0,i} Q_{k,i}$$

El peso propio de la viga plana, el peso del forjado de vigueta y bovedilla, el peso del pavimento y el de los tabiques conforman las cargas permanentes. La única carga variable es la sobrecarga de uso.

En general, para las acciones permanentes, la obtención de su efecto favorable o desfavorable se determina ponderando todas las acciones del mismo origen con el mismo coeficiente (en general, desfavorable). En cambio, para las acciones variables, su coeficiente parcial de seguridad dependerá, vano a vano, de si su efecto es favorable o desfavorable. Los coeficientes parciales a utilizar se definen, en el caso de estructuras de edificación, en el Código Técnico (Documento Básico SE Seguridad Estructural – Tabla 4.1):

Acciones permanentes: $\gamma_G = 1,35$ (efecto desfavorable)

Acciones variables: $\gamma_Q = 0$ (efecto favorable)

$\gamma_Q = 1,50$ (efecto desfavorable)

Por tanto, las cargas mayoradas a considerar para el cálculo de los esfuerzos serán:

- Peso propio viga: $g_{k,1} = 0,70 \cdot 0,29 \cdot 25$ k/m^3 = 5,075 kN/m

  $g_{d,1} = \gamma_G \cdot g_{k,1} = 1,35 \cdot 5,075 = 6,85$ kN/m

- Peso forjado: $g_{k,2} = 3,15 \cdot (4,50-0,70) = 11,97$ kN/m

  $g_{d,2} = \gamma_G \cdot g_{k,2} = 1,35 \cdot 11,97 = 16,16$ kN/m

- Pavimento: $g_{k,3} = 1,00 \cdot 4,50 = 4,50$ kN/m

  $g_{d,3} = \gamma_G \cdot g_{k,3} = 1,35 \cdot 4,50 = 6,08$ kN/m

- Tabiquería: $g_{k,4} = 1,00 \cdot 4,50 = 4,50$ kN/m

  $g_{d,4} = \gamma_G \cdot g_{k,4} = 1,35 \cdot 4,50 = 6,08$ kN/m

- Sobrecarga: $q_k = 2,00 \cdot 4,50 = 9,00$ kN/m

  $q_d = \gamma_Q \cdot q_k = 1,50 \cdot 9,00 = 13,50$ kN/m(desfavorable)

  $q_d = \gamma_Q \cdot q_k = 0 \cdot 9,00 = 0$ kN/m (favorable)

El total de cargas permanentes mayoradas es igual a $g_d = 35,17$ kN/m.

Máximo momento flector positivo en el vano extremo

Las cargas a disponer, teniendo en cuenta el efecto favorable o desfavorable de la sobrecarga de uso, se representan en el siguiente esquema:

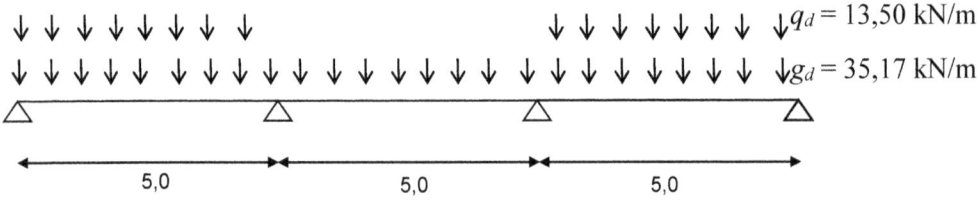

La obtención de los esfuerzos hiperestáticos se realizará a partir del prontuario Ensidesa, mediante el principio de superposición de las leyes de esfuerzos. Para ello, la estructura anterior se descompone en dos situaciones de carga:

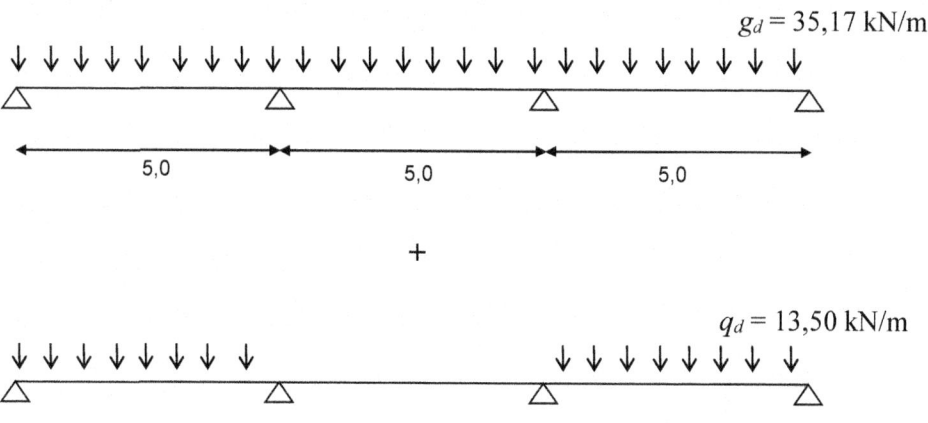

$$+$$

$$M_d = 0,080 \cdot g_d \cdot l^2 + 0,101 \cdot q_d \cdot l^2 = 0,08 \cdot 35,17 \cdot 5^2 + 0,101 \cdot 13,50 \cdot 5^2$$

Por lo que el momento flector positivo máximo será igual a:
$$= 70,34 + 34,09 = 104,43 \; kNm$$

El resultado obtenido es ligeramente incorrecto por el lado de la seguridad, ya que la sección dónde se produce el máximo momento flector en las dos estructuras anteriores no es la misma, aunque el error producido es pequeño.

Máximo momento flector positivo en el vano interior

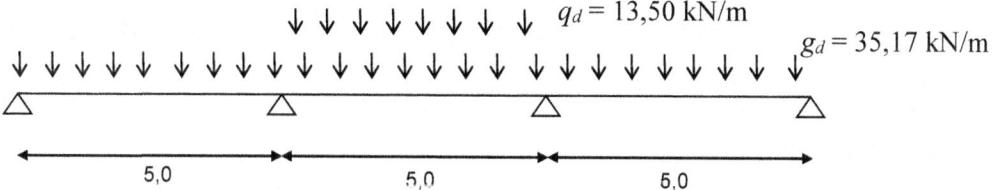

Por lo que el momento flector positivo máximo será igual a:
$$M_d = 0,025 \cdot g_d \cdot l^2 + 0,075 \cdot q_d \cdot l^2 = 0,025 \cdot 35,17 \cdot 5^2 + 0,075 \cdot 13,50 \cdot 5^2$$
$$= 21,98 + 25,31 = 47,29 \; kNm$$

En este caso la solución es exacta.

Máximo momento flector negativo
El máximo momento flector negativo se producirá sobre el apoyo interior, y por simetría será igual en los dos apoyos. Calculando el máximo momento en el apoyo interior izquierdo:

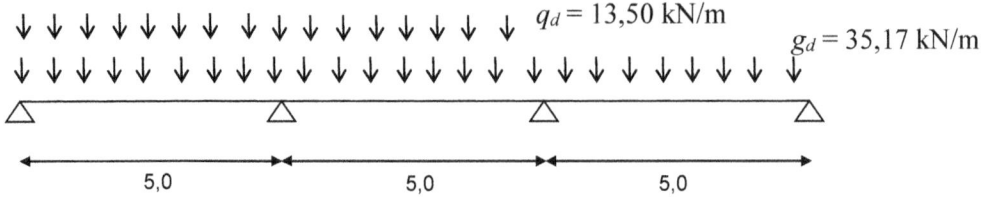

El momento negativo resulta (ver prontuario Ensidesa):
$$M_d = -0,100 \cdot g_d \cdot l^2 - 0,117 \cdot q_d \cdot l^2 = -0,1 \cdot 35,17 \cdot 5^2 - 0,117 \cdot 13,50 \cdot 5^2$$
$$= -87,93 - 39,49 = -127,42 \; kNm$$

Esfuerzo cortante en el apoyo extremo
El máximo esfuerzo cortante en el apoyo exterior se obtiene a partir de la siguiente distribución de cargas. La carga variable en el vano central produciría un cortante de signo contrario, por lo que su efecto sería favorable.

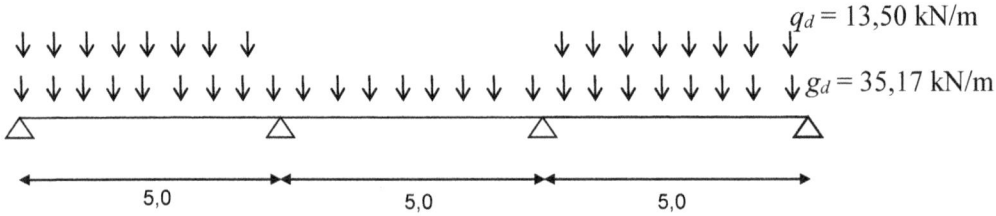

El cortante en el apoyo vale:
$$V_d = 0,400 \cdot g_d \cdot l + 0,450 \cdot q_d l = 0,4 \cdot 35,17 \cdot 5 + 0,45 \cdot 13,50 \cdot 5$$
$$= 70,34 + 30,38 = 100,72 \; kN$$

Esfuerzo cortante en el apoyo interior
El máximo esfuerzo cortante en el apoyo interior se da por el vano exterior. La distribución de cargas será:

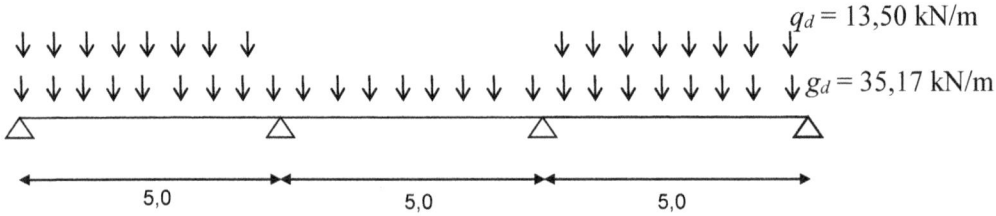

$$V_d = -0,600 \cdot g_d \cdot l - 0,617 \cdot q_d l = -0,6 \cdot 35,17 \cdot 5 - 0,617 \cdot 13,50 \cdot 5$$
$$= -105,51 - 41,65 = -147,16 \; kN$$

En cualquier caso, el ELU de agotamiento por esfuerzo cortante se deberá calcular en cada lado del apoyo, ya que la distribución de los cercos no tiene porqué ser igual. El cortante en el apoyo interior por el lado interior vale, a partir de la misma distribución de acciones que en el caso anterior:

$$V_d = 0,500 \cdot g_d \cdot l + 0,583 \cdot q_d l = 0,5 \cdot 35,17 \cdot 5 + 0,583 \cdot 13,50 \cdot 5$$
$$= 87,93 + 39,35 = 127,28 \; kN$$

Combinación de cargas para ELS (integridad)

La comprobación de integridad, según el Código Técnico (DB-SE §4.3.3.1), se realiza para la combinación característica, considerando sólo las deformaciones que se producen tras la puesta en obra de los tabiques. En el Código Estructural (Anejo 18-§6.5.3) se define la combinación característica como:

$$\sum_{j \geq 1} G_{k,j} + Q_{k,1} + \sum_{i>1} \Psi_{0,i} Q_{k,i}$$

Las cargas instantáneas que se producen tras la construcción de los tabiques son producidas por el pavimento y la sobrecarga de uso. Las otras acciones, si bien se deberán tener en cuenta en el cálculo de deformaciones diferidas (se verá más adelante en el curso), no producen deformación instantánea para la comprobación de integridad, dado que ésta se produjo antes de la colocación de los tabiques.

En el caso del ejercicio hay una única carga variable (caso muy común en interiores de edificación), por lo que no es necesario aplicar los coeficientes de combinación, Ψ_0.

La flecha máxima se producirá en el vano extremo, al ser los tres vanos de la misma longitud. Si los vanos extremos tuvieran una menor longitud que el vano interior, sería necesario calcular la flecha en los vanos exterior e interior.

La combinación de cargas para el cálculo de la flecha instantánea para la comprobación de integridad es:

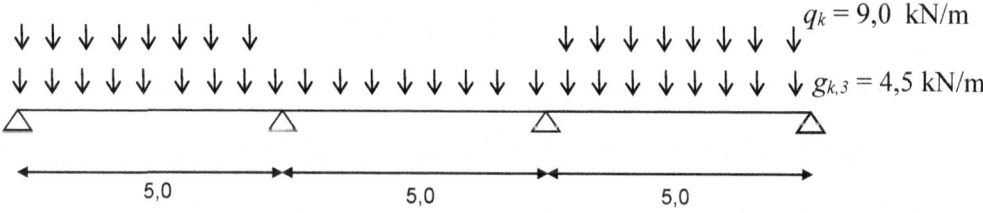

1.3 Obtención de esfuerzos de cálculo en una correa de cubierta.

La cubierta de una nave prefabricada de hormigón está resuelta con un cerramiento ligero de panel sándwich apoyado sobre correas tubulares de hormigón pretensado.

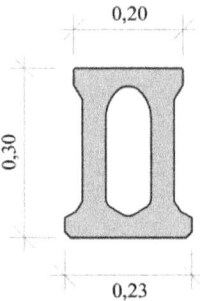

Definición geométrica sección correa tubular (cotas en m)

Las correas se consideran biapoyadas y salvan una luz entre pórticos de 10 m. El área transversal bruta de éstas es de 35.600 mm², y la separación (intereje) entre ellas es de 2 m.

Disposición correas en cubierta.

Las cargas a considerar son las siguientes.
- Peso propio de la correa
- Peso propio panel sandwich: 0,15 kN/m²
- Sobrecarga de uso mantenimiento (categoría G): 0,40 kN/m²
- Viento (succión): -0,80 kN/m²
- Viento (presión): 0,30 kN/m²
- Nieve (altitud<1000 m): 0,20 kN/m²

Se pide:

a) Obtener el máximo momento flector positivo para el cálculo de la correa a ELU de flexión.
b) Obtener el máximo momento flector negativo (o mínimo positivo) para el cálculo de la correa a ELU de flexión.

Notas:

- **Realizar las combinaciones de acciones según el Código Técnico de la Edificación (CTE).**
- **Dada la baja pendiente de la cubierta, considerarla plana a efectos de cálculo.**

Obtención de las cargas actuantes sobre las correas

Considerando el intereje de 2 m, las cargas lineales actuantes sobre las correas son:

- Peso propio correa q_{cor} = 25 kN/m^3 · 35.600 mm^2 · 10^{-6} = 0,89 kN/m
- Peso propio panel sándwich q_{panel} = 0,15 kN/m^2· 2 m = 0,30 kN/m
- Sobrecarga de uso mantenimiento q_{uso} = 0,40 kN/m^2· 2 m = 0,80 kN/m
- Viento (succión) $q_{v,s}$ = -0,80 kN/m^2· 2 m = -1,60 kN/m
- Viento (presión) $q_{v,p}$ = 0,30 kN/m^2· 2 m = 0,60 kN/m
- Nieve (altitud<1000 m) q_n = 0,20 kN/m^2· 2 m = 0,40 kN/m

Combinación de acciones

Los valores de cálculo de las acciones para el cálculo estructural de las correas vienen dados en el apartado 4.2.2 del CTE DB SE:

$$\sum_{j \geq 1} \gamma_{G,j} G_{k,j} + \gamma_{Q,1} Q_{k,1} + \sum_{i>1} \gamma_{Q,i} \Psi_{0,i} Q_{k,i}$$

Los coeficientes parciales a utilizar serán (Tabla 4.1 CTE DB SE):

Acciones permanentes: $\gamma_G = 1,35$ (efecto desfavorable)
$\gamma_G = 0,80$ (efecto favorable)
Acciones variables: $\gamma_Q = 1,50$ (efecto desfavorable)
$\gamma_Q = 0,00$ (efecto favorable)

Los coeficientes de combinación (Tabla 4.2 CTE DB SE):

Cubiertas categoría G1: $\Psi_{0,uso} = 0,00$
Nieve altitud < 1000 m: $\Psi_{0,n} = 0,50$
Viento: $\Psi_{0,v} = 0,60$

Cabe destacar que el coeficiente parcial de seguridad para acciones permanentes favorables tiene un valor de 1,00 según Eurocódigo, en lugar del 0,80 que se considera en el CTE.

a) Máximo flector positivo: en este caso, se busca la combinación que produce la máxima carga en sentido de la gravedad, hacia abajo, a partir de cuyo valor, se obtendrá el máximo flector positivo de cálculo. A continuación, se valoran varias combinaciones:

C1: Uso como acción principal*:
$$C1 \equiv \gamma_G \cdot (q_{cor} + q_{panel}) + \gamma_Q \cdot q_{uso}=$$
$$=1{,}35 \cdot (0{,}89+0{,}30)+1{,}50 \cdot 0{,}80=2{,}81 \text{ kN/m}$$

C2: Viento (presión) como acción principal:
$$C2 \equiv \gamma_G \cdot (q_{cor} + q_{panel}) + \gamma_Q \cdot q_{v,p} + \gamma_Q \cdot q_n \cdot \Psi_{0,n}=$$
$$=1{,}35 \cdot (0{,}89+0{,}30)+1{,}50 \cdot 0{,}60+1{,}50 \cdot 0{,}40 \cdot 0{,}50=2{,}81 \text{ kN/m}$$

C3: Nieve como acción principal:
$$C3 \equiv \gamma_G \cdot (q_{cor} + q_{panel}) + \gamma_Q \cdot q_n + \gamma_Q \cdot q_{v,p} \cdot \Psi_{0,v}=$$
$$=1{,}35 \cdot (0{,}89+0{,}30)+1{,}50 \cdot 0{,}40+1{,}50 \cdot 0{,}60 \cdot 0{,}60=2{,}75 \text{ kN/m}$$

*Nota: la sobrecarga de uso de mantenimiento no se considera concomitante con el resto de acciones variables (CTE DB SE Tabla 3.1).

La combinación que matemáticamente arroja el valor máximo es la C1, que coincide numéricamente con la C2, siendo el momento:
$$M_{Ed} = \frac{2{,}81 \cdot 10^2}{8} = 35{,}13 \ kNm$$

b) Máximo flector negativo (o mínimo positivo): En este caso, se busca la combinación que produce la máxima carga de levantamiento, hacia arriba, o la mínima hacia abajo si no llega a invertirse la carga. A partir de cuyo valor, se obtendrá el máximo flector negativo de cálculo. A continuación, se valora la combinación más desfavorable:

C4: Cubierta descargada con máxima succión
$$C4 \equiv \gamma_G \cdot (q_{cor} + q_{panel}) + \gamma_Q \cdot q_{v,s} + \gamma_Q \cdot (q_n \cdot \Psi_{0,n})=$$
$$=0{,}80 \cdot (0{,}89+0{,}30)-1{,}50 \cdot 1{,}60+0 \cdot (0{,}40 \cdot 0{,}50)= -1{,}45 \text{ kN/m}$$

Es decir, se invierte la ley de momentos respecto al caso anterior, con valor:
$$M_{Ed} = \frac{-1{,}45 \cdot 10^2}{8} = -18{,}10 \ kNm$$

Se pone de manifiesto la importancia de chequear todas las combinaciones, ya que el apartado a) produce tracciones en la cara inferior de la correa, mientras que el apartado b) las produce en la cara superior, aspecto que repercutirá en el armado de la correa y en el anclaje de las mismas con la estructura principal.

Bloque temático 2. Durabilidad.

2.1 Determinación características hormigón por criterios de durabilidad.

En el paseo marítimo de Alcudia (Mallorca) se proyecta un edificio de hormigón armado.

Define las características del hormigón a utilizar para garantizar la durabilidad adecuada de la parte de la estructura en la que los elementos estructurales están en contacto con la atmósfera.

NOTA:
Define al máximo las características del hormigón, con los datos facilitados.

El edificio se encuentra en un ambiente marino, sin contacto directo con el agua, por lo que según la tabla 27.1.a del Código Estructural (Título 2-§27), la clase de exposición es **XS1** (corrosión inducida por cloruros de origen marino – expuestos a aerosoles marinos, pero no en contacto directo con el agua de mar). En caso de encontrarse el edificio en el interior de instalaciones portuarias (no se considera este caso en la resolución), el Código Estructural establece que se debería prescribir clase de exposición XS3. Adicionalmente, los elementos de hormigón visto están sometidos a la acción del agua de lluvia, por lo que su entorno implicaría sequedad y humedad cíclicas (XC4), si bien, esta clase de exposición es menos restrictiva que la anterior. Con los datos facilitados no se deduce que haya ninguna otra clase de exposición aplicable.

Las tablas 43.2.1.a y 43.2.1.b del Capítulo 9 "Durabilidad de las estructuras de hormigón" (Título 2-§43), definen que para este tipo de clase de exposición (XS1):

- La relación máxima agua/cemento (a/c) tiene que ser menor a 0,50.
- El mínimo contenido de cemento (c) debe ser de 300 kg/m³.
- La resistencia característica mínima esperada del hormigón es de 30 N/mm². Esta resistencia característica mínima es de obligatorio cumplimiento, al igual que los dos parámetros anteriores, en el Código Estructural.

Fíjese que los valores tomados para la relación máxima a/c corresponden al ambiente XS1, ya que este caso es más restrictivo que el XC4. Los otros dos valores son idénticos para hormigones en ambientes XC4 y XS1.

Observación final: se ha considerado que los elementos de hormigón están en contacto con el agua de lluvia (XC4). En caso de estar en el exterior, pero protegidos frente al agua de lluvia, la clase de exposición sería XC3, aunque no cambiarían las características necesarias del hormigón que se han definido, al ser preceptivas frente a la clase XS1.

2.2 Determinación del recubrimiento nominal y mecánico por criterios de durabilidad.

Una empresa de prefabricación fabrica jácenas pretensadas en T invertida para aparcamientos, las características geométricas se presentan en la figura siguiente.

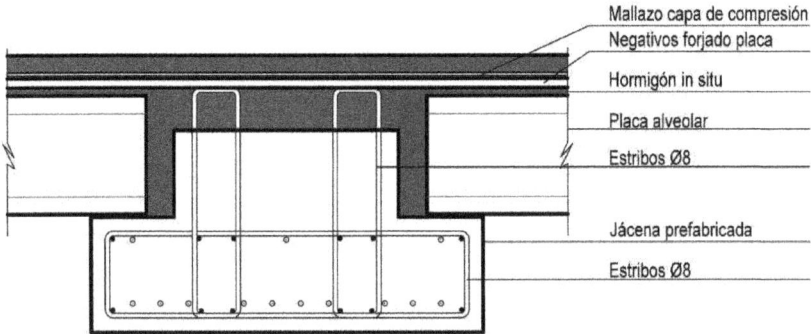

El hormigón es de resistencia característica $f_{ck} \geq 40$ N/mm², y el control de ejecución intenso. El tipo de cemento utilizado es CEM II/A-D. Se prevé una vida útil de la estructura de 50 años.

Define, atendiendo a lo establecido en el Código Estructural:
- **el recubrimiento nominal por durabilidad si la clase de exposición es de humedad moderada,**
- **la altura mínima del centro de gravedad de las armaduras activas del elemento pretensado, sabiendo que tienen 9,3 mm de diámetro.**

Según la tabla 27.1.a del Código Estructural (Título 2-§27), la clase de exposición puede considerarse **XC3**, es decir, clase de exposición con corrosión inducida por carbonatación en entorno con humedad moderada (elementos de hormigón armado o pretensado dentro de recintos cerrados con humedad media o alta (HR > 65%). Excepcionalmente, en caso de que el edificio se ubicase en un entorno seco (HR < 65%) se podría considerar clase XC1.

El recubrimiento nominal, c_{nom}, viene dado por la expresión (Título 2-§43.4.1):
$$c_{nom} = c_{min} + \Delta c_{dev}$$

donde:
- c_{min} es el recubrimiento mínimo dado en las tablas 44.2.1.1 del Código Estructural (para clases XC), y que en este caso es de 15 mm, ya que el cemento utilizado para la jácena pretensada no es del tipo CEM I, la vida útil del elemento está prevista que sea de 50 años, la clase de exposición es

XC3 y el hormigón tiene una resistencia característica a compresión $f_{ck} \geq 40$ N/mm².

- Δc_{dev} es el margen de recubrimiento, que está en función del nivel de control de ejecución, y en este caso es de 0 mm, al tratarse de un elemento prefabricado con un nivel intenso de control de ejecución (Tabla 43.4.1).

Por tanto, el recubrimiento nominal es de:

$$c_{nom} = c_{min} + \Delta c_{dev} = 15 + 0 = 15 \; mm$$

La altura mínima del centro de gravedad de las armaduras, con respecto a la base de la jácena, por cuestiones de durabilidad es de:

$$h_{As} = c_{nom} + \emptyset_{cercos} + \frac{1}{2} \emptyset_{arm.long.} = 15 + 8 + \frac{1}{2} 9{,}3 = 27{,}65 \; mm$$

siendo 8 mm el diámetro de los cercos, tal y como consta en el croquis del enunciado y 9,3 mm el diámetro de la armadura activa. Redondeando, podría considerarse una altura mínima de 28 mm (o 3 cm si se desea redondear al centímetro).

2.3 Determinación clase de exposición y características hormigón por criterios de durabilidad en un forjado de un edificio para aparcamientos.

Se ha proyectado un edificio de aparcamiento para coches en una localidad situada en los Pirineos. El proyecto fue elaborado en base a la Instrucción EHE-08, y le solicitan qué clase de exposición se debería considerar para poder adaptar el proyecto al Código Estructural. También le solicitan qué características debería tener el hormigón para cumplir los criterios de durabilidad. La consulta se la realizan telefónicamente, y únicamente le indican que se trata de un edificio sobre rasante, proyectado en hormigón armado visto, y que por razones de ventilación el edificio cuenta con grandes aberturas en la fachada.

El Código Estructural (Título 2-§27.1) establece que un elemento de hormigón estructural puede estar simultáneamente en diferentes clases de exposición, pudiéndose referir las diferentes clases a diferentes tipos de ataque (carbonatación, cloruros de origen marino u otros orígenes, ciclos hielo-deshielo, ataque químico, erosión, etc.).

En el caso descrito en el enunciado, el hormigón podría estar expuesto al contacto con el agua de lluvia debido a las grandes aberturas en la fachada, por lo que, frente a la corrosión inducida por carbonatación, se debería considerar una clase XC4 (sequedad y humedad cíclicas).

Según el Código Estructural (Título 2-§27.1), el autor del proyecto considerará que un elemento está expuesto a la helada cuando está ubicado en zonas con una humedad ambiental en invierno que supera al 75% de humedad relativa y tenga una probabilidad anual superior al 50% de alcanzar al menos una vez temperaturas por debajo de -5 °C. Asimismo, considerará que es probable el uso de sales fundentes cuando el elemento esté ubicado en zonas con más de 5 nevadas anuales o con un valor medio de la temperatura media en invierno inferior a 0 °C.

Al proyectarse el edificio en los Pirineos, donde es frecuente el uso de sales de deshielo en las calzadas, se considerará la posible corrosión inducida por cloruros de origen no marino. Las losas en aparcamientos son uno de los elementos que se presentan como ejemplo de clase de exposición XD3 (ciclos de humedad y secado en corrosión inducida por cloruros de origen no marino). Además, el ataque de hielo/deshielo también debe preverse, suponiéndose que se cumplen las condiciones del párrafo anterior. Si bien en el interior de un edificio de aparcamiento no se utilizan sales fundentes, los elementos de hormigón estarán previsiblemente expuestos a sus salpicaduras a través de los neumáticos. Por ese motivo, se considera clase XF4, propia de elementos con superficies horizontales donde se puede acumular el agua y que están expuestas a las salpicaduras.

El tráfico de vehículos también puede provocar la erosión del hormigón (ataque mecánico). Se prevé, por ello, una clase de exposición XM1 (elementos sometidos a erosión/abrasión moderada).

Por todo lo anterior, se considera que el hormigón de las losas deberá preverse para las clases de exposición XC4 + XD3 + XF4 + XM1.

Las tablas 43.2.1.a y 43.2.1.b del Capítulo 9 "Durabilidad de las estructuras de hormigón" (Título 2-§43) definen que para un hormigón expuesto a estas clases de exposición:

- La relación máxima agua/cemento (a/c) tiene que ser menor a 0,50.
- El mínimo contenido de cemento (c) debe ser de 325 kg/m^3.
- La resistencia característica mínima esperada del hormigón es de 30 N/mm^2.

Los tres requisitos anteriores son de obligado cumplimiento según el Código Estructural. Nótese que, al estar la estructura expuesta a más de una clase de exposición, se ha considerado el criterio más exigente entre los establecidos para cada clase.

Bloque temático 3. Materiales – Proyecto.

3.1 Determinación coeficiente de fluencia para el cálculo de flechas.

En el ejercicio 8.3 se calculará la flecha total de una viga biapoyada de hormigón armado, de 5 metros de luz, sometida a las siguientes acciones:

–	Peso propio:	$3,5 \ kN/m^2$	a	28 días	$G_{k,1}$
–	Tabiquería:	$1,0 \ kN/m^2$	a	90 días	$G_{k,2}$
–	Solado	$1,5 \ kN/m^2$	a	120 días	$G_{k,3}$
–	S.C. de uso	$2,0 \ kN/m^2$	a	365 días	$Q_{k,1}$

El ancho tributario del forjado que descansa sobre la viga es de 5 m. La sección de la viga es de 60 cm de ancho y 30 cm de canto y el recubrimiento mecánico es igual a 4 cm. El armado inferior está compuesto de 7ϕ20 y el armado superior de 3ϕ12. La resistencia característica de proyecto es f_{ck} = 25 MPa y se utilizará un cemento de clase resistente CEM 42,5 R.

Se pide calcular el coeficiente de fluencia a tiempo infinito para las diferentes cargas aplicadas, suponiendo que el forjado se encuentra en condiciones interiores.

Se utilizará el método gráfico dado en el A19- §3.1.4 del Código Estructural, que es aceptable para casos en los que no se necesite una gran precisión. La hipótesis de condiciones internas es equivalente, según la Figura A19.3.1 a una humedad relativa del 50%. Los datos de entrada necesarios para el cálculo de cada coeficiente de fluencia son:

- Edad de puesta en carga, t_0. Este dato se presenta en el enunciado para cada carga.
- Espesor medio $h_0 = 2A_c/u$, donde A_c es el área de la sección de hormigón y u es el perímetro en contacto expuesto al secado. En la viga plana objeto de estudio, suponiendo que solo las caras superiores e inferiores están expuestas directamente al secado, resulta $h_0 = 2A_c/u = 2 \cdot 600 \cdot 300/(2 \cdot 600) = 300$ mm.
- Tipo de cemento. En A19- §3.1.2 se indica:
  - R: cementos de clases resistentes CEM 42,5R, CEM 52,5N y 52,5R
  - N: cementos de clases resistentes CEM 32,5 R, CEM 42,5 N.
  - S: cementos de clase resistente CEM 32,5 N.

  por lo que se considerará tipo R.

El peso propio entraría a los 28 días según el enunciado (desapuntalado), por lo que siguiendo el orden establecido en la figura A19.3.1 resulta:

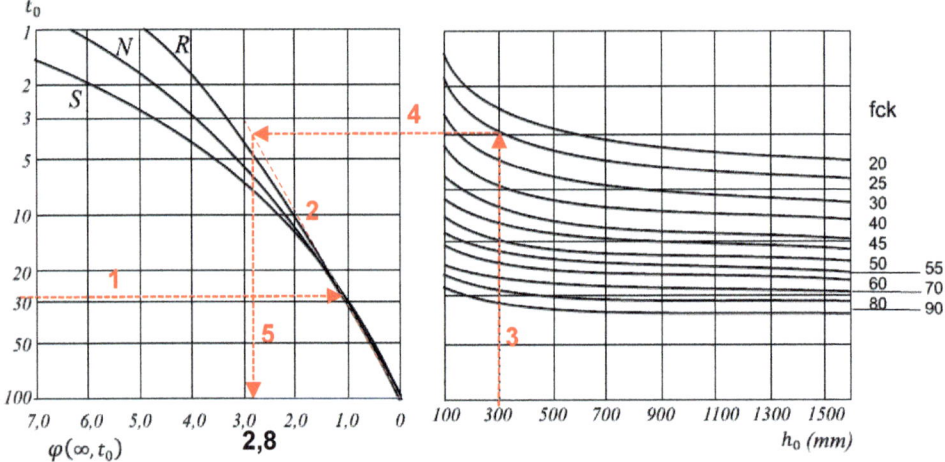

Resultando $\varphi(\infty, 28) = 2,8$.

El Código Estructural establece que para t_0 mayores que 100 días, es suficientemente exacto suponer $t_0 = 100$ días (y utilizar la línea tangente). De hecho, la precisión de la figura tampoco permite obtener un resultado distinto para $t_0 = 90$ días. Por tanto, para tabiquería, solado y sobrecarga de uso, resulta:

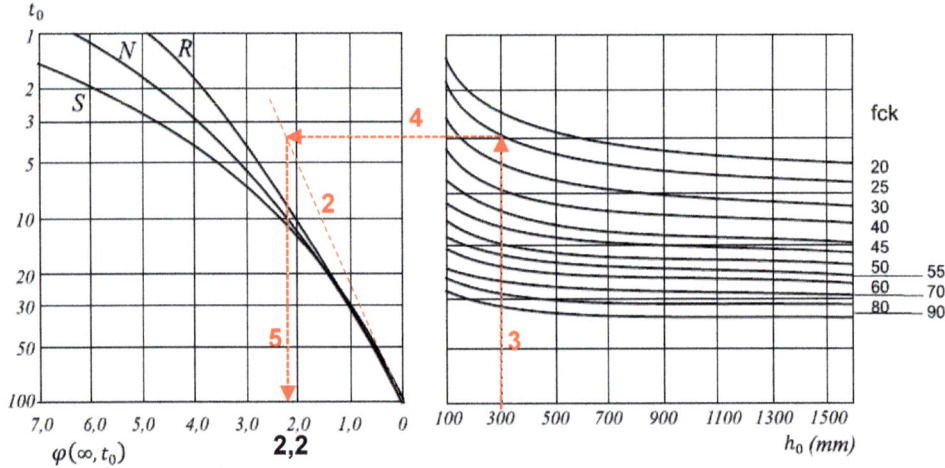

Resultando $\varphi(\infty, 90) \approx \varphi(\infty, 120) \approx \varphi(\infty, 365) \approx 2,2$.

Para un cálculo más preciso del coeficiente de fluencia sería necesario consultar el Apéndice B del Anejo 19 del Código Estructural.

3.2 Determinación coeficiente de fluencia para cálculo de inestabilidad.

Se desea proyectar un edificio comercial, con pilares de hormigón de 40x40 cm de sección y altura 12 metros. El hormigón a utilizar será HA-30/B/20/XC1, con cemento CEM 52,5 R. Al tratarse de pilares prefabricados, se estima que la estructura se montará a los 120 días de edad.

Se pide obtener el coeficiente de fluencia a tiempo infinito, φ (t_0, ∞) que sería necesario para efectuar el cálculo frente a inestabilidad (problema 5.2). Considera HR = 50%.

El espesor medio se obtiene como $h_0 = 2A_c/u$, donde A_c es el área de la sección de hormigón y u es el perímetro en contacto expuesto al secado. En el pilar objeto de estudio resulta $h_0 = 2A_c/u = 2 \cdot 400^2/(4 \cdot 400) = 200$ mm. El cemento es de tipo R. Se puede considerar $t_0 = 120$ días. El Código Estructural establece que para t_0 mayores que 100 días, es suficientemente exacto suponer $t_0 = 100$ días (y utilizar la línea tangente), por lo que siguiendo los pasos establecidos en la figura A19.3.1 del Código Estructural:

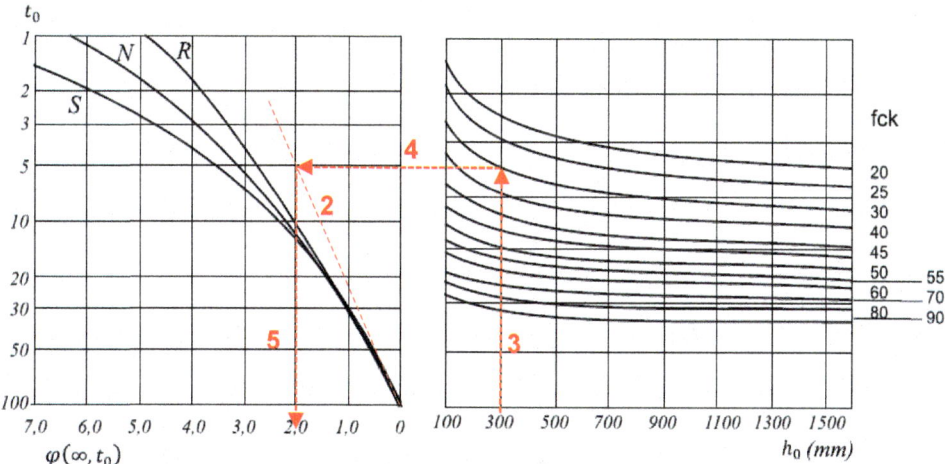

Resultando $\varphi(\infty, 120) = 2,0$.

3.3 Deformaciones por retracción en una probeta de hormigón.

Se fabrica una probeta cilíndrica de hormigón de 50 cm de altura y 25 cm de diámetro. Se considerará f_{ck} = 30 MPa. El cemento utilizado es de endurecimiento rápido tipo CEM I 42,5 R.

El ambiente en el que se encuentra la probeta tiene un 80% de humedad relativa.

Se desea obtener las deformaciones por retracción que experimenta la probeta al cabo de un año de su fabricación y a 10.000 días, según lo establecido en el Código Estructural.

La retracción del hormigón está compuesta por dos partes: la deformación de retracción por secado y la deformación de retracción autógena (A19-§3.1.4). La deformación de retracción por secado se desarrolla lentamente, pues es función de la migración del agua a través del hormigón endurecido. La deformación de retracción autógena se desarrolla durante el endurecimiento del hormigón, por lo que su mayor parte se desarrolla en los primeros días después de su puesta en obra. La retracción autógena es una función lineal de la resistencia del hormigón. Por consiguiente, los valores de la retracción total se obtienen mediante la siguiente expresión:

$$\varepsilon_{cs} = \varepsilon_{cd} + \varepsilon_{ca}$$

La componente de secado puede calcularse a lo largo del tiempo como:

$$\varepsilon_{cd}(t) = \beta_{ds}(t - t_s) \cdot k_h \cdot \varepsilon_{cd,0}$$

donde:

$t = \begin{cases} 365 \text{ días} \\ 10.000 \text{ días} \end{cases}$ es la edad del hormigón en el instante de evaluación.

t_s es la edad del hormigón al comienzo de la retracción, que coincide normalmente con el final del curado. En este problema se considerará 1 día.

β_{ds} es el coeficiente de evolución temporal que se obtiene a través de la siguiente fórmula:

$$\beta_{ds}(t - t_s) = \frac{(t - t_s)}{(t - t_s) + 0,04\sqrt{h_0^3}} = \begin{cases} \beta_{ds}(365 - 1) = 0,8669 \\ \beta_{ds}(10.000 - 1) = 0,9944 \end{cases}$$

lo que significa que, para la probeta de este ejercicio, la componente de secado de la retracción se ha realizado prácticamente al completo a los 10.000 días y un 86,69% a los 365 días.

h_0 es el espesor medio en milímetros:

$$h_0 = \frac{2A_c}{u} = \frac{2\pi r^2}{2\pi r} = r = 125 \text{ mm}$$

A_c, es el área de sección transversal y u el perímetro de contacto con la atmósfera.

$k_h = 0,9625$, es el coeficiente que depende del espesor medio, y se obtiene por interpolación de los valores dados en la Tabla A19.3.3 del Código Estructural:

h_0 (mm)	k_h
100	1,00
200	0,85
300	0,75
≥ 500	0,70

$$\varepsilon_{cd,0} = 0,85\left[(220 + 110\alpha_{ds1})exp\left(-\alpha_{ds2}\frac{f_{cm}}{f_{cm0}}\right)\right]10^{-6}\beta_{HR} = -3,72 \cdot 10^{-4}$$

$$\beta_{HR} = 1,55\left[1 - \left(\frac{HR}{HR_0}\right)^3\right] = 1,55\left[1 - \left(\frac{80}{100}\right)^3\right] = 0,756$$

$HR = 80$ es la humedad relativa del aire y HR_0 se toma igual a 100.

$$f_{cm0} = 10 \text{ N/mm}^2$$

$f_{cm} = f_{ck} + 8 \text{ N/mm}^2 = 38 \text{ N/mm}^2$, tal y como estima el Código Estructural en la tabla A19.3.1.

$\alpha_{ds1} = 6$, $\alpha_{ds2} = 0,11$, dependen del tipo de cemento y se consideran los propios de cemento Clase R, al ser un CEM I 42,5 R (ver A19-§3.1.2). .

Por tanto, la componente de secado puede calcularse como:
$$\varepsilon_{cd}(t) = \beta_{ds}(t - t_s) \cdot k_h \cdot \varepsilon_{cd,0} = \left\{\begin{array}{l}\varepsilon_{cd}(365) = 0,8669 \cdot 0,9625 \cdot 3,72 \cdot 10^{-4} = 3,108 \cdot 10^{-4}\\ \varepsilon_{cd}(10.000) = 0,9944 \cdot 0,9625 \cdot 3,72 \cdot 10^{-4} = 3,565 \cdot 10^{-4}\end{array}\right\}$$

Las deformaciones de retracción son de acortamiento, por lo que se podrían considerar negativas (en función del criterio de signos que se decida utilizar).

Por otro lado, la componente autógena puede calcularse como:
$$\varepsilon_{ca}(t) = \beta_{as}(t) \cdot \varepsilon_{ca}(\infty) = \left\{\begin{array}{l}t = 365; \ \varepsilon_{ca}(365) = 0,978 \cdot -5 \cdot 10^{-5} = -4,89 \cdot 10^{-5}\\ t = 10.000; \ \varepsilon_{ca}(10.000) = 1,000 \cdot = -5 \cdot 10^{-5}\end{array}\right.$$

donde:
$$\varepsilon_{ca}(\infty) = 2,5(f_{ck} - 10)10^{-6} = 2,5(30 - 10)10^{-6} = 5 \cdot 10^{-5}$$

$$\beta_{as}(t) = 1 - exp(-0{,}2t^{0{,}5}) = \begin{cases} \text{para } t = 365; \ \beta_{as}(365) = 0{,}978 \\ \text{para } t = 10.000; \ \beta_{as}(10.000) = 1{,}000 \end{cases}$$

Por tanto, la retracción total en los dos instantes analizados es de:

$$\varepsilon_{cs} = \varepsilon_{cd} + \varepsilon_{ca} \begin{cases} \varepsilon_{cs}(365) = 3{,}108 \cdot 10^{-4} + 4{,}89 \cdot 10^{-5} = 3{,}597 \cdot 10^{-4} \\ \varepsilon_{cs}(10.000) = 3{,}565 \cdot 10^{-4} + 5 \cdot 10^{-5} = 4{,}065 \cdot 10^{-4} \end{cases}$$

La evolución de la retracción, para otros instantes de tiempo, sería la presentada a continuación:

Deformaciones	t=28 días	t=120 días	t=300 días	t=365 días	t=10.000 días
Retracción	$1{,}49 \cdot 10^{-4}$	$2{,}88 \cdot 10^{-4}$	$3{,}50 \cdot 10^{-4}$	$3{,}60 \cdot 10^{-4}$	$4{,}07 \cdot 10^{-4}$
Porcentaje respecto a la retracción a plazo infinito	36,6%	70,6%	85,8%	88,0%	99,5%

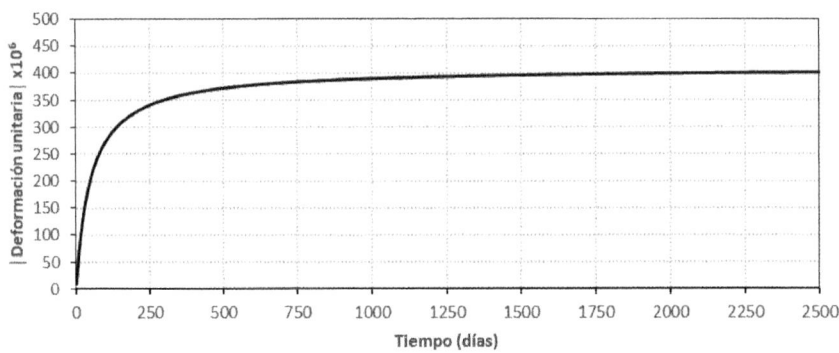

Deformación por retracción

3.4 Deformaciones instantáneas y diferidas debidas a la fluencia en una probeta de hormigón.

Se fabrica una probeta cilíndrica de hormigón de 50 cm de altura y 25 cm de diámetro. Dicha probeta se somete a las siguientes cargas:
- A los 28 días, carga de compresión de 150 kN.
- A los 300 días se retiran 100 kN.

Desde el día de su hormigonado hasta el día 120 la probeta permanece a 15°C, y a partir de dicho día la temperatura se eleva a 25°C.

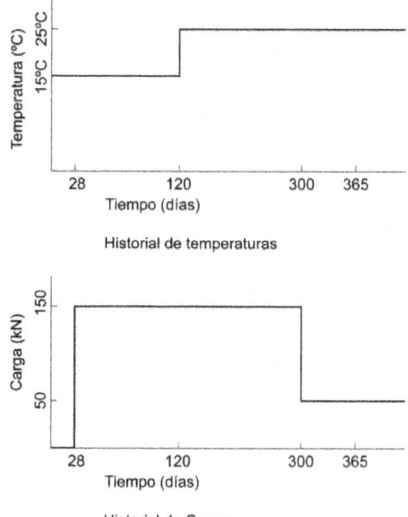

Historial de temperaturas

Historial de Cargas

Se considerará f_{ck} = 30 MPa. El cemento utilizado es de endurecimiento rápido, tipo CEM I 42,5R.

El ambiente en el que se encuentra la probeta tiene un 80% de humedad relativa.

SE PIDE:
a) Obtener las deformaciones que experimenta la probeta al cabo de un año de su fabricación.
b) Obtener las deformaciones que experimenta la probeta a largo plazo (a 10.000 días de su fabricación).
c) Dibujar un diagrama cualitativo tiempo-deformación total.
d) Dibujar un diagrama cualitativo tiempo-deformación total, sumando los efectos deducidos en el ejercicio anterior, es decir teniendo en cuenta la retracción.

NOTA:
No considere la retracción en la resolución de este ejercicio.

Considere la evolución del coeficiente $\varphi(t,t_0) = \varphi(t,28)$ con respecto del tiempo en días según la siguiente gráfica, en donde:

- $\varphi(365,\ 28) = 1,405$
- $\varphi(10.000,\ 28) = 1,835$

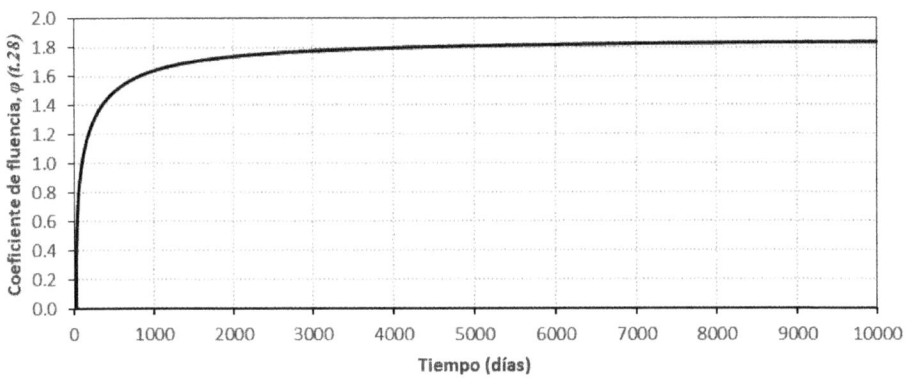

Considere la evolución del coeficiente $\varphi(t,t_0) = \varphi(t,300)$ con respecto del tiempo en días según la siguiente gráfica, en donde:

- $\phi(365,\ 300) = 0,544$
- $\phi(10.000,\ 300) = 1,154$

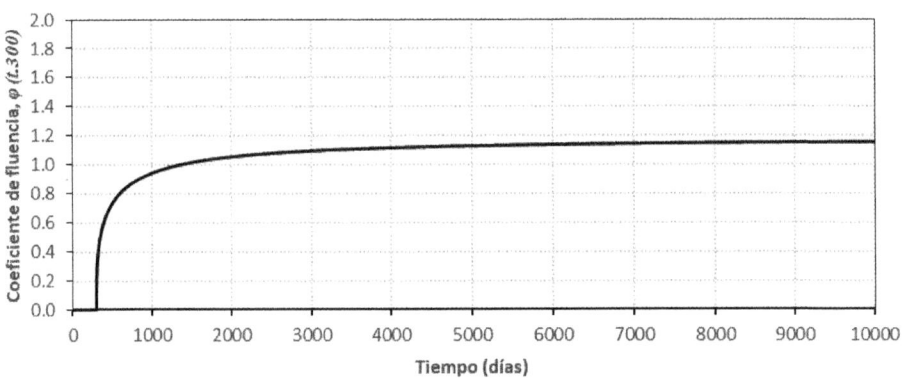

A modo de recordatorio, el siguiente cuadro clasifica las diferentes deformaciones que se producen en el hormigón:

Deformaciones	Independientes de la tensión	Dependientes de la tensión	
		Instantáneas	Diferidas
Reversibles	Termohigrométricas	Elásticas	Fluencia
Irreversibles	Retracción	Remanentes	

I.- Deformaciones independientes de la tensión

Termohigrométricas
En este apartado se tienen en cuenta las deformaciones de origen térmico. El coeficiente de dilatación térmica del hormigón es $\alpha = 10^{-5}K^{-1}$(A19-§3.1.3(5)), y el incremento de temperatura que sufre desde el día 120 hasta el final es $\Delta T = 10\,°C$. Por tanto, la elongación por motivos térmicos se dará a la edad de 120 días y valdrá:

$$\varepsilon_{\Delta T} = \alpha \cdot \Delta T = 10^{-5} \cdot 10 = 10^{-4}$$

Nótese que la ausencia de unidades es debido a que $\varepsilon_{\Delta T}$ es la deformación, es decir, el cociente del incremento de longitud con respecto a la longitud total de la probeta. En este ejercicio se ha tomado los alargamientos como deformaciones positivas.

II.- Deformaciones dependientes de la tensión
La deformación dependiente de la tensión, en el instante t, para una tensión constante $\sigma(t_0)$ menor que $0,45f_{cm}$ aplicada en t_0, será la suma de la deformación instantánea (referida al módulo de elasticidad secante a la edad t_0, $E_{cm}(t_0)$) y la deformación diferida por fluencia (en este caso, relacionada con el módulo tangente, E_c, que puede tomarse como $1,05E_{cm}$, siendo E_{cm} el módulo secante a 28 días de edad). Por tanto, resulta:

$$\varepsilon_{c\sigma}(t, t_0) = \sigma_c(t_0)\left(\frac{1}{E_{cm}(t_0)} + \frac{\varphi(t, t_0)}{E_c}\right) = \frac{\sigma_c(t_0)}{E_{cm}(t_0)} + \frac{\varphi(t, t_0)\sigma_c(t_0)}{E_c}$$

donde t y t_0 se expresan en días. El primer sumando representa la deformación instantánea, y el segundo la deformación por fluencia, siendo:

- $E_{cm}(t_0)$ el módulo de deformación secante a la edad de t_0 días. Se define en los apartados A19-§3.1.3 del Código Estructural a partir del módulo secante a 28 días, E_{cm}.
- E_c el módulo de deformación tangente del hormigón a los 28 días de edad, y se utiliza como módulo de referencia para el coeficiente de fluencia. Tal y como se ha comentado anteriormente, $E_c = 1,05E_{cm}$.
- $\varphi(t, t_0)$ el coeficiente de fluencia. Las gráficas presentadas en el enunciado del ejercicio se han realizado según lo establecido en el Código Estructural, que coincide con las recomendaciones de la antigua Instrucción EHE-08..

Para estimar estas deformaciones se aplica el principio de superposición:

- La primera solicitación es la que hace efecto el día 28 con -150 kN de axil (a compresión negativo, ya que se habían tomado los alargamientos como positivos al inicio del ejercicio) lo que supone una tensión de:

$$\sigma^I_c = \sigma_c(28) = \frac{-150kN \cdot 1\,000\,^N/_{kN}}{\pi \cdot (125\ mm)^2} = -3,06\ ^N/_{mm^2}$$

- La segunda solicitación es la que hace efecto el día 300 con 100 kN de axil a tracción (quitar una fuerza supone, matemáticamente, poner una fuerza de signo contrario), lo que supone una tensión de:

$$\sigma^{II}_c = \sigma_c(300) = \frac{100kN \cdot 1\,000\,^N/_{kN}}{\pi \cdot (125\ mm)^2} = 2,04\ ^N/_{mm^2}$$

Deformaciones instantáneas elásticas

Primera solicitación a los 28 días

La deformación instantánea vale:

$$\varepsilon^I_i = \frac{\sigma_c(28)}{E_{cm}(28)} = \frac{-3,06\ N/mm^2}{32.837\ N/mm^2} = -9,32 \cdot 10^{-5}$$

donde $E_{cm} = 22.000 \left(\frac{f_{cm}}{10}\right)^{0,3} = 22.000 \left(\frac{30+8}{10}\right)^{0,3} = 32.837\ N/mm^2$

Segunda solicitación a los 300 días

La deformación instantánea vale:

$$\varepsilon^{II}_i = \frac{\sigma_c(300)}{E_{cm}(300)} = \frac{2,04\ N/mm^2}{34.770\ N/mm^2} = 5,87 \cdot 10^{-5}$$

Para el cálculo de $E_{cm}(300)$ es necesario estimar la resistencia media a compresión a 300 días (ver A19-§3.1.2, considerando un cemento tipo R por lo que $s=0,2$):

$$f_{cm}(300) = \beta_{cc}(300)f_{cm} = 1,21 \cdot 38 = 45,98\ N/mm^2$$

$$\beta_{cc}(300) = exp\left\{s\left[1 - \left(\frac{28}{t}\right)^{0,5}\right]\right\} = exp\left\{0,20\left[1 - \left(\frac{28}{300}\right)^{0,5}\right]\right\} = 1,21$$

Por consiguiente, el módulo de deformación secante a 300 días vale (A19-§3.1.3):

$$E_{cm}(300) = \left(\frac{f_{cm}(300)}{f_{cm}}\right)^{0,3} E_{cm} = \left(\frac{45,98}{38}\right)^{0,3} 32.837 = 34.770\ N/mm^2$$

Deformaciones producidas por la fluencia

Primera solicitación a los 28 días

Las deformaciones por fluencia se evaluarán en dos instantes determinados en el enunciado: uno en el día 365, y otro en el día 10.000 (a largo plazo). El coeficiente de fluencia está relacionado con el módulo de deformación longitudinal tangente del hormigón (tangente en el origen) a los 28 días, que vale:

$$E_c = 1,05 \cdot E_{cm} = 1,05 \cdot 32.837 = 34.478 \; N/mm^2$$

A 365 días, el incremento de deformación por la fluencia resulta:

$$\Delta\varepsilon_{c\sigma}(365, \; 28) = \Delta\sigma(28)\frac{\varphi(365, \; 28)}{E_c} = -3,06\frac{1,405}{34.478} = -1,25 \cdot 10^{-4}$$

A 10.000 días, el incremento de deformación por fluencia es el siguiente:

$$\Delta\varepsilon_{c\sigma}(10.000, \; 28) = \Delta\sigma(28)\frac{\varphi(10.000, \; 28)}{E_c} = -3,06\frac{1,835}{34.478} = -1,63 \cdot 10^{-4}$$

Segunda solicitación a los 300 días
Se evaluará el incremento de deformaciones por fluencia a 365 y 10.000 días, considerando que la eliminación de parte de la carga a los 300 días es equivalente con añadir una carga de signo contrario, como ya se había comentado anteriormente. A 365 días la evaluación de la fluencia resulta:

$$\Delta\varepsilon_{c\sigma}(365, 300) = \Delta\sigma(300)\frac{\varphi(365, 300)}{E_c} = 2,04\frac{0,544}{34.478} = 3,22 \cdot 10^{-5}$$

A 10.000 días la evaluación es la siguiente:

$$\Delta\varepsilon_{c\sigma}(10000, \; 300) = \Delta\sigma(300)\frac{\varphi(10000, \; 300)}{E_c} = 2,04\frac{1,154}{34.478} = 6,83 \cdot 10^{-5}$$

III.- Suma de las deformaciones independientes y dependientes de la tensión
La deformación total será la suma de las deformaciones parciales:

Deformaciones ($\times 10^{-6}$)		t=28 días	t=120 días	t=120,1 días	t=300 días	t=300,1 días	t=365 días	t=10.000 días
Temperatura		0	0	100	100	100	100	100
Instantánea	Solic. I	-93	-93	-93	-93	-93	-93	-93
Elástica	Solic. II	0	0	0	0	59	59	59
Fluencia	Solic. I	0	-93	93	-120	-120	-125	-163
	Solic. II	0	0	0	0	0	32	68
TOTAL		-93	-186	-86	-113	-54	-27	-29

La evolución de las deformaciones en el tiempo se presenta en la figura siguiente. Nótese que en el eje de las ordenadas las deformaciones de compresión están grafiadas hacía arriba, pese a ser negativas. Además, se ha representado mediante una línea discontinua la evolución que tendrían las deformaciones si no existiese el incremento de temperatura el día 120.

Deformación por carga y temperatura

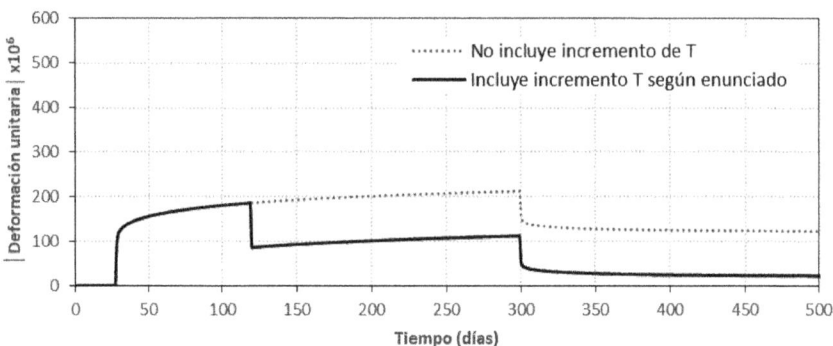

IV.- Suma de las deformaciones independientes y dependientes de la tensión, teniendo en cuenta la retracción, ya deducida en el ejercicio anterior

La deformación total será la suma de las deformaciones parciales:

Deformaciones ($\times 10^{-6}$)		t=28 días	t=120 días	t=120,1 días	t=300 días	t=300,1 días	t=365 días	t=10000 días
Temperatura		0	0	100	100	100	100	100
Retracción		-149	-288	-288	-350	-350	-360	-407
Instantánea	Solic. I	-93	-93	-93	-93	-93	-93	-93
Elástica	Solic. II	0	0	0	0	59	59	59
Fluencia	Solic. I	0	-93	-93	-120	-120	-125	-163
	Solic. II	0	0	0	0	0	32	68
TOTAL		-242	-474	-374	-463	-404	-387	-436

La evolución cualitativa de las deformaciones se muestra a continuación. Nótese que en el eje de las ordenadas las deformaciones de compresión están grafiadas como positivas. Igualmente, se ha representado mediante una línea discontinua la evolución que tendrían las deformaciones si no existiese el incremento de temperatura el día 120.

Deformación por carga, temperatura y retracción

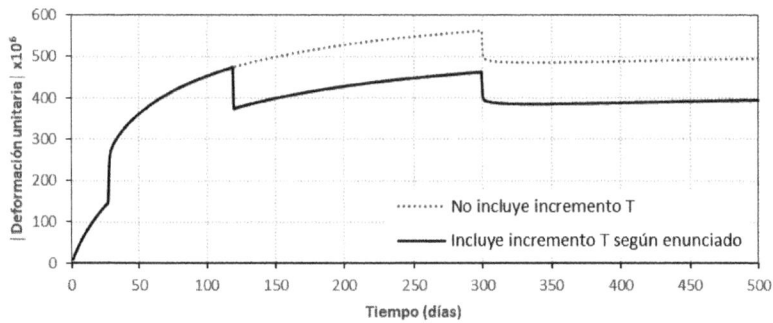

Bloque temático 4. ELU de solicitaciones normales.

4.1 Determinación de la armadura a flexión en sección rectangular.

Determinar la armadura a flexión de la siguiente sección rectangular:

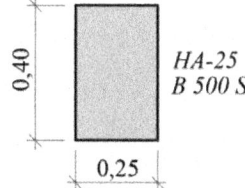

a) **Cuando actúa un momento flector M_d = 100 kNm.**
b) **Cuando el momento flector es igual a M_d = 220 kNm.**

Cálculo del Momento Límite

En primer lugar es necesario obtener el momento límite, para conocer si se precisa o no disponer armadura a compresión. En caso de recordar la expresión del momento límite:

$$U_0 = f_{cd} \cdot b \cdot d = \frac{25}{1,5} 350 \cdot 250 = 1458,3 \ kN$$

$$M_{lim} = 0,375 \cdot U_0 \cdot d = 0,375 \cdot 1458,33 \cdot 0,35 = 191,4 \ kN \cdot m$$

Se ha tomado como valor de d, canto efectivo, 350 mm suponiendo un recubrimiento mecánico de 50 mm, al no conocerse el recubrimiento nominal.

Alternativa al cálculo del Momento Límite:

En caso de no recordar la expresión del momento límite, resulta muy sencillo plantear el equilibrio entre esfuerzos y tensiones a nivel seccional, ya que es el momento que viene definido de suponer un plano de deformación en rotura definido por la posición de x_{lim}. Para hormigón convencional:

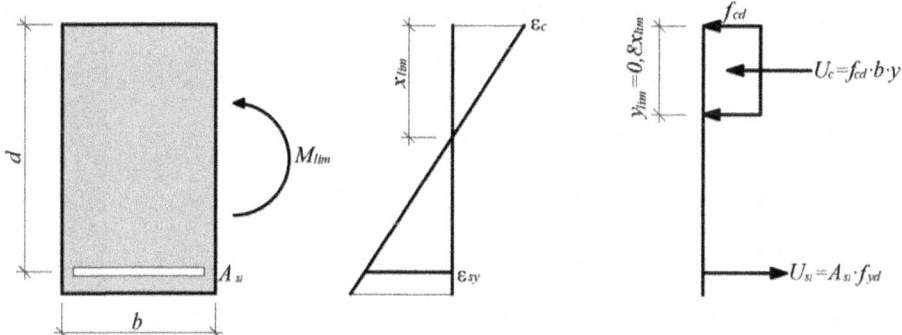

Donde $\varepsilon_c = 0,0035$ y $\varepsilon_{sy} = f_{yd}/E_s = 0,00217$ y según la figura:

$$\left.\begin{array}{r} \varepsilon_c + \varepsilon_{sy} \rightarrow d \\ \varepsilon_c \rightarrow x_{lim} \end{array}\right\} x_{lim} = \frac{\varepsilon_c}{\varepsilon_c + \varepsilon_{sy}} d \approx 0,625 \cdot d$$

Nótese que esta última aproximación es útil para aceros 500S y 400S (al ser un valor intermedio entre ambas soluciones).

La ecuación de equilibrio de momentos flectores entre esfuerzos y tensiones resulta:
$$M_{lim} = f_{cd} \cdot b \cdot y(d - \frac{y}{2})$$

E imponiendo que $y = y_{lim} = 0,8 \cdot x_{lim} = 0,8 \cdot 0,625 \cdot d = 0,5 \cdot d$, resulta:
$$M_{lim} = f_{cd} \cdot b \cdot 0,5 \cdot d(d - 0,25 \cdot d) = 0,375 \cdot f_{cd} \cdot b \cdot d^2 =$$
$$= 0,375 \frac{25}{1,5} 250 \cdot 350^2 = 191,4 \, kN \cdot m$$

Caso A:

$M_d = 100 \, mkN \leq M_{lim} = 191,4 \, mkN$, por lo que no es necesaria armadura de compresión. La armadura a tracción plastificará, al tratarse de una rotura dúctil:

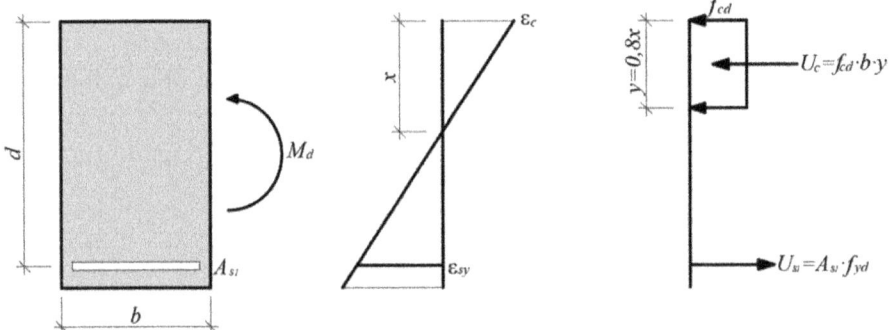

Planteando las dos ecuaciones de equilibrio entre esfuerzos y tensiones. Para el equilibrio de momentos tomamos de referencia un punto situado sobre la armadura traccionada:
$$0 = f_{cd} \cdot b \cdot y - A_{s1} f_{yd}$$
$$M_d = f_{cd} \cdot b \cdot y(d - \frac{y}{2})$$

De la segunda ecuación podemos despejar y, valor que introduciremos en la primera ecuación para obtener A_{s1}:
$$100 \cdot 10^6 = \frac{25}{1,5} \cdot 250 \cdot y(350 - \frac{y}{2})$$

Obteniendo dos soluciones:
$$y = 622,94 \, mm$$
$$y = 77,05 \, mm$$

Como sabemos que se trata de una rotura dúctil, la primera solución no es válida al dar un valor mayor a y_{lim}, resultando por tanto $y = 77,05 \, mm$.

El valor de la armadura a tracción valdrá:

$$A_{s1}f_{yd} = f_{cd} \cdot b \cdot y = \frac{25}{1,5} \cdot 250 \cdot 77,05 = 321041,67 \ N$$

$$A_{s1} = \frac{321041,67}{f_{yd}} = \frac{321041,67}{500/1,15} = 738 \ mm^2$$

Esta armadura podría disponerse como 4ϕ16 (804 mm^2). En la cara opuesta se podrían disponer 2ϕ12.

La posición de la fibra neutra vale:

$$x = \frac{1}{0,8}y = 1,25 \cdot y = 1,25 \cdot 77,05 = 96,3 \ mm$$

El plano de rotura estaría en el dominio 3 ($0,259 \cdot d = 90,6 < x \leq x_{lim}$).

Caso B:
$M_d = 220 \ kN \cdot m > M_{lim} = 191,4 \ kN \cdot m$, por lo que se necesita armadura a compresión para evitar la rotura frágil.

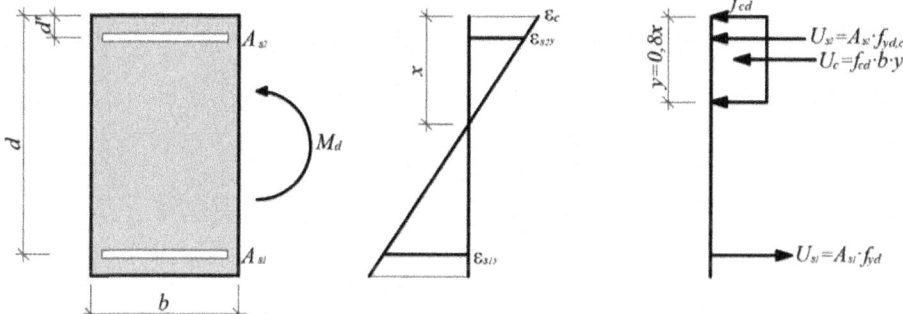

Planteando las dos ecuaciones de equilibrio entre esfuerzos y tensiones:

$$0 = f_{cd} \cdot b \cdot y + A_{s2}f_{yd,c} - A_{s1}f_{yd}$$

$$M_d = f_{cd} \cdot b \cdot y\left(d - {}^{y}/{}_2\right) + A_{s2}f_{yd,c}(d - d')$$

La armadura a compresión trabaja a una tensión $f_{yd,c}$ que podría ser menor que f_{yd}, en función de la deformación del hormigón comprimido a nivel de la armadura, ε_{s2y}. En general, para casos sometidos a flexión, la armadura comprimida podrá alcanzar f_{yd}, por lo que se realiza esta hipótesis que al final se tendría que confirmar. Imponiendo $y = y_{lim} = 0,8 \cdot 0,625 \cdot d = 0,5 \cdot d = 175 \ mm$ se puede despejar A_{s2} de la segunda ecuación:

$$A_{s2} = \frac{M_d - f_{cd} \cdot b \cdot y(d - {}^{y}/{}_2)}{f_{yd,c}(d - d')} = \frac{M_d - M_{lim}}{f_{yd,c}(d - d')} = \frac{220 \cdot 10^6 - 191,4 \cdot 10^6}{\frac{500}{1,15}(350 - 50)} - 219 \ mm^2$$

El área de la armadura a tracción valdrá:

$$A_{s1} = \frac{f_{cd} \cdot b \cdot y + A_{s2}f_{yd,c}}{f_{yd}} = \frac{\frac{25}{1,5} \cdot 250 \cdot 175 + 219 \cdot \frac{500}{1,15}}{\frac{500}{1,15}} = 1896 \ mm^2$$

35

Se trata de una armadura a tracción muy elevada. Esta armadura podría disponerse como $4\phi25$ (1963 mm^2) a tracción y $3\phi12$ a compresión (339 mm^2).

El valor de la deformación de la armadura comprimida, ε_{s2y}, se obtiene por compatibilidad en la ley de deformaciones a nivel seccional, ya que se sabe que $\varepsilon_c = 0,0035$ y que $x = 1,25 \cdot y = 1,25 \cdot 175 = 218,75$ mm. Por tanto:

$$\frac{\varepsilon_c}{x} = \frac{\varepsilon_{s2y}}{x-d\prime}$$

$$\frac{0,035}{218,75} = \frac{\varepsilon_{s2y}}{218,75-50}$$

$$\varepsilon_{s2y} = 0,027$$

Por lo que la deformación de la armadura comprimida es mayor que la deformación para el límite elástico (500/1,15/200.000 = 0,00217), por lo que la armadura a compresión plastifica.

Cálculo de la armadura mínima:

La armadura mínima mecánica a disponer en el paramento traccionado se define en el Anejo 19-§9.2 del Código Estructural:

$$A_{s,min} = \frac{W}{z}\frac{f_{ctm,fl}}{f_{yd}} = \frac{b \cdot h^2/6}{0,8 \cdot h}\frac{f_{ctm,fl}}{f_{yd}} = \frac{b \cdot h}{4,8}\frac{f_{ctm,fl}}{f_{yd}}$$

La resistencia media a flexotracción del hormigón, $f_{ctm,fl}$, vale (Anejo 19-§3.1.8 del Código Estructural:

$$f_{ct,m} = 0,30 \cdot f_{ck}^{2/3} = 0,30 \cdot 25^{2/3} = 2,56\ MPa$$

$$f_{ct,m,fl} = max\left\{\left(1,6 - \frac{h}{1000}\right)f_{ct,m}; f_{ct,m}\right\} = max\{1,2 \cdot 2,56; 2,56\} = 3,07\ MPa$$

En el caso particular de la sección rectangular de este problema, resulta:

$$A_{s,min} = \frac{b \cdot h}{4,8}\frac{f_{ctm,fl}}{f_{yd}} = \frac{250 \cdot 400}{4,8}\frac{3,07}{500/1,15} = 147\ mm^2$$

Las armaduras propuestas tanto para el caso A como para el caso B cumplen con la armadura mínima mecánica. En el Anejo 19-§7.3.2 se define la armadura mínima necesaria frente ELS de fisuración, que dependerá de la clase de exposición.

Nota: en este problema se ha utilizado, como es habitual en España, la definición del momento límite considerando una profundidad de la fibra neutra igual a $x_{lim} = 0,625d$ ($x/d = 0,625$), lo que es aproximadamente equivalente a que la armadura traccionada alcanza la deformación de su límite elástico. Sin embargo, para garantizar una mayor ductilidad en rotura, podría ser interesante considerar una deformación de la armadura traccionada mayor, por ejemplo, igual a dos veces su deformación de plastificación. En este caso, la profundidad de la fibra neutra sería, aproximadamente igual a $x_{duct} = 0,45d$ ($x/d = 0,45$), pudiéndose derivar la siguiente definición del momento límite (dúctil):

$$M_{lim,duct} = 0,30 \cdot U_0 \cdot d$$

Bajo esta nueva hipótesis, $M_{lim,duct} = 153$ kNm, por lo que el cálculo efectuado para el caso A no varía. Sin embargo, el resultado obtenido para el caso B sería distinto al imponerse $y=y_{duct}=0,8x_{duct} = 126$ mm, resultando $A_{s2} = 513$ mm^2 y $A_{s1} = 1720$ mm^2 (bajaría la cuantía de armadura traccionada y aumentaría la cuantía de armadura comprimida para garantizar una mayor ductilidad).

4.2 Canto mínimo para evitar disponer armadura de compresión a flexión.

Encontrar el canto de la viga (*h*) para el que no sea necesario disponer de armadura de compresión cuando el momento flector solicitante de cálculo sea igual a 360 kN·m:

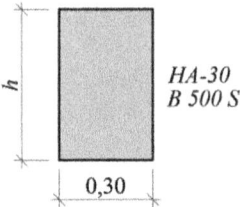

Será necesario disponer armadura de compresión cuando el momento solicitante sea mayor que el momento límite. Por tanto, en el límite para que no sea necesario disponer de dicha armadura:

$$M_d = M_{lim} = 0{,}375 \cdot U_0 \cdot d$$

$$U_0 = f_{cd} \cdot b \cdot d = \frac{30}{1{,}5} 300 \cdot d = 6000 \cdot d$$

$$M_{lim} = 0{,}375 \cdot U_0 \cdot d = 0{,}375 \cdot 6000 \cdot d^2 = 2250 \cdot d^2$$

Por tanto:

$$360 \cdot 10^6 = 2250 d^2 \;\rightarrow\; d = 400\, mm$$

El canto de la viga sería igual al canto mecánico, *d*, más el recubrimiento mecánico. Suponiendo un recubrimiento mecánico de 50 mm, el canto mínimo total de la viga, *h*, para no necesitar armadura de compresión sería igual a 450 mm. El momento límite utilizado es una aproximación válida para acero B500S o B400S.

En caso de querer asegurar un comportamiento más dúctil, con una mayor deformación en rotura, se podría tomar el $M_{lim,duct}$ definido al final del ejercicio anterior. En este caso resulta:

$$M_d = 360 \cdot 10^6 = M_{lim,duct} = 0{,}30 \cdot U_0 \cdot d = 0{,}30 \cdot 6000 d^2$$

Por tanto:

$$360 \cdot 10^6 = 1800 d^2 \;\rightarrow\; d = 447\, mm$$

Por lo que el canto mínimo de la pieza se podría considerar, bajo esta segunda hipótesis, igual a 500 mm. Nótese que se trata de un ejercicio teórico, ya que el peso propio de la viga dependería del canto de esta, modificando el momento flector de cálculo.

4.3 Determinación del momento último en diferentes secciones.

Determinar el momento último de las siguientes secciones (cotas en m), considerando en todos los casos un hormigón HA-25 y acero B 500 S.

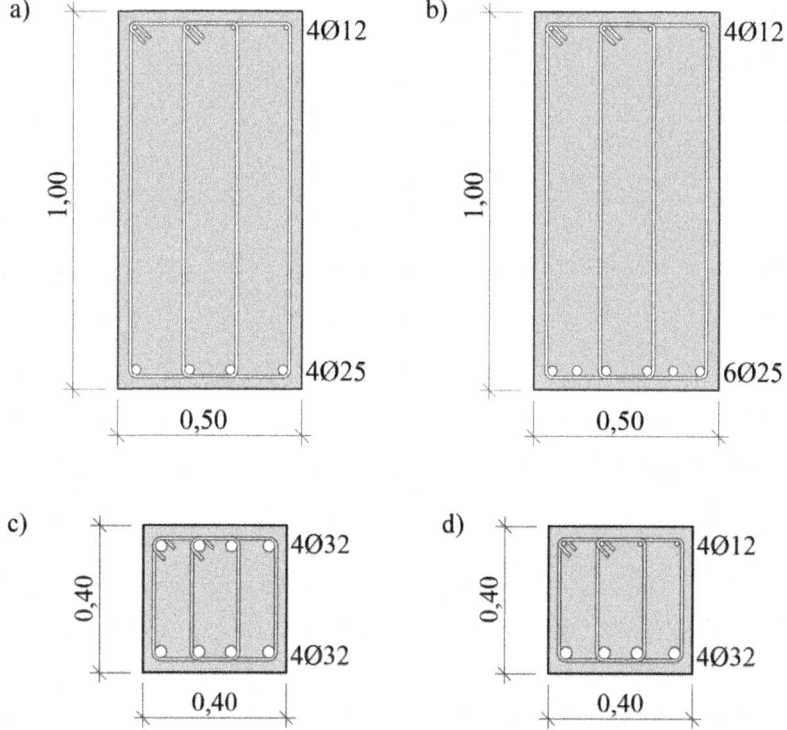

a) Resolución del primer caso.

En general, para la obtención del momento último de una sección a flexión simple se recomienda prescindir, en el cálculo, de la armadura comprimida, ya que con frecuencia esta armadura se ha dispuesto por criterios de armado y no es fruto del proceso de dimensionamiento frente al ELU de flexión. Además, se puede realizar la hipótesis de que la armadura traccionada plastifica. Si la rotura predicha con estas simplificaciones es dúctil (dominios 2 o 3), el resultado será prácticamente idéntico al que se obtendría considerando la armadura comprimida, pero con un proceso de cálculo mucho más sencillo. En este ejercicio se presentará, en primer lugar, la resolución sin considerar la armadura comprimida y, en segundo lugar, la resolución sin realizar dichas hipótesis simplificadoras, obteniéndose resultados muy similares.

Simplificación: no se considera la armadura comprimida:

La sección de cálculo se muestra en la siguiente figura:

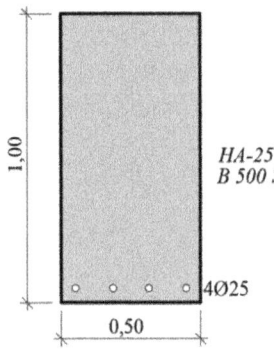

Se considera:

d = 950 mm (recubrimiento mecánico 50 mm)

A_{s1} = 4·491 = 1964 mm²

HA-25
B 500 S

4Ø25

0,50

Las ecuaciones de equilibrio resultan:

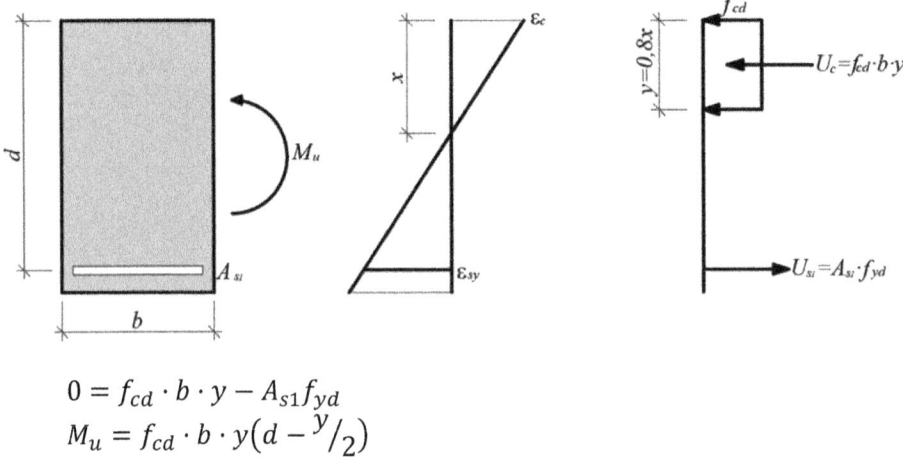

$$0 = f_{cd} \cdot b \cdot y - A_{s1}f_{yd}$$
$$M_u = f_{cd} \cdot b \cdot y\left(d - {}^y/_2\right)$$

La primera ecuación sólo tiene una incógnita, y (la profundidad del bloque comprimido). Una vez despejada y, la obtención de M_u es directa con la segunda ecuación:

$$y = \frac{A_{s1}f_{yd}}{f_{cd}b} = \frac{1964 \cdot \dfrac{500}{1,15}}{\dfrac{25}{1.5}500} = 102,5 \; mm$$

$$M_u = f_{cd} \cdot b \cdot y\left(d - \frac{y}{2}\right) = \frac{25}{1.5}500 \cdot 102,5\left(950 - \frac{102,5}{2}\right) = 768 \; kNm$$

Además, resulta muy sencillo encontrar la profundidad de la fibra neutra, x:

$$y = 0,8x \rightarrow x = \frac{y}{0,8} = 1,25y = 128 \; mm$$

Resulta de interés calcular el valor de x/d al ser un indicador de la ductilidad de la sección. En este caso, x/d = 128/950 = 0,135 lo que denota una rotura en Dominio 2 ($x/d < 0,259$, asumiendo una deformación máxima en rotura de la armadura, ε_{ud} = 10 ‰, tal y como planteaba la Instrucción EHE-08) y, por consiguiente, una rotura muy dúctil. Por tanto, las hipótesis iniciales son correctas: la armadura a tracción plastifica y la armadura a compresión existente no había sido obtenida en el cálculo del ELU a flexión. Obsérvese que en el Código Estructural (Anejo 19-§3.2.7), en caso de utilizar un diagrama tensión-deformación del acero con una rama horizontal superior (completamente plástico, tal y como se realiza en este libro para permitir el cálculo manual sencillo) no se considera necesario limitar el valor de la deformación máxima en rotura de la armadura, ε_{ud}, por lo que desaparecería el Dominio 2 y, en flexión, la sección siempre acabaría rompiendo por deformaciones excesivas del hormigón comprimido.

Resolución considerando la armadura comprimida:

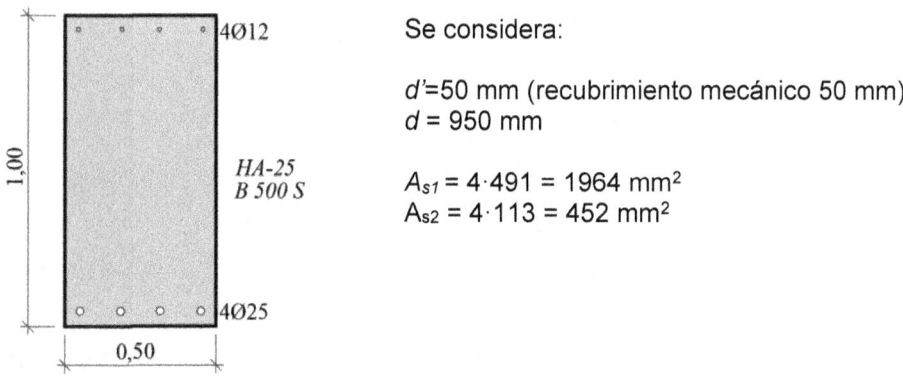

Se considera:

d'=50 mm (recubrimiento mecánico 50 mm)
d = 950 mm

A_{s1} = 4·491 = 1964 mm²
A_{s2} = 4·113 = 452 mm²

Se plantean en primer lugar las ecuaciones de equilibrio:

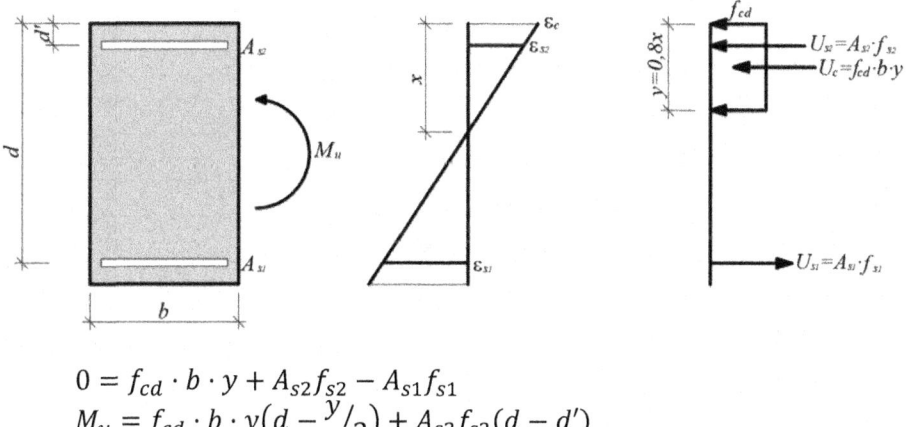

$$0 = f_{cd} \cdot b \cdot y + A_{s2}f_{s2} - A_{s1}f_{s1}$$
$$M_u = f_{cd} \cdot b \cdot y\left(d - {}^{y}/_{2}\right) + A_{s2}f_{s2}(d - d')$$

En caso de no realizar ninguna hipótesis previa, no se sabe si la armadura plastifica, por lo que las tensiones en las armaduras son también incógnitas. Por tanto, el sistema tiene 2 ecuaciones y 4 incógnitas (M_u, y, f_{s1}, f_{s2}).

Es preciso plantear las ecuaciones de compatibilidad de deformaciones:

$$\frac{\varepsilon_c}{x} = \frac{\varepsilon_{s1}}{d-x}$$

$$\frac{\varepsilon_c}{x} = \frac{\varepsilon_{s2}}{x-d\prime}$$

$$x = 1{,}25y$$

$$f_{s1} = \varepsilon_{s1}E_s \le {}^{500}\!/_{1{,}15}$$

$$f_{s2} = \varepsilon_{s2}E_s \le {}^{500}\!/_{1{,}15}$$

Imponiendo ahora que rompe el hormigón, por tanto $\varepsilon_c = \varepsilon_{cu} = 0{,}0035$, se tiene el mismo número de ecuaciones y de incógnitas. Al final se deberá comprobar que el plano de deformación en rotura confirma el agotamiento del hormigón.

El sistema a resolver es:

$$0 = f_{cd} \cdot b \cdot y + A_{s2} \frac{\varepsilon_{cu}(1{,}25y - d\prime)}{1{,}25y} E_s - A_{s1} \frac{\varepsilon_{cu}(d - 1{,}25y)}{1{,}25y} E_s$$

$$M_u = f_{cd} \cdot b \cdot y \left(d - {}^{y}\!/_2\right) + A_{s2} \frac{\varepsilon_{cu}(1{,}25y - d\prime)}{1{,}25y} E_s(d - d')$$

De la primera ecuación se puede obtener y, y despejando de la segunda es posible obtener el momento último que resiste la sección:

$$0 = \frac{25}{1{,}5} \cdot 500 \cdot y + 452 \frac{0{,}0035(1{,}25y - 50)}{1{,}25y} 200.000 - 1964 \frac{0{,}0035(950 - 1{,}25y)}{1{,}25y} 200.000$$

$$10416{,}67 \cdot y^2 + 395500y - 15.820.000 - 1.306.060.000 + 1.718.500y = 0$$

$$10.416{,}67 \cdot y^2 + 2.114.000y - 1.321.880.000 = 0$$

$$y = 268{,}93 \; mm$$

Este resultado es válido si las tensiones en los aceros son correctas:

$$f_{s1} = \varepsilon_{s1}E_s = \frac{\varepsilon_{cu}(d - 1{,}25y)}{1{,}25y} E_s = \frac{0{,}0035(950 - 1{,}25 \cdot 268{,}93)}{1{,}25 \cdot 268{,}93} 200.000 = 1278 \le {}^{500}\!/_{1{,}15}$$

$$f_{s2} = \varepsilon_{s2}E_s = \frac{\varepsilon_{cu}(1{,}25y - d')}{1{,}25y} = \frac{0{,}0035(1{,}25 \cdot 268{,}93 - 50)}{1{,}25 \cdot 268{,}93} 200.000 = 595{,}88 \le {}^{500}\!/_{1{,}15}$$

Por tanto, se superan los valores máximos de la tensión de tracción, por lo que se deberá considerar que la armadura plastifica. Se considera, en este caso, que la armadura traccionada alcanza la tensión de plastificación $f_{s1} = f_{yd} = 500/1{,}15 = 434{,}78 \; MPa$, pero limitamos la tensión en la armadura comprimida al valor $f_{s2} = f_{yc,d} = 400 \; MPa$.

El sistema a resolver resulta:

$$0 = f_{cd} \cdot b \cdot y + A_{s2}f_{yd,c} - A_{s1}f_{yd}$$

$$M_u = f_{cd} \cdot b \cdot y \left(d - {}^{y}\!/_2\right) + A_{s2}f_{yc,d}(d - d')$$

De la primera ecuación se puede obtener y, y despejando de la segunda es posible obtener el momento último que resiste la sección:

$$0 = \frac{25}{1,5} \cdot 500 \cdot y + 452 \cdot 400 - 1964 \cdot 434,78$$

$$y = 80,77 \ mm$$

Por tanto, $x = 1,25 \cdot 80,77 = 101$ mm. Resulta que $x/d = 101/950 = 0,11 < 0,259$, por lo que como se puede ver en el diagrama de pivotes según la Instrucción EHE-08 (figura de la izquierda), la rotura se produciría por la deformación excesiva del acero traccionado (Dominio 2) y la deformación última del hormigón será inferior a 0,0035. Sin embargo, el Código Estructural elimina la necesidad de comprobar la deformación última del acero al utilizar un diagráma elásto-plástico del acero, por lo que desaparece el punto de pivote A y, por tanto, el Dominio 2 propiamente dicho (figura de la derecha)

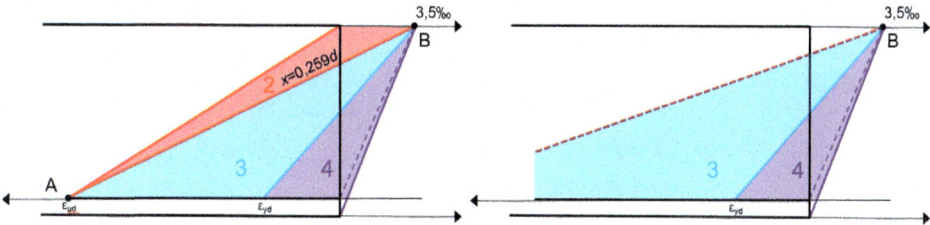

Continuando según el Código Estructural, es posible obtener directamente el momento último de la sección mediante la segunda ecuación del sistema:

$$M_u = \frac{25}{1,5} 500 \cdot 80,77 \left(950 - \frac{80,77}{2}\right) + 452 \cdot 400(950 - 50) = 775 \ kNm$$

Podría comprobarse si la armadura comprimida alcanza, realmente, el valor de 400 N/mm^2, aunque no se estima necesario ya que, en cualquier caso, la influencia en el resultado sería mínima.

Nótese que el resultado obtenido es 775 kNm, muy similar al valor de 768 kNm obtenido obviando la presencia de armadura comprimida (diferencia menor a 1 %).

Resolución alternativa mediante formulación simplificada EHE-08:

Este caso se podría haber resuelto utilizando las fórmulas simplificadas de comprobación para flexión simple del Anejo 7 de la Instrucción EHE-08 (apartado 3.2). En este caso:

$$U_0 = f_{cd} \cdot b \cdot d = \frac{25}{1,5} 500 \cdot 950 = 7916,67 \ kN$$

$$U_v = 2 \cdot U_0 \frac{d'}{d} = 2 \cdot 7\ 916,67 \cdot \frac{50}{950} = 833,33 \ kN$$

$$U_{s1} = A_{s1}f_{yd} = 1964\frac{500}{1,15} = 853,91 \ kN$$

$$U_{s2} = A_{s2}f_{yd,c} = 452 \cdot \frac{500}{1,15} = 196,52 \ kN$$

Por tanto, sería una situación del caso 1°, ya que:

$$U_{s1} - U_{s2} < U_v$$
$$658,39 < 833,33$$

Fíjese que se ha considerado la capacidad mecánica de la armadura comprimida, U_{s2}, con el valor de 500/1,15 y no se ha limitado, a priori, a 400 MPa. Las fórmulas contenidas en el Anejo 7 tienen en cuenta que la armadura puede no plastificar, y reducen implícitamente la tensión en la armadura. De hecho, al ser un caso 1° del punto 3.2 del Anejo 7 de la Instrucción EHE-08, la fibra neutra está comprendida entre 0 y $2,5 \cdot d'$, por lo que la armadura a compresión no plastifica, como ha sucedido en la resolución exacta del problema llevada a cabo anteriormente. En la fórmula que se utilizará para la obtención de M_u, el primer término tiene en cuenta la reducción del valor de la tensión de la armadura comprimida. El momento último vale:

$$M_u = 0,24 \, U_v \, d' \frac{(U_v - U_{s1} + U_{s2})(1,5 \, U_{s1} + U_{s2})}{(0,6 \, U_v + U_{s2})^2} + U_{s1}(d - d') =$$

$$0,24 \cdot 833,33 \cdot 0,05 \frac{(833,33 - 853,91 + 196,52)(1,5 \cdot 853,91 + 196,52)}{(0,6 \cdot 833,33 + 196,52)^2} +$$

$$+ 853,91(0,950 - 0,05) = 774 \ kNm$$

Otra vez se ha obtenido un resultado similar. Se considera que la opción inicial de despreciar la armadura comprimida sería la más adecuada, por simplicidad, en casos similares a este.

b)

De modo análogo al caso anterior, se desprecia para la resolución la armadura comprimida, ya que se ha visto que esta simplificación proporciona un resultado casi idéntico de forma mucho más sencilla. Por tanto:

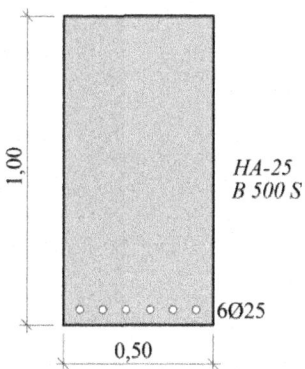

Se considera:

d = 950 mm (recubrimiento mecánico 50 mm)

A_{s1} = 6·491 = 2945 mm²

Se plantean las ecuaciones de equilibrio, suponiendo que la armadura a tracción simplifica:

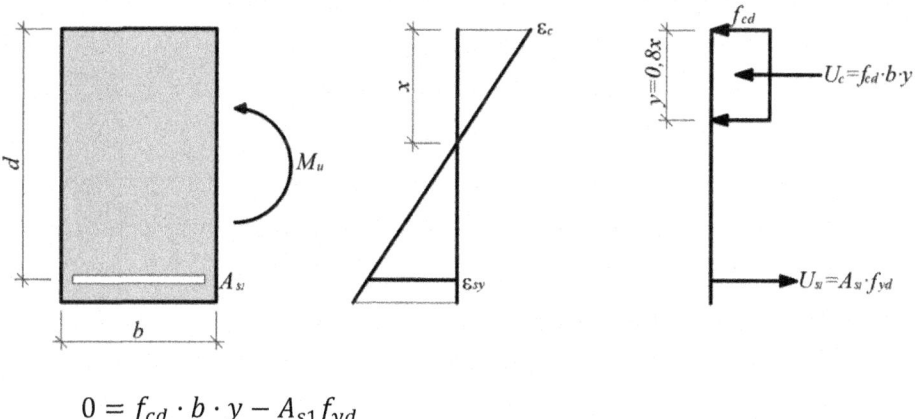

$$0 = f_{cd} \cdot b \cdot y - A_{s1} f_{yd}$$
$$M_u = f_{cd} \cdot b \cdot y\left(d - {}^{y}/_2\right)$$

De la primera ecuación se puede obtener y, y despejando de la segunda es posible obtener el momento último que resiste la sección:

$$y = \frac{A_{s1} f_{yd}}{f_{cd} \cdot b} = \frac{2945 \frac{500}{1,15}}{\frac{25}{1,50} 500} = 153,65 \; mm$$

Por tanto, $x = 1,25 \cdot 153,65 = 192,06$ mm, y el ratio $x/d = 0,2$, por lo que la fibra neutra se sitúa claramente por encima de x_{lim} ($x_{lim}/d = 0,625$) y la armadura plastifica, siendo correcta la hipótesis anteriormente realizada.

El momento flector último vale:

$$M_u = f_{cd} \cdot b \cdot y\left(d - \frac{y}{2}\right) = \frac{25}{1,5} \cdot 500 \cdot 153,65\left(950 - \frac{153,65}{2}\right) = 1118 \, kNm$$

Este ejemplo se podría haber resuelto utilizando las fórmulas simplificadas de comprobación para flexión simple del Anejo 7 de la Instrucción EHE-08. En este caso:

$$U_0 = f_{cd} \cdot b \cdot d = \frac{25}{1,5}500 \cdot 950 = 7916,67 \, kN$$

$$U_v = 2 \cdot U_0 \frac{d'}{d} = 2 \cdot 7\,916,67 \cdot \frac{50}{950} = 833,33 \, kN$$

$$U_{s1} = A_{s1}f_{yd} = 2945 \frac{500}{1,15} = 1280,43 \, kN$$

$$U_{s2} = A_{s2}f_{yd,c} = 339 \cdot \frac{500}{1,15} = 147,39 \, kN$$

Por tanto, sería una situación del caso 2°, ya que:

$$U_v \le U_{s1} - U_{s2} \le 0,5U_0$$

Al ser un caso tipo 2° del punto 3.2 del Anejo 7 de la Instrucción EHE-08, la armadura comprimida sí habrá plastificado. El momento último vale:

$$M_u = (U_{s1} - U_{s2})\left(1 - \frac{U_{s1} - U_{s2}}{2U_0}\right)d + U_{s2}(d - d') =$$

$$= (1280,43 - 147,39)\left(1 - \frac{1280,43 - 147,39}{2 \cdot 7916,67}\right)0,95 + 147,39\,(0,95 - 0,05) = 1132 \, kNm$$

Se ha considerado la armadura a compresión al resolver mediante las fórmulas del Anejo 7, mientras que ésta no se había considerado en la resolución inicial. La diferencia entre haber considerado la armadura comprimida para este ejemplo o no haberla considerado es del orden del 1% y por el lado de la seguridad, un valor de error totalmente asumible en el cálculo de estructuras.

c)

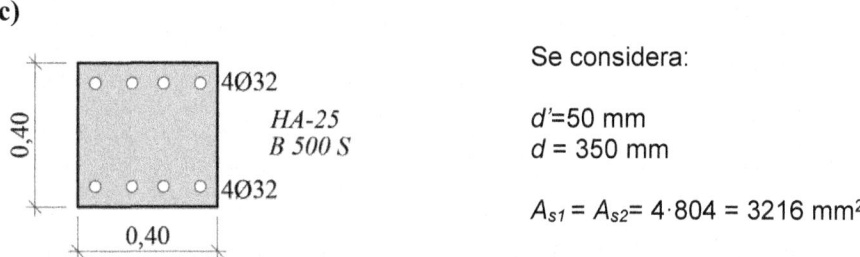

Se considera:

d'=50 mm
d = 350 mm

$A_{s1} = A_{s2}$= 4·804 = 3216 mm²

Al ser en este ejercicio las armaduras a tracción y a compresión iguales, se puede considerar, de forma simplificada, que el momento flector último será igual a la fuerza que es capaz resistir la armadura traccionada por la distancia entre los centros de gravedad de la armadura traccionada (inferior) y comprimida (superior):

$$M_u = A_{s1} \cdot f_{yd} \cdot z = 3216 \frac{500}{1,15} \cdot 300 = 419 \; kN \cdot m$$

Además, este ejercicio se puede resolver utilizando las fórmulas simplificadas de comprobación para flexión simple del Anejo 7 de la Instrucción EHE-08. En este caso:

$$U_0 = f_{cd} \cdot b \cdot d = \frac{25}{1,5} 400 \cdot 350 = 2333,33 \; kN$$

$$U_v = 2 \cdot U_0 \frac{d'}{d} = 2 \cdot 2\,333,33 \cdot \frac{50}{350} = 666,67 \; kN$$

$$U_{s1} = A_{s1} f_{yd} = 3216 \frac{500}{1,15} = 1398,26 \; kN$$

$$U_{s2} = A_{s1} f_{yd,c} = 3216 \cdot \frac{500}{1,15} = 1398,25 \; kN$$

Por tanto, sería una situación del caso 1º, ya que:

$$U_{s1} - U_{s2} < U_v$$

El momento último vale:

$$M_u = 0,24 \, U_v \, d' \frac{(U_v - U_{s1} + U_{s2})(1,5 \, U_{s1} + U_{s2})}{(0,6 \, U_v + U_{s2})^2} + U_{s1}(d - d') =$$

$$0,24 \cdot 666,67 \cdot 0,05 \frac{(666,67 - 1398,26 + 1398,26)(1,5 \cdot 1398,26 + 1398,26)}{(0,6 \cdot 666,67 + 1398,26)^2} +$$

$$+ 1398,26(0,350 - 0,05) = 425 \; kNm$$

Nótese que el cálculo simplificado inicial es ligeramente conservador, ya que el brazo de palanca, z, será ligeramente mayor gracias a la contribución del hormigón a compresión. Los resultados de cálculo simplificado realizado y el de las ecuaciones del Anejo 7 de la Instrucción EHE-08 son muy similares, con un error inferior al 1,5%.

d)

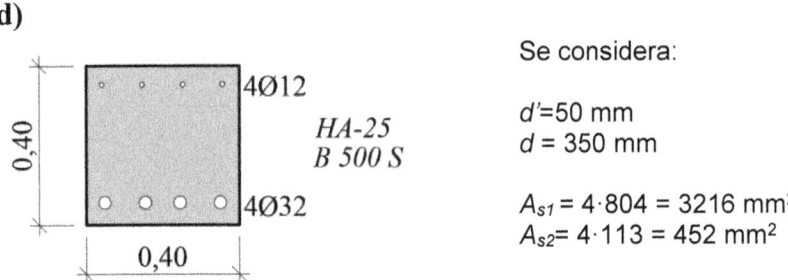

Se considera:

d'=50 mm
d = 350 mm

A_{s1} = 4·804 = 3216 mm²
A_{s2}= 4·113 = 452 mm²

Podría intentarse inicialmente las simplificaciones seguidas en los apartados a) y b) de este ejercicio, es decir, despreciar en el cálculo la armadura comprimida y considerar que la armadura traccionada plastifica. En este caso, se obtendría la siguiente ecuación de equilibrio, siendo posible despejar y:

$$0 = f_{cd} \cdot b \cdot y - A_{s1} f_{yd} \rightarrow y = \frac{A_{s1} f_{yd}}{f_{cd} \cdot b} = \frac{3216 \frac{500}{1,15}}{\frac{25}{1,50} 400} = 210 \ mm$$

Obteniéndose una profundidad de la fibra neutra $x = 1,25y = 262$ mm, y un valor de $x/d = 262/350 = 0,75$. Por tanto, la hipótesis realizada anteriormente es incorrecta, ya que la armadura traccionada no plastificaría ($x_{lim}/d = 0,625$). En este caso es conveniente considerar la armadura comprimida. Se resuelve, a continuación, mediante dos procedimientos.

Si se aplican las ecuaciones dadas en el Anejo 7 de la Instrucción EHE-08:

$$U_0 = f_{cd} \cdot b \cdot d = \frac{25}{1,5} 400 \cdot 350 = 2333,33 \ kN$$

$$U_v = 2 \cdot U_0 \frac{d'}{d} = 2 \cdot 2\,33,33 \frac{50}{350} = 666,67 \ kN$$

$$U_{s1} = A_{s1} f_{yd} = 3216 \frac{500}{1,15} = 1398,26 \ kN$$

$$U_{s2} = A_{s1} f_{yd,c} = 452 \cdot \frac{500}{1,15} = 196,52 \ kN$$

Por tanto, sería una situación del caso 3°, ya que:

$$0,5 \cdot U_0 = 1166,67 kN < U_{s1} - U_{s2} = 1201,74 \ kN$$

Este caso 3°, la situación de la fibra neutra está comprendida entre *0,625·d < x < d*, es decir, el plano de deformación en rotura está en el Dominio 4, por lo que la rotura será frágil, sin llegar a producirse la plastificación de la armadura traccionada.

El momento último vale:

$$\alpha = \frac{U_{s1} + 0,6\,U_{s2}}{U_0} = \frac{1398,26 + 0,6\cdot196,52}{2333,33} = 0,650$$

$$M_u = \frac{4}{3}U_{s1}\left(\frac{\alpha + 1,2}{\alpha + \sqrt{\alpha^2 + 1,92\dfrac{U_{s1}}{U_0}}} - 0,5\right)d + U_{s2}\,(d - d') =$$

$$= \frac{4}{3}1398,26\left(\frac{0,650 + 1,2}{0,650 + \sqrt{0,650^2 + 1,92\dfrac{1398,26}{2333,33}}} - 0,5\right)0,35 + 196,52\,(0,35 - 0,05) =$$

$$= 367\,kN\cdot m$$

También es posible resolver el ejercicio planteando las ecuaciones de equilibrio:

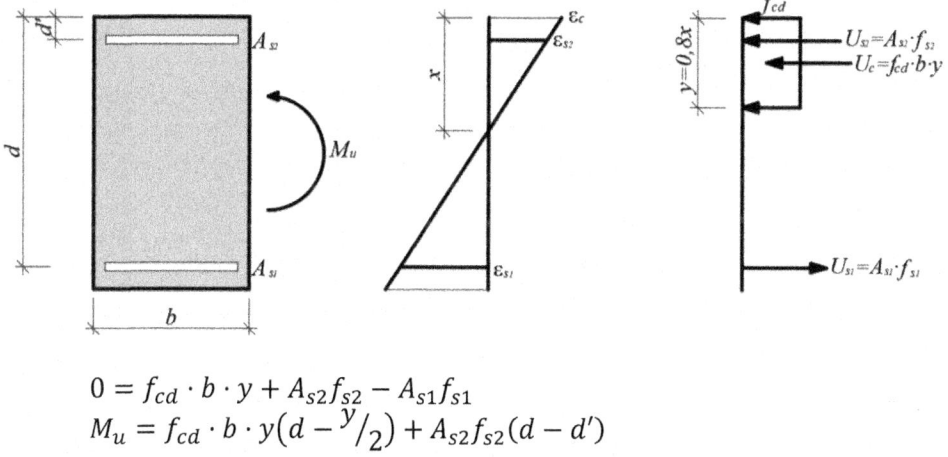

$$0 = f_{cd} \cdot b \cdot y + A_{s2}f_{s2} - A_{s1}f_{s1}$$
$$M_u = f_{cd} \cdot b \cdot y\left(d - \frac{y}{2}\right) + A_{s2}f_{s2}(d - d')$$

A priori, en caso de no haber resuelto anteriormente el ejercicio mediante las fórmulas del Anejo 7, no se podría saber si la armadura plastifica, por lo que las tensiones en las armaduras serían también incógnitas. Por tanto, el sistema tendría 2 ecuaciones y 4 incógnitas (M_u, y, f_{s1}, f_{s2}).

Es preciso plantear las ecuaciones de compatibilidad de deformaciones:

$$\frac{\varepsilon_c}{x} = \frac{\varepsilon_{s1}}{d-x}$$
$$\frac{\varepsilon_c}{x} = \frac{\varepsilon_{s2}}{x-d'}$$
$$x = 1,25y$$
$$f_{s1} = \varepsilon_{s1}E_s \le {500}/{1,15}$$
$$f_{s2} = \varepsilon_{s2}E_s \le {500}/{1,15}$$

Imponiendo ahora que rompe el hormigón, por tanto $\varepsilon_c = \varepsilon_{cu} = 0,0035$, se tiene el mismo número de ecuaciones y de incógnitas. Además, también podemos imponer que la armadura a compresión trabaja a la máxima tensión de cálculo 500/1,15. Estas hipótesis se deberán validar al final de la resolución. El sistema a resolver es:

$$0 = f_{cd} \cdot b \cdot y + A_{s2}f_{yd} - A_{s1}\frac{\varepsilon_{cu}(d-1,25y)}{1,25y}E_s$$

$$M_u = f_{cd} \cdot b \cdot y\left(d - \frac{y}{2}\right) + A_{s2}f_{yd}(d - d')$$

De la primera ecuación se puede obtener y, y despejando de la segunda es posible obtener el momento último que resiste la sección:

$$0 = \frac{25}{1,5} \cdot 400 \cdot y + 452 \cdot \frac{500}{1,15} - 3216\frac{0,0035(350-1,25y)}{1,25y}200.000$$

$$8.333,33 \cdot y^2 + 245.652y - 787.920.000 + 2.814.000y = 0$$

$$8.333,33 \cdot y^2 + 3.059.652y - 787.920.000 = 0$$

$$y = 174,54 \, mm$$

Por tanto, $x = 1,25 \cdot 174,54 = 218,18$ mm. Resulta que $x < 0,625 \cdot d = 218,75$ mm, por lo que como se puede ver en el diagrama de pivotes presentado en el apartado (a), la rotura se produce en el Dominio 3, aunque el plano se encuentra muy cerca del Dominio 4. De hecho, el valor de $0,625 \cdot d$ para separar el dominio 3 del dominio 4 no es más que una simplificación del valor real que se define suponiendo una deformación del hormigón, ε_c, igual a 0,0035 y una deformación del acero, ε_{s1}, igual a la de plastificación, por tanto: $\varepsilon_{s1} = f_{yd}/E_s = (500/1,15)/200.000 = 0,002174$. Si con estos dos valores, por compatibilidad, se determina la profundidad x_{lim} (ver primera figura de la resolución del apartado (a)), se obtiene que $x_{lim} = 0,617 \cdot d$. Por tanto, la x obtenida en la resolución del sistema ($x = 218,18$ mm) es mayor que $0,617 \cdot d = 215,95$ mm, por lo que la rotura se produce realmente en el Dominio 4.

Volviendo a la resolución del sistema, de la ecuación de equilibrio de momentos podemos hallar el momento último:

$$M_u = f_{cd} \cdot b \cdot y\left(d - \frac{y}{2}\right) + A_{s2}f_{yd,c}(d - d') = \frac{25}{1,5}400 \cdot 175,12\left(350 - \frac{174,54}{2}\right) + 452 \cdot \frac{500}{1,15}(350 - 50) = 365 \, kNm$$

La deformación en la armadura comprimida se puede obtener de la ecuación de compatibilidad:

$$\frac{\varepsilon_c}{x} = \frac{\varepsilon_{s2}}{x-d'} \rightarrow \varepsilon_{s2} = \frac{\varepsilon_c}{x}(x - d') = \frac{0,0035}{218,18}(218,18 - 50) = 0,0027$$

Por lo que la armadura a compresión plastifica:

$$f_{s2} = \varepsilon_{s2}E_s = 0,0027 \cdot 200.000 = 540 \not> \frac{500}{1,15} = 434,78 \, MPa$$

Por tanto, la hipótesis adoptada en la resolución del sistema de que la tensión f_{s2} era igual a 500/1,15 es correcta.

Se comprueba ahora la tensión en la armadura traccionada, a partir de la primera ecuación de compatibilidad que se había planteado:

$$\frac{\varepsilon_c}{x} = \frac{\varepsilon_{s1}}{d-x} \rightarrow \varepsilon_{s1} = \frac{\varepsilon_c}{x}(d-x) = \frac{0,0035}{218,18}(350 - 218,18) = 0,002115$$

Por lo que la armadura a tracción se encuentra a una tensión:

$$f_{s1} = \varepsilon_{s1} E_s = 0,002115 \cdot 200.000 = 422,93 \, MPa$$

Por tanto, efectivamente, la armadura traccionada no plastifica en el momento de la rotura, estando, en todo caso, muy próxima a la plastificación considerada en el diagrama de cálculo del acero del Código Estructural.

4.4 Determinación de la armadura a flexión compuesta recta, sin efectos de inestabilidad.

Determinar la armadura de los siguientes pilares sin considerar efectos de inestabilidad y sin considerar ningún momento flector en el sentido del eje débil. Considera el recubrimiento mecánico igual a 50 mm.

a)   b)

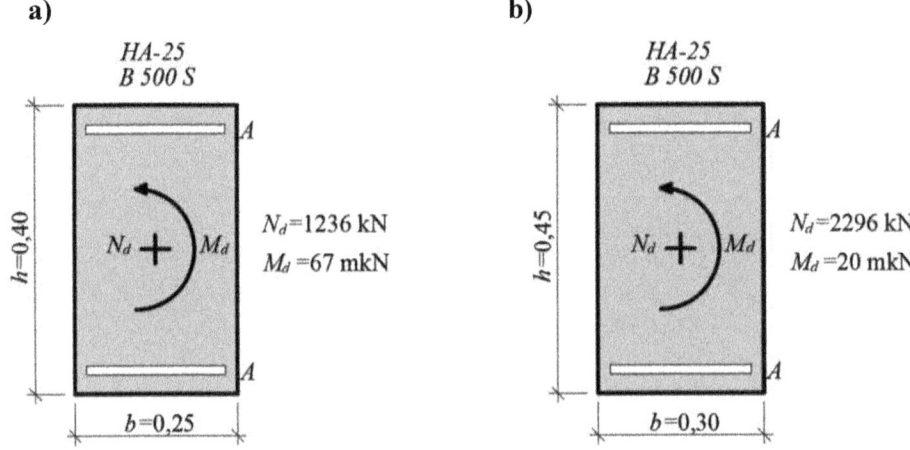

a) Se resuelve inicialmente el caso de la izquierda. En primer lugar se calcula la excentricidad:

$$e_0 = \frac{M_d}{N_d} = \frac{67}{1236} = 0,054\ m = 54\ mm$$

Esta excentricidad debe ser mayor que la excentricidad mínima dada por el mayor de los siguientes valores (A19-§6.1(4)):

$$e_0 \geq 20\ mm$$
$$e_0 \geq \frac{h}{30} = \frac{400}{30} = 13,33\ mm$$

Se resuelve el ejercicio utilizando el diagrama de interacción mostrado en la siguiente página, que puede descargarse de la página web de Cinter (www.cinter.es) como material complementario digital del libro "Jiménez Montoya Esencial. Hormigón armado" de Juan Carlos Arroyo Portero, Francisco Morán Cabré, Álvaro García Messeguer et al. Si se considera $d' = 50\ mm$, resulta que $d'/h = 0.125$, por lo que, de forma conservadora, se puede utilizar el diagrama para $d' = 0,15 \cdot h$.

Se calcula el axil y el momento adimensional:

$$v = \frac{N}{A_c \cdot f_{cd}} = \frac{1236 \cdot 10^3}{400 \cdot 250 \cdot \frac{25}{1,5}} = 0,74$$

$$\mu = \frac{M_d}{A_c \cdot h \cdot f_{cd}} = \frac{67 \cdot 10^6}{400 \cdot 250 \cdot 400 \cdot \frac{25}{1,5}} = 0,10$$

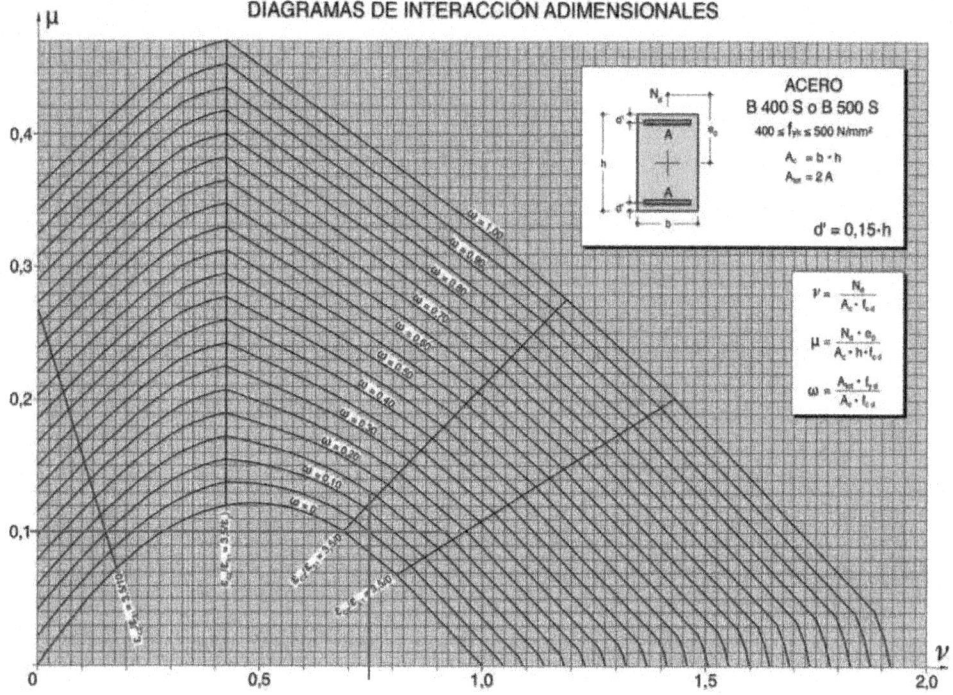

DIAGRAMAS DE INTERACCIÓN ADIMENSIONALES

Obteniéndose del ábaco $\omega = 0,05$, en el Dominio 4a. Por tanto:

$$\omega = \frac{A_{tot} \cdot f_{yd}}{A_c \cdot f_{cd}}$$

$$0,05 = \frac{A_{tot} \cdot 500/1,15}{400 \cdot 250 \cdot 25/1,5}$$

Resultando una armadura total de 192 mm². Se trata de una cuantía de armadura muy baja, que queda cubierta con el armado mínimo (Anejo 19-§9.5.2) que debe tener un pilar por razones constructivas (4ϕ12 =452 mm²). El Código Estructural no establece una armadura mínima geométrica para pilares, pero se recomienda en este libro disponer un 2 ‰:

$$A_{min,geom} \geq \frac{2}{1000} A_c = \frac{2}{1000} 400 \cdot 250 = 200 \; mm^2$$

La armadura mínima mecánica para pilares (Anejo 19-§9.5.2), en el caso de armadura simétrica (siendo A'_s el área total de las armaduras comprimidas):

$$A'_s f_{yc,d} \geq 0,1 \cdot N_d = 0,1 \cdot 1236 \cdot 10^3 \rightarrow A'_s \geq \frac{0,1 \cdot 1236 \cdot 10^3}{400} = 309 \; mm^2$$

El área de armadura longitudinal no debe superar $A_{s,max} = 0,04 A_c$ fuera de las zonas de solape (Anejo 19-§9.5.2), resultando $A_{s,max} = 0,04 \cdot 400 \cdot 250 = 4000$ mm².

La armadura dispuesta cumple todos los límites establecidos.

b) Materiales HA-25 y B-500-S

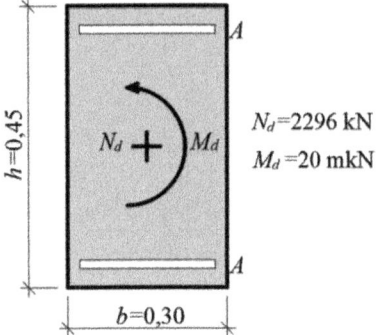

N_d=2296 kN

M_d =20 mkN

En primer lugar se calcula la excentricidad:

$$e_0 = \frac{M_d}{N_d} = \frac{20}{2296} = 0,0087 \ m = 8,7 \ mm$$

que debe ser mayor que la excentricidad mínima dada por el mayor de los siguientes valores (A19-§6.1(6)):

$$e_0 \geq 20 \ mm$$

$$e_0 \geq \frac{h}{30} = \frac{450}{30} = 15 \ mm$$

Por tanto, la excenticidad a considerar es de 20 mm. El momento flector de cálculo valdrá 2296·0,02 = 46 kNm.

Se resuelve el ejercicio utilizando el diagrama de interacción mostrado en la página siguiente, que puede descargarse de la página web de Cinter (www.cinter.es) como material complementario digital del libro "Jiménez Montoya Esencial. Hormigón armado" de Juan Carlos Arroyo Portero, Francisco Morán Cabré, Álvaro García Messeguer et al.

Si consideramos $d' = 50 \ mm$, resulta que $d'/h = 0,11$ por lo que, de forma conservadora, utilizaremos el diagrama para $d' = 0,15 \cdot h$. También podríamos utilizar el diagrama para $d'=0,10 \cdot h$ suponiendo un recubrimiento mecánico de 45 mm.

Se calcula el axil y el momento adimensional:

$$\nu = \frac{N}{A_c \cdot f_{cd}} = \frac{2296 \cdot 10^3}{450 \cdot 300 \cdot \frac{25}{1,5}} = 1,02$$

$$\mu = \frac{M_d}{A_c \cdot h \cdot f_{cd}} = \frac{2296 \cdot 10^3 \cdot 20}{450 \cdot 300 \cdot 450 \cdot \frac{25}{1,5}} = 0,045$$

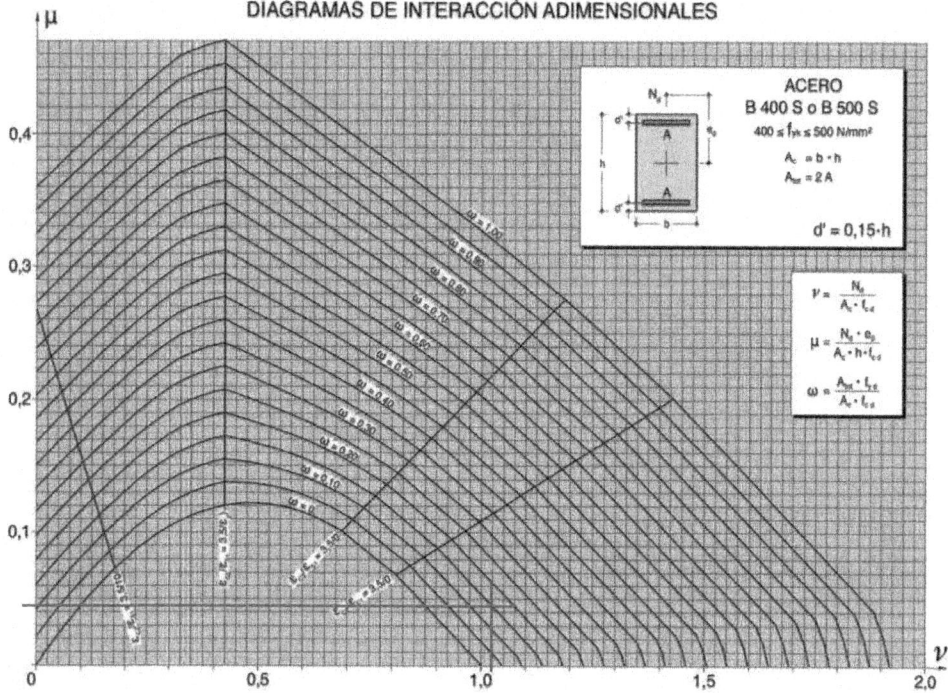

DIAGRAMAS DE INTERACCIÓN ADIMENSIONALES

Obteniéndose del ábaco $\omega = 0,15$, en el Dominio 5. Por tanto:

$$\omega = \frac{A_{tot} \cdot f_{yd}}{A_c \cdot f_{cd}}$$

$$0,15 = \frac{A_{tot} \cdot 500/1,15}{450 \cdot 300 \cdot 25/1,5}$$

Resultando una armadura total de 776 mm^2, es decir, 388 mm^2 en cada cara. Se podrían disponer 2ϕ16 en cada cara (402 mm^2).

El Código Estructural no establece una armadura mínima geométrica para pilares, pero se recomienda en este libro disponer un 2 ‰:

$$A_{min,geom} \geq \frac{2}{1000} A_c = \frac{2}{1000} 450 \cdot 300 = 270 \ mm^2$$

Y la armadura mínima mecánica en pilares (Anejo 19-§9.5.2) para el caso de armadura simétrica, vale (siendo A'_s el área total de las armaduras comprimida):

$$A'_s f_{yc,d} \geq 0,1 \cdot N_d = 0,1 \cdot 2296 \cdot 10^3 \ \rightarrow \ A'_s \geq \frac{0,1 \cdot 2296 \cdot 10^3}{400} = 574 \ mm^2$$

El área de armadura longitudinal no debe superar $A_{s,max} = 0,04 A_c$ fuera de las zonas de solape (Anejo 19-§9.5.2), resultando $A_{s,max} = 0,04 \cdot 450 \cdot 300 = 5400$ mm^2.

La armadura dispuesta cumple todos los límites establecidos.

4.5 Determinación de la armadura a flexión compuesta esviada, sin efectos de inestabilidad.

Determinar la armadura del siguiente pilar (sin considerar los efectos de inestabilidad) de 40 x 40 cm, suponiendo armadura igual en las 4 caras. Los esfuerzos actuantes son N_d = 1000 kN, M_{xd} = 140 kNm y M_{yd} = 75 kNm.

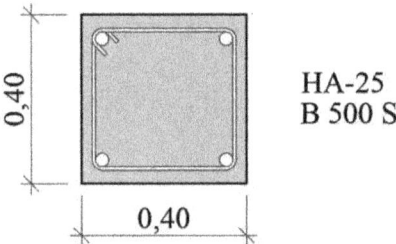

HA-25
B 500 S

En primer lugar, se calcula la excentricidad para cada momento flector:

$$e_x = \frac{M_{xd}}{N_d} = \frac{140}{1000} = 0,14 \, m = 140 \, mm$$

$$e_y = \frac{M_{yd}}{N_d} = \frac{75}{1000} = 0,075 \, m = 75 \, mm$$

La excentricidad es superior a la excentricidad mínima.

Se resuelve utilizando el ábaco en roseta de la página siguiente (armadura simétrica en 4 caras), que puede descargarse de la página web de Cinter (www.cinter.es) como material complementario digital del libro "Jiménez Montoya Esencial. Hormigón armado" de Juan Carlos Arroyo Portero, Francisco Morán Cabré, Álvaro García Messeguer et al. Si consideramos d' = 50 mm, resulta que $d'/h = 0.125$. Utilizamos el ábaco $d'=0,10h$, siendo conscientes que el resultado podría quedar ligeramente del lado de la inseguridad. Se calcula el axil y el momento adimensional:

$$\nu = \frac{N}{A_c \cdot f_{cd}} = \frac{1000 \cdot 10^3}{400 \cdot 400 \cdot \frac{25}{1,5}} = 0,375$$

$$\mu_a = \frac{M_{ad}}{A_c \cdot a \cdot f_{cd}} = \frac{140 \cdot 10^6}{400 \cdot 400 \cdot 400 \cdot \frac{25}{1,5}} = 0,13$$

$$\mu_b = \frac{M_{bd}}{A_c \cdot b \cdot f_{cd}} = \frac{75 \cdot 10^6}{400 \cdot 400 \cdot 400 \cdot \frac{25}{1,5}} = 0,07$$

Como $\mu_a > \mu_b \rightarrow \mu_1 = \mu_a$; $\mu_2 = \mu_b$. Obteniéndose del ábaco, redondeando para la cuantía superior, $\omega = 0,20$. Por tanto:

$$\omega = \frac{A_{tot} \cdot f_{yd}}{A_c \cdot f_{cd}}$$

$$0,20 = \frac{A_{tot} \cdot 500/1,15}{400 \cdot 400 \cdot 25/1,5}$$

Resultando una armadura total de 1227 mm², es decir, 307 mm² en cada cara.

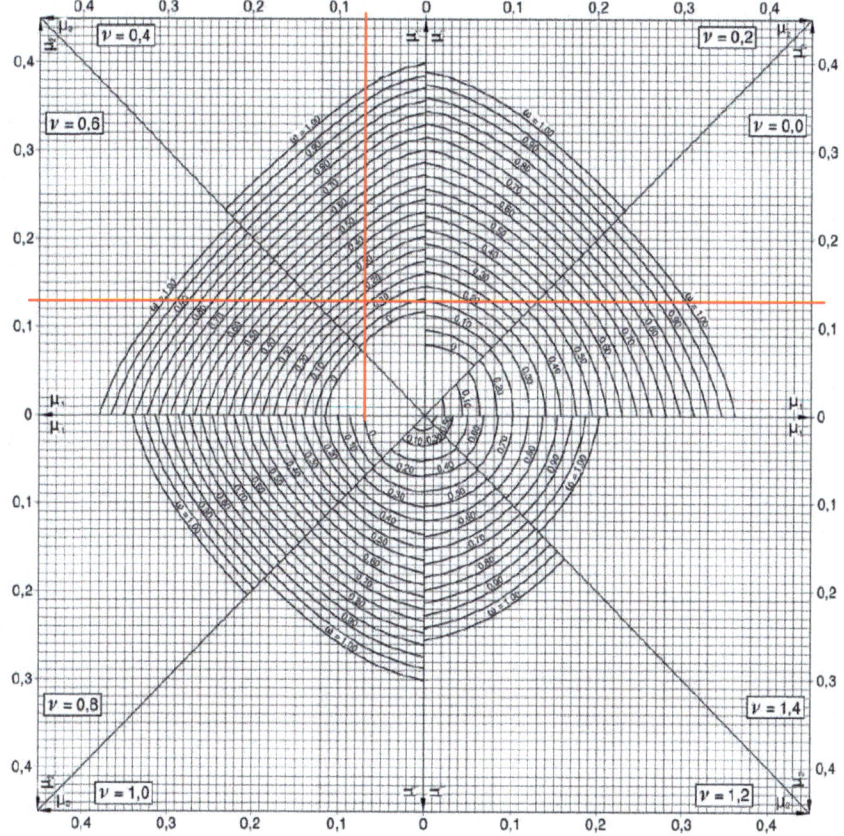

El Código Estructural no establece una armadura mínima geométrica para pilares, pero se recomienda en este libro disponer un 2 ‰:

$$A_{min,geom} \geq \frac{2}{1000} A_c = \frac{2}{1000} 400 \cdot 400 = 320 \ mm^2$$

Y la armadura mínima mecánica en pilares (Anejo 19-§9.5.2) para el caso de armadura simétrica, vale (siendo A'_s el área total de las armaduras comprimida):

$$A'_s f_{yc,d} \geq 0,1 \cdot N_d = 0,1 \cdot 1000 \cdot 10^3 \ \rightarrow \ A'_s \geq \frac{0,1 \cdot 1000 \cdot 10^3}{400} = 250 \ mm^2$$

El área de armadura longitudinal no debe superar $A_{s,max} = 0,04 A_c$ fuera de las zonas de solape (Anejo 19-§9.5.2), resultando $A_{s,max} = 0,04 \cdot 400 \cdot 400 = 6400 \ mm^2$.

La armadura total a disponer en el pilar podría ser 4ϕ20 (1256 mm²), es decir, un redondo del 20 en cada esquina, para simplificar al máximo el montaje. En caso de armar la sección con cuatro barras, sería posible utilizar un ábaco en roseta específico para el caso de una barra en cada esquina (también de Jiménez Montoya Esencial), ya que al considerar el armado en su posición óptima el ábaco ofrecerá menores armados. Se resuelve a continuación con el citado ábaco:

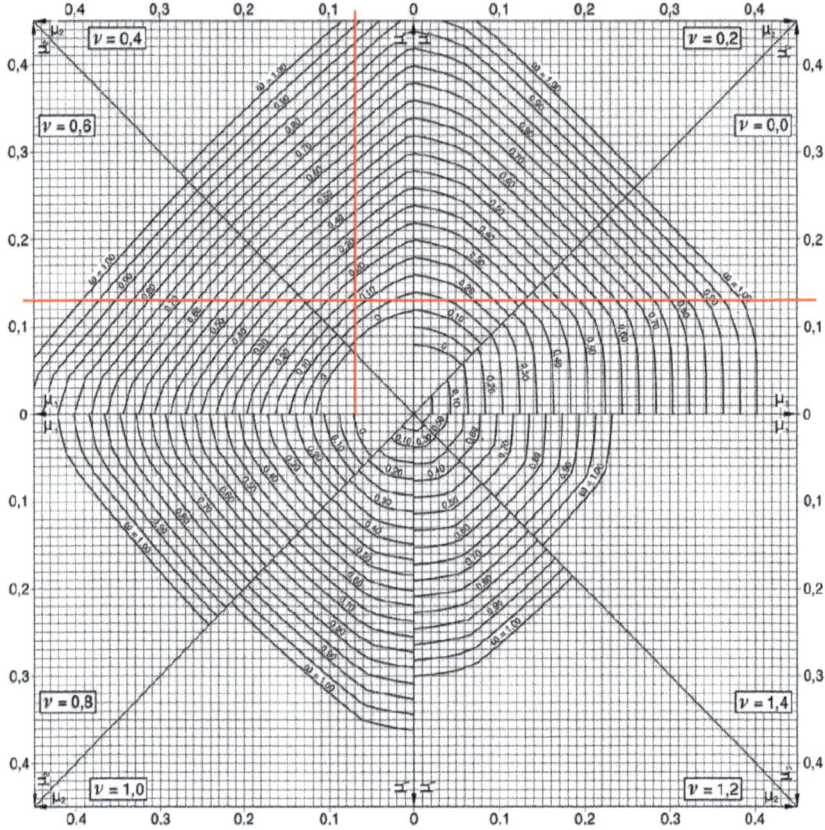

Se obtiene ahora una cuantía algo inferior a, $\omega = 0,15$. Por tanto:

$$\omega = \frac{A_{tot} \cdot f_{yd}}{A_c \cdot f_{cd}}$$

$$0,15 = \frac{A_{tot} \cdot 500/1,15}{400 \cdot 400 \cdot 25/1,5}$$

Resultando una armadura total de 920 mm², es decir, 230 mm² cada barra. Las barras $\phi 16$ tienen una sección de 201 mm², por lo que no resultan suficiente, así que se puede dejar con el armado ya obtenido anteriormente (una barra $\phi 20$ en cada esquina).

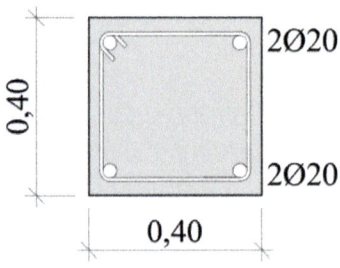

4.6 Cálculo y disposición de armaduras a flexión en una jácena de un edificio de viviendas.

Los croquis de las Figuras 1 y 2 representan un pórtico interior de un edificio de viviendas. La distancia entre pórticos transversales es de 5 m. El forjado, de 30 cm de canto, es de semivigueta y bovedillas. Los pilares son de sección 35 x 35 cm^2 y las jácenas son planas de 60 cm de anchura.

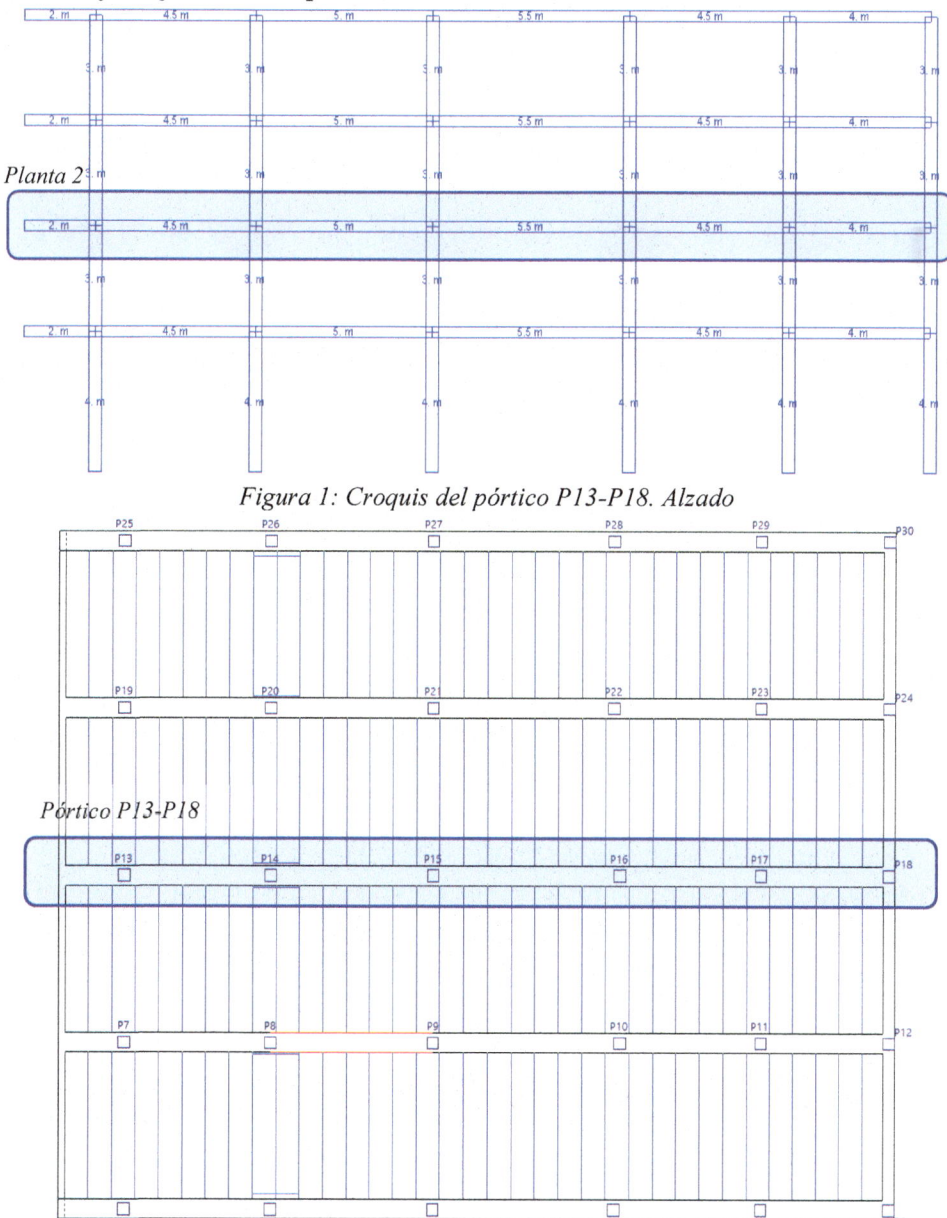

Figura 1: Croquis del pórtico P13-P18. Alzado

Figura 2: Pórtico P13-P18. Croquis planta segunda.

El hormigón a utilizar es un **HA-30/F/20/XC3** y la armadura **B500SD**. Las cargas consideradas son las correspondientes al peso propio, cargas permanentes, sobrecarga de uso, peso de los tabiques y el viento según el CTE. Los esfuerzos producidos se dan a continuación. El cálculo de esfuerzos se ha realizado mediante el software CYPECAD.v2023 de CYPE Ingenieros S.A.

Se pide disponer la armadura a flexión de la viga plana señalada (Pórtico P13-P18 de la segunda planta). Para ello se facilita la envolvente de la ley de momentos flectores (gráfica y tabla):

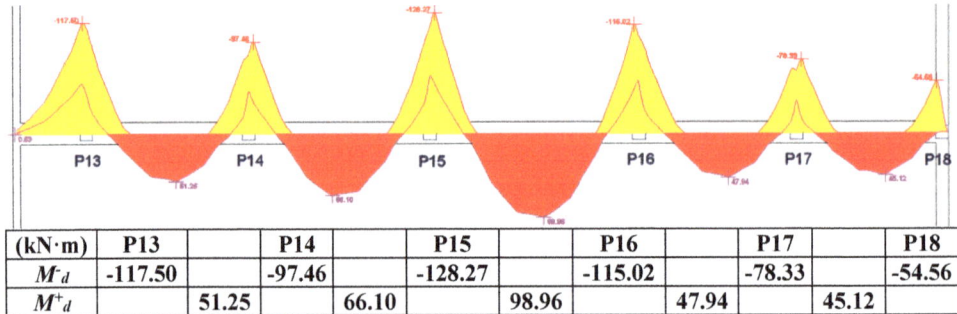

(kN·m)	P13		P14		P15		P16		P17		P18
M^-_d	-117.50		-97.46		-128.27		-115.02		-78.33		-54.56
M^+_d		51.25		66.10		98.96		47.94		45.12	

Envolvente de la ley de momentos flectores en varias secciones (secciones tomadas desde la cara de los pilares y no desde los ejes):

(kN·m)	Voladizo			P13 izq
Pos. Relat.	0	1/3	2/3	L
M^-_d	0	-22.62	-59.39	-113.65
M^+_d	0	-8.99	-25.78	-52.37

(kN·m)	P13 drch						P14 izq
Pos. Relat.	0	1/6	2/6	3/6	4/6	5/6	L
M^-_d	-91.6	-22.12	11.48	26.08	14.95	-12.40	-75.13
M^+_d	-21.67	9.28	36.92	48.53	41.46	14.26	-16.02

(kN·m)	P14 drch						P15 izq
Pos. Relat.	0	1/6	2/6	3/6	4/6	5/6	L
M^-_d	-95.60	-13.79	20.78	34.99	20.56	-13.64	-93.84
M^+_d	-30.34	10.08	50.40	64.40	51.27	11.09	-29.88

(kN·m)	P15 drch						P16 izq
Pos. Relat.	0	1/6	2/6	3/6	4/6	5/6	L
M^-_d	-124.60	-13.97	29.69	47.48	33.03	-7.53	-111.79
M^+_d	-48.44	7.20	65.59	87.76	71.97	15.00	-42.57

(kN·m)	P16 drch						P17 izq
Pos. Relat.	0	1/6	2/6	3/6	4/6	5/6	L
M^-_d	-88.27	-23.09	9.33	23.34	13.84	-9.84	-65.86
M^+_d	-22.47	6.26	32.25	44.60	39.63	15.56	-10.90

(kN·m)	P17 drch						P18 izq
Pos. Relat.	0	1/6	2/6	3/6	4/6	5/6	L
M^-_d	-76.48	-19.78	8.59	21.41	11.79	-9.34	-54.07
M^+_d	-12.71	9.45	30.88	41.71	40.97	25.55	2.20

El recubrimiento nominal será la suma de un recubrimiento mínimo más el margen de recubrimiento (Título 2-§43.4.1):

$$c_{nom} = c_{min} + \Delta c_{dev}$$

El recubrimiento mínimo, para la clase de exposición XC3, vida útil de 50 años y cemento distinto de CEM I (ya que tendrán un menor impacto ecológico) es igual a 20 mm (Tabla 44.2.1.1a). El margen de recubrimiento es igual a 10 mm para elementos ejecutados in situ con nivel normal de control de ejecución (§43.4.1), por tanto:

$$c_{nom} = 20 + 10 = 30 \ mm$$

Para obtener el recubrimiento mecánico a negativos será necesario estimar el diámetro de los cercos, ya que el diámetro de las barras a flexión es conocido. Por ejemplo:

$$c_{mec} = c_{nom} + \emptyset_{cerco} + \frac{1}{2}\emptyset_{arm.long.} \approx 30 + 6 + \frac{20}{2} = 46 \ mm \approx 50 \ mm$$

Los momentos flectores máximos (en mkN), necesarios para el dimensionamiento de la armadura, valen:

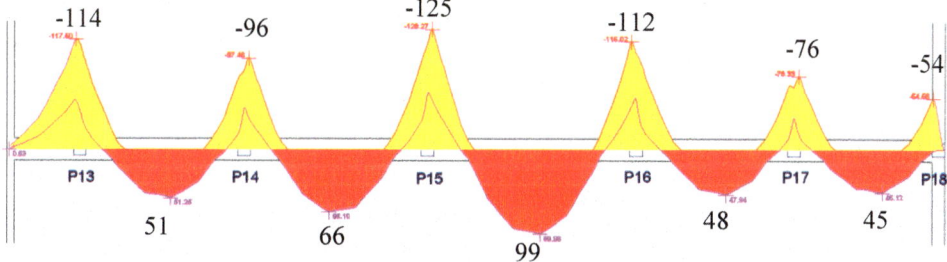

Nótese que, en el caso de los momentos negativos, se ha tomado el valor máximo de las dos caras del pilar (cara izquierda o cara derecha). En el caso de momentos positivos, se ha tomado el valor máximo dado en la envolvente (que es ligeramente superior al valor máximo que se da en las cinco secciones intermedias de las tablas de cada tramo).

Se calcula en primer lugar el momento límite de la jácena tipo, para conocer si en alguna sección será necesario disponer armadura a compresión.

$$U_0 = f_{cd} \cdot b \cdot d = \frac{30}{1,5} 600 \cdot 250 = 3000 \ kN$$
$$M_{lim} = 0{,}375 \cdot U_0 \cdot d = 0{,}375 \cdot 3000 \cdot 0{,}25 = 281 \ kNm$$

En ningún caso será necesario disponer armadura a compresión dado que el máximo momento en la viga, $M_d = 125$ kNm (P15), es menor al $M_{lim} = 281$ kNm ($U_{s2} = 0$).

61

Siendo la jácena de 60 cm de anchura, la armadura a cortante condicionará la disposición de la armadura a flexión. El Código Estructural establece en A19-§9.2.2, que la separación transversal máxima entre ramas a cortante debe ser $s_{t,max} \leq 0,75d$. Por tanto, será necesario la utilización de cercos de 4 ramas, por lo que como mínimo se dispondrás 4 armaduras longitudinales, ya que debe disponerse una armadura longitudinal para cada rama a cortante. Se propone, inicialmente, y por criterios constructivos, disponer de 4ϕ12 como armadura base tanto en la cara superior como en la inferior.

Se procede, a continuación, con el cálculo de la armadura necesaria a positivos, utilizando la fórmula que proporciona el Anejo 7 de la Instrucción EHE-08 (compatible con lo establecido en el Código Estructural) de forma rápida la solución exacta:

$$U_{s1} = U_0 \left(1 - \sqrt{1 - \frac{2M_d}{U_0 d}} \right)$$
$$A_{s1} = U_{s1}/f_{yd}$$

Barra	M_d (kNm)	U_{s1} (kN)	A_{s1} (mm²)	A_{base}	$A_{refuerzo}$	A_{total} (mm²)
P13-P14	51	211,5	486	4ϕ12 (452 mm²)	1ϕ12 (78 mm²)	565
P14-P15	66	276,8	637	4ϕ12 (452 mm²)	2ϕ12 (226 mm²)	678
P15-P16	99	426,3	980	4ϕ12 (452 mm²)	3ϕ16 (603 mm²)	1055
P16-P17	48	198,6	457	4ϕ12 (452 mm²)	-	452
P17-P18	45	185,8	427	4ϕ12 (452 mm²)	-	452

Las armaduras dispuestas son superiores en todos los casos a la de cálculo, salvo en el caso del tramo P16-P17, que faltan 5 mm²(1%). Sin embargo, en caso de haber calculado con un recubrimiento mecánico más ajustado a 46 mm, resultaría que la armadura base es suficiente.

Se comprueba a continuación la armadura mínima mecánica. Esta se define en el Anejo 19-§9.2 del Código Estructural:

$$A_{s,min} = \frac{W}{z} \frac{f_{ctm,fl}}{f_{yd}}$$

La resistencia media a flexotracción del hormigón, $f_{ctm,fl}$, vale (Anejo 19-§3.1.8 del Código Estructural:

$$f_{ct,m} = 0,30 \cdot f_{ck}^{2/3} = 0,30 \cdot 30^{2/3} = 2,9 \, N/mm^2$$
$$f_{ct,m,fl} = max \left\{ \left(1,6 - \frac{h}{1000} \right) f_{ct,m}; f_{ct,m} \right\} = max\{1,3 \cdot 2,9; 2,9\} = 3,77 \, N/mm^2$$

En el caso particular de la sección rectangular de este problema, resulta:

$$A_{s,min} = \frac{b \cdot h}{4,8} \frac{f_{ctm,fl}}{f_{yd}} = \frac{600 \cdot 300}{4,8} \frac{3,77}{500/1,15} = 325 \ mm^2$$

Como puede observarse, tanto las armaduras necesarias obtenidas como la armadura mínima dispuesta en forma de armadura base para momentos positivos, son superiores a la armadura mínima mecánica.

La armadura a negativos resulta (suponiendo que la armadura base se encuentre perfectamente anclada):

Nudo	M_d (kNm)	U_{s1} (kN)	A_{s1} (mm²)	A_{base}	$A_{refuerzo}$	A_{total}
P13	114	497,2	1144	4ϕ12 (452 mm²)	2ϕ20+1ϕ12 (741 mm²)	1193
P14	96	412,3	948	4ϕ12 (452 mm²)	2ϕ16+1ϕ12 (515 mm²)	967
P15	125	550,5	1266	4ϕ12 (452 mm²)	3ϕ20 (942 mm²)	1394
P16	112	487,6	1122	4ϕ12 (452 mm²)	2ϕ20+1ϕ12 (741 mm²)	1193
P17	76	321,2	739	4ϕ12 (452 mm²)	3ϕ12 (339 mm²)	791
P18	54	224,4	516	4ϕ12 (452 mm²)	1ϕ12 (113 mm²)	565

Una vez obtenidas las cuantías de cálculo, sería posible llevar a cabo cierta homogeneización del armado para simplificar el trabajo de ferrallado. De hecho, si se observan las dos tablas anteriores, se puede observar que se ha minimizado el número de redondos diferentes utilizados (ϕ12, ϕ16 y ϕ20). En algunos casos se podría haber utilizado, sin problema alguno, barras corrugadas ϕ8 y/o ϕ10 pero se ha descartado por simplicidad.

Se calcula, a continuación, la longitud básica de anclaje para los tres diámetros utilizados, tanto para posición I (mitad inferior) como en posición II (adherencia deficiente, posición superior). Se utiliza la metodología dada en Título 2-§49.5.1.2 y -§49.5.2.2:

$$l_b^{Pos. \ I} = m \cdot \phi^2 \not< \frac{f_{yk}}{20} \phi$$

$$l_b^{Pos. \ II} = 1,4 \cdot m \cdot \phi^2 = \not< \frac{f_{yk}}{14} \phi$$

También se calcula el valor mínimo de la longitud neta de anclaje, según la siguiente ecuación válida para barras traccionadas (no hay armaduras comprimidas de cálculo):

$$l_{b,net} \geq max(10\phi \; ; \; 150 \; mm \; ; \; l_b/3)$$

El valor de m depende de la resistencia a compresión del hormigón y de la resistencia a tracción del acero. Para $f_{ck} = 30 \; N/mm^2$ y acero B500SD, resulta $m = 1,3$. Por tanto, los valores redondeados al centímetro obtenidos son:

Barra	$l_b^{Pos. \; I}$ (mm)	$l_b^{Pos. \; II}$ (mm)	$l_{b,net \; mínimo}^{Pos. \; I}$ (mm)	$l_{b,net \; mínimo}^{Pos. \; II}$ (mm)
$\phi12$	300	430	150	150
$\phi16$	400	570	160	190
$\phi20$	520	730	200	250

De forma alternativa, se podría utilizar el segundo método dado en el Código Estructural para el cálculo de la longitud de anclaje, que se encuentra en A19-§8.4.2 (y corresponde plenamente con el método incluido en el Eurocódigo 2). Este método proporcionaría, para los diámetros utilizados, longitudes de anclaje algo más elevadas.

A continuación, se obtienen las distancias de anclaje que se dispondrán en las distintas armaduras.

Las armaduras base de la parte inferior ($4\phi12$) se deberán extender hasta el eje de los pilares más una distancia igual a la longitud neta de anclaje (Título 2-§49.5.1.1: "Deberá continuarse hasta los apoyos al menos un tercio de la armadura necesaria para resistir el máximo momento positivo, en el caso de apoyos extremos de vigas; y al menos un cuarto en los intermedios. Esta armadura se prolongará a partir del eje del aparato de apoyo en una magnitud igual a la correspondiente longitud neta de anclaje"). La armadura base supera el porcentaje mínimo de armadura especificado.

Por tanto, las barras $\phi12$ de la armadura base dispuesta en la parte inferior (posición I) se deberán prolongar 150 mm más allá del eje de cada pilar (ver valor en tabla anterior para $l_{b,net}^{Pos. \; I}$). La longitud de cada barra será igual a la distancia entre ejes de pilar más 150 mm por cada extremo para su anclaje.

Las barras $\phi12$ de la armadura base de la parte superior se solapan sobre el pilar, en este caso en la zona de máximo momento flector y en posición de adherencia deficiente (posición II). Por tanto, en este caso se debe calcular la longitud de empalme por solapo (Título 2-§49.5.2.2). De forma conservadora se estima que, en todos los casos, el porcentaje de barras solapadas trabajando a tracción, con relación a la sección total del acero, es superior al 50% (en algunos casos sería inferior, pero por sencillez constructiva, y para evitar errores, es mejor determinar una única longitud de solape en este caso). La distancia transversal entre los empalmes más próximos es superior a 10ϕ (120 mm), ya que al haber 4 barras en la sección de 60 cm, la separación transversal será de unos 166 mm. Por tanto, el valor de α es de 1,4 (coeficiente multiplicar de la longitud de anclaje, ver Tabla 49.5.2.2). Por tanto, la longitud de solapo será 1,4·430 = 600 mm. Para permitir este solapo, cada barra ϕ12 de la armadura base superior deberá medir la distancia entre ejes de pilares más 300 mm en cada extremo. Debido a la importancia de la armadura a negativos en el voladizo (se trata de un elemento isostático), se recomienda que la armadura del voladizo y del vano P13-P14 se monte conjuntamente, evitando el solape sobre P13. También es preciso destacar que, con frecuencia, resulta habitual no considerar en proyecto toda la armadura base a negativos como correctamente anclada, ya que es una zona de ejecución compleja. En este caso, se podría considerar una armadura base a negativos más pequeña, por ejemplo 4ϕ10, y disponer los refuerzos a negativos para resistir todo el momento flector solicitante.

A continuación, se procede a calcular las longitudes de anclaje necesarias para los refuerzos a positivos. Para los tramos de jácena P16-P17 y P17-P18 es suficiente la armadura base, por lo que no hay refuerzos.

Para el tramo P13-P14 se dispone 4ϕ12 de armadura base y 1ϕ12 de armadura de refuerzo. La armadura base se repetirá en los otros tramos, y para resistir el momento negativo. Se comprueba, a continuación, el momento flector que resiste dicha armadura base (4ϕ12 $\rightarrow$ A_{s1} = 452 mm^2), planteando para ello las ecuaciones de equilibrio.

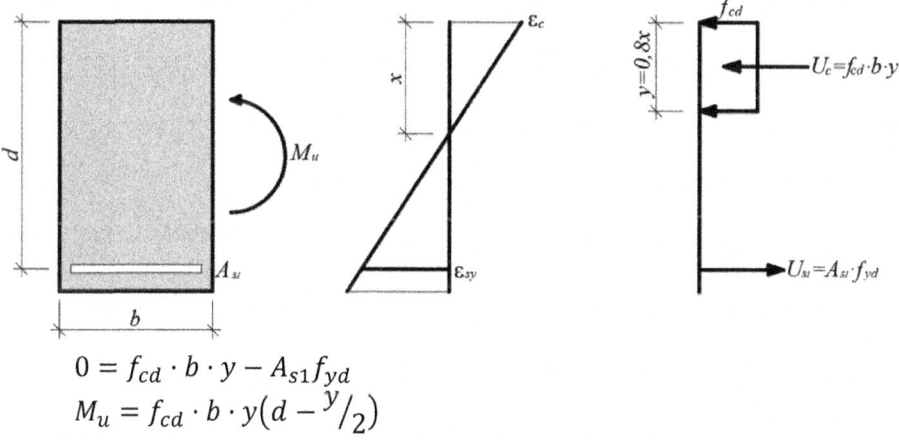

$$0 = f_{cd} \cdot b \cdot y - A_{s1}f_{yd}$$
$$M_u = f_{cd} \cdot b \cdot y\left(d - \frac{y}{2}\right)$$

De la primera ecuación se puede obtener y, y despejando de la segunda es posible obtener el momento último que resiste la sección:

$$y = \frac{A_{s1}f_{yd}}{f_{cd}\cdot b} = \frac{452\frac{500}{1,15}}{\frac{30}{1,50}600} = 16,38 \, mm$$

Por tanto, $x = 1,25 \cdot 16,38 = 20,47$ mm, valor inferior a $0,259 \cdot d = 64,75$ mm, por lo que la armadura a tracción plastifica al encontrarse el plano de deformaciones en rotura en el Dominio 2. El momento flector último es igual a:

$$M_{u,min} = f_{cd} \cdot b \cdot y\left(d - \frac{y}{2}\right) = \frac{30}{1,5} \cdot 600 \cdot 16,38 \left(250 - \frac{16,38}{2}\right) = 47,5 \, kNm$$

La armadura de refuerzo se deberá extender en aquella zona en qué el momento de cálculo supere el momento resistido por la armadura mínima. Los momentos flectores máximos positivos y negativos del tramo P13-P14 se presentan en la siguiente figura (en gris), así como el momento flector resistido por la armadura mínima a positivos y negativos (recta horizontal a $\pm$ 47,5 kNm). De forma gráfica se puede establecer de forma aproximada que el refuerzo a positivos es necesario desde la posición $x=2,10$ m hasta la posición $x=2,80$ m ($l = 2,80 - 2,10 = 0,70$ m). A esta longitud será necesario añadirle una distancia d en cada extremo, para tener en cuenta de forma conservadora el decalaje de la ley de momentos flectores debido a la interacción con el esfuerzo cortante, y la longitud neta de anclaje en cada extremo.

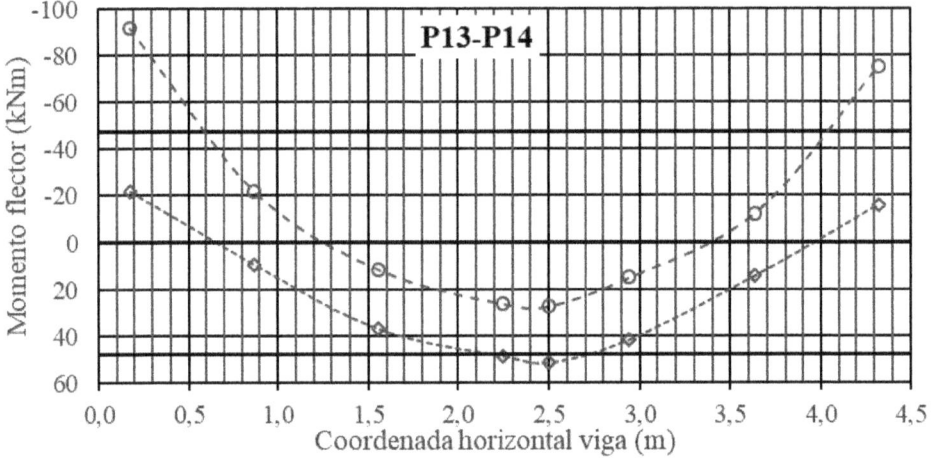

En caso de disponer la ecuación de cada ley de momentos flectores, sería posible encontrar las distancias anteriores por métodos analíticos (interesección de dicha ley con una recta).

La longitud de la armadura $\phi12$ de refuerzo será exactamente 0,70 m, más d en cada extremo, más la longitud neta de anclaje (Título 2-§49.5.1.2):

$$l_{b,net} \approx l_b^{Pos.I} \beta \frac{A_s}{A_{s,real}} = l_b^{Pos.I} \beta \frac{A_{base}}{A_{base} + A_{refuerzo}} = 300 \cdot 1 \frac{452}{452 + 113}$$
$$= 240 \, mm \geq l_{b,net\,mínimo}^{Pos.\,I} = 150 \, mm$$

Por tanto, la longitud de la armadura $\phi12$ de refuerzo será:
$$l = 0,70 + 2 \cdot 0,25 + 2 \cdot 0,24 = 1,68 \, m$$

En el tramo P14-P15 se dispone de una armadura base de 4ϕ12, de la que ya se han determinado sus longitudes, y una armadura de refuerzo de 2ϕ12. Representando la ley de momentos flectores es posible obtener el tramo de viga en qué es necesaria esta armadura de refuerzo, que estaría entre x = 1,6 m y x = 3,4 m (l = 1,80 m).

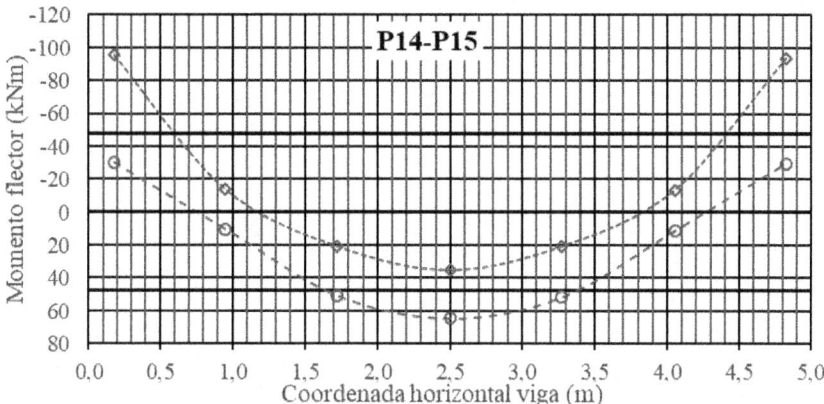

En este caso, la longitud de la armadura 2ϕ12 de refuerzo será exactamente 1,80 m, más *2d* (uno en cada extremo), más la longitud neta de anclaje:

$$l_{b,net} \approx l_b^{Pos.I} \beta \frac{A_s}{A_{s,real}} = l_b^{Pos.I} \beta \frac{A_{base}}{A_{base} + A_{refuerzo}} = 300 \cdot 1 \frac{452}{452 + 226}$$
$$= 200 \; mm \geq l_{b,net \; mínimo}^{Pos. \; I} = 150 \; mm$$

Por tanto, la longitud de la armadura 2ϕ12 de refuerzo será:
$$l = 1,80 + 2 \cdot 0,25 + 2 \cdot 0,20 = 2,70 \; m$$

Se repite a continuación el proceso para el tramo P15-P16. La armadura base es, como anteriormente, 4ϕ12, pero ahora la armadura de refuerzo necesaria es de 3ϕ16. De forma gráfica se obtiene el tramo de viga en qué es necesaria esta armadura de refuerzo, que estaría entre x = 1,6 m y x = 4,0 m (*l* = 2,40 m).

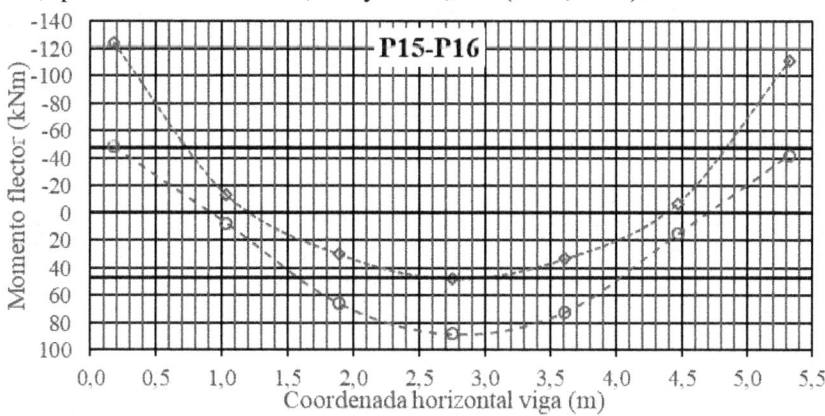

En este caso, la longitud de la armadura 3φ16 de refuerzo será exactamente 2,40 m, más $2d$ (uno en cada extremo), más la longitud neta de anclaje:

$$l_{b,net} \approx l_b^{Pos.I} \beta \frac{A_s}{A_{s,real}} = l_b^{Pos.I} \beta \frac{A_{base}}{A_{base} + A_{refuerzo}} = 400 \cdot 1 \frac{452}{452 + 603}$$
$$= 171 \ mm \geq l_{b,net \ mínimo}^{Pos. \ I} = 160 \ mm$$

Por tanto, la longitud de la armadura *3φ16* de refuerzo será:
$$l = 2,40 + 2 \cdot 0,25 + 2 \cdot 0,17 = 3,24 \ m$$

Los siguientes tramos, P16-P17 y P17-P18 llevan únicamente armadura base, cuya longitud ya ha sido determinada.

Se debe calcular ahora la longitud de las armaduras de refuerzo a negativos. Se ha dispuesto una armadura base de 4φ12 en toda la viga, por simplicidad. Por tanto, se deberá disponer la armadura de refuerzo cuando el momento flector negativo supere el momento resistido por la armadura mínima (M_u = 47,5 kNm). La siguiente figura presenta la ley de máximos momentos negativos en el voladizo, junto al momento resistido por la armadura base:

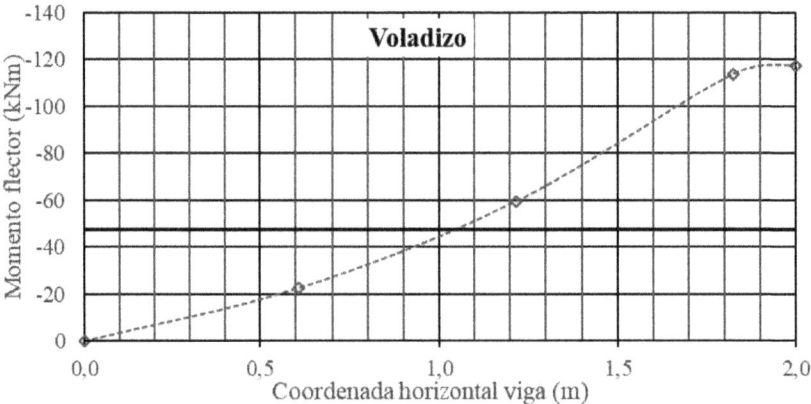

El refuerzo (2φ20+1φ12) es necesario desde x ≈ 1,05 m hasta el eje del pilar (longitud refuerzo en esta dirección 0,95 m). En el tramo P13-P14 (ver figura previa), el refuerzo es necesario hasta x ≈ 0,6 m, por lo que la longitud del refuerzo será *0,95+0,60 m = 1,55 m*, más una distancia d en cada extremo para considerar el decalaje de la ley de momentos flectores debido al esfuerzo cortante, más la longitud neta de anclaje en cada extremo. Las barras se encuentran en posición II, adherencia deficiente (por simplicidad se calcula únicamente para las armaduras de refuerzo más desfavorables φ20):

$$l_{b,net} \approx l_b^{Pos.II} \beta \frac{A_s}{A_{s,real}} = l_b^{Pos.II} \beta \frac{A_{base}}{A_{base} + A_{refuerzo}} = 730 \cdot 1 \frac{452}{452 + 741}$$
$$= 277 \ mm \geq l_{b,net \ mínimo}^{Pos. \ II} = 250 \ mm$$

Por tanto, la longitud de la armadura de refuerzo (2ϕ20+1ϕ12) sobre el pilar P13 será:

$$l = 1,55 + 2 \cdot 0,25 + 2 \cdot 0,28 = 2,61 \ m$$

Un cálculo más detallado debería definir distintas longitudes para las distintas barras de armadura pasiva que forman el refuerzo a negativos sobre cada pilar, ya que el momento flector aumenta al acercarnos al nudo y no todos los redondos de refuerzo son necesarios en toda la zona de momentos negativos. Por ejemplo, en este caso, la armadura de refuerzo ϕ12 podría ser bastante más corta, disponiéndose únicamente cuándo los 4ϕ12+2ϕ20 dejan de resistir el momento de cálculo, y disponiendo únicamente el anclaje para la barra ϕ12. Por simplicidad en el cálculo manual, se supone que todas las barras del refuerzo son necesarias hasta el mismo punto.

En el resto de casos (armadura de refuerzos sobre pilares P14-P18) debe procederse de la misma manera, obteniéndose:

Nudo	A_{base}	$A_{refuerzo}$	Dist. refuerzo izquierda	Dist. refuerzo derecha	Long. total (incluye decalaje y anclaje)
P13	4ϕ12 (452 mm^2)	2ϕ20+1ϕ12 (741 mm^2)	0,95	0,60	2,61
P14	4ϕ12 (452 mm^2)	2ϕ16+1ϕ12 (515 mm^2)	0,50	0,60	2,14
P15	4ϕ12 (452 mm^2)	3ϕ20 (942 mm^2)	0,60	0,75	2,35
P16	4ϕ12 (452 mm^2)	2ϕ20+1ϕ12 (741 mm^2)	0,70	0,60	2,36
P17	4ϕ12 (452 mm^2)	3ϕ12 (339 mm^2)	0,40	0,50	1,90
P18	4ϕ12 (452 mm^2)	1ϕ12 (113 mm^2)	0,30	-	1,03 + patilla

Para obtener las longitudes de la tabla anterior se ha utilizado la información de las gráficas de momentos flectores en los tramos anteriormente representados, y en los tramos P16-P17 y P17-P18 que se reproducen a continuación:

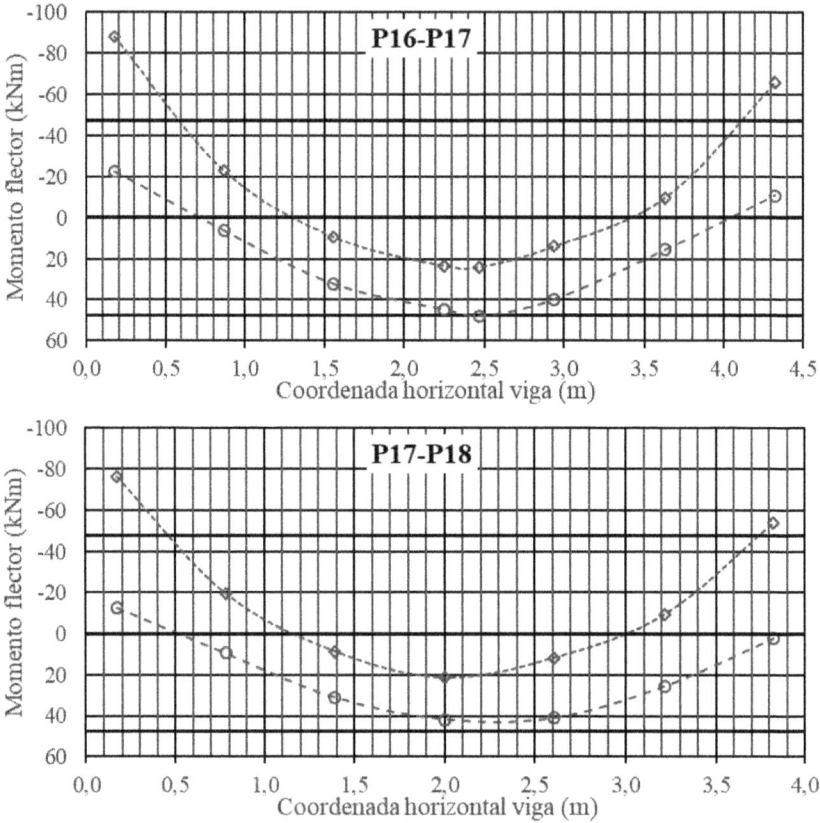

Con la información dada es posible definir el armado a flexión de la jácena considerada. Por simplicidad constructiva, sería posible incrementar la longitud de las barras de refuerzo para conseguir un montaje simétrico (tomando el valor mayor a cada lado del pilar).

NOTA IMPORTANTE: el ejercicio se ha resuelto utilizando los valores de las leyes de momentos flectores obtenidas considerando una redistribución del 15%, lo que permite obtener cuantías de armaduras a positivos y negativos más equilibradas, y con mayor facilidad constructiva, que utilizando las leyes de esfuerzos obtenidas directamente mediante un cálculo elástico lineal. Sería posible considerar niveles de redistribución más elevados según el Código Estructural (o el Eurocódigo 2), en función de la ductilidad de las vigas. No obstante, una redistribución excesiva puede ocasionar deformaciones y fisuraciones incompatibles con los Estado Límite de Servicio. En todo caso, es práctica habitual en España considerar el 15% en estructuras de edificación convencionales.

4.7 Diagrama momento-curvatura en sección rectangular.

La sección transversal de una jácena de hormigón armado es rectangular, de 40 cm de ancho y 60 cm de canto. Dicha sección estará sometida a momentos flectores positivos. El canto efectivo es igual a 55 cm.

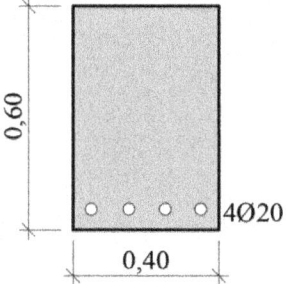

La tensión máxima de compresión del hormigón será $f_c = 25$ N/mm^2, y a tracción $f_{ct} = 2,5$ N/mm^2. El módulo de deformación se puede considerar $E_c = 25000$ N/mm^2. El límite elástico del acero es igual a $f_y = 500$ N/mm^2, con un módulo de deformación $E_s = 200.000$ N/mm^2. En el ejercicio se tratará de obtener el comportamiento real a nivel seccional, por lo que no se aplicarán los coeficientes parciales de seguridad dados en el Código Estructural.

Obtén los siguientes puntos del diagrama momento-curvatura de la sección:

a) En el instante inmediatamente anterior al que fisura el hormigón de la sección. Considera las características de la sección bruta (no es necesario utilizar áreas o inercias homogeneizadas). Supón los diagramas elásticos y lineales del hormigón y acero.

b) En el instante inmediatamente posterior al que fisura el hormigón de la sección. Puedes suponer también diagramas elásticos y lineales del hormigón y acero.

c) Momento y curvatura correspondientes a la situación en la que plastifica la armadura. Plantea dos opciones: supón inicialmente diagramas elásticos y lineales del hormigón y del acero, comprobando que la tensión máxima en el hormigón no supere la tensión máxima de compresión. Realiza también el cálculo bajo la hipótesis de diagrama rectangular para el hormigón, con una profundidad del bloque igual a 0,8 veces la profundidad de la fibra neutra y una tensión máxima igual a f_c.

d) Momento y curvatura correspondientes al agotamiento de la sección. Considera un diagrama rectangular para el hormigón y un diagrama tensión-deformación del acero con una rama horizontal superior. Utiliza los criterios de rotura de los materiales definidos en el Código Estructural.

a) Es preciso calcular el momento de fisuración, utilizando para ello las características de la sección bruta tal y como se propone en el enunciado. Antes de la fisuración, la sección se comportará siguiendo la ley de Navier-Bernouilli para la sección bruta:

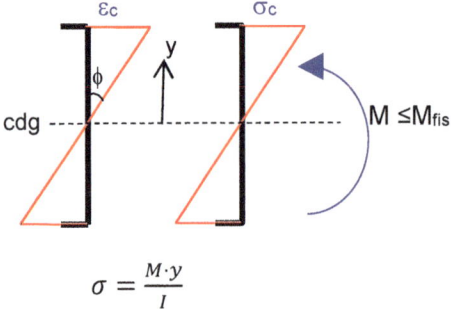

$$\sigma = \frac{M \cdot y}{I}$$

La sección fisurará cuando la tensión en el hormigón, σ, en la fibra más traccionada ($y = -h/2$) sea igual a la tensión máxima a tracción f_{ct}. En dicho instante actuará el momento de fisuración M_{fis}. Al ser la sección simétrica, y estar el centro de gravedad en el centro, la fibra más comprimida también experimentará una tensión de 2,5 N/mm^2. El momento de fisuración vale:

$$f_{ct} = \frac{M_{fis} \cdot h/2}{\frac{bh^3}{12}}$$

$$M_{fis} = f_{ct}\frac{1}{6}bh^2 = 2,5\frac{400 \cdot 600^2}{6} = 60\ kNm$$

La deformación máxima en el hormigón, ε_c, será igual a:

$$\varepsilon_c = \frac{\sigma_c}{E_c} = \frac{2,5}{25000} = 0,0001$$

La curvatura, ϕ, gracias a la aproximación trigonométrica habitual para pequeños ángulos es igual a:

$$\phi = \frac{\varepsilon_c}{\frac{h}{2}} = \frac{0,0001}{\frac{0.600}{2}} = 3,33 \cdot 10^{-4}\ \frac{rad}{m}$$

b) En el instante inmediatamente posterior a la fisuración del hormigón, se considera que el hormigón traccionado deja de colaborar para resistir la flexión por lo que el esquema de deformaciones y tensiones será el siguiente:

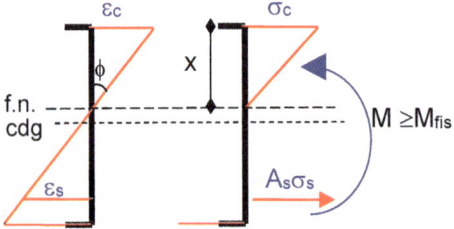

Nótese que se considera un diagrama elástico y lineal del hormigón, ya que el nivel tensional será bajo. Es posible plantear las ecuaciones de equilibrio:

$$A_s \sigma_s = \frac{1}{2} x b \sigma_c$$
$$M = \frac{1}{2} x b \sigma_c \left(d - \frac{x}{3} \right)$$

Los materiales seguirán un modelo elástico lineal, por lo que las deformaciones y las tensiones siguen las siguientes ecuaciones:

$$\sigma_s = \varepsilon_s E_s$$
$$\sigma_c = \varepsilon_c E_c$$

Y es posible plantear la ecuación de compatibilidad de deformaciones a nivel sección:

$$\frac{\varepsilon_c}{x} = \frac{\varepsilon_s}{d-x}$$

A partir de las últimas tres ecuaciones, y considerando $n = E_s/E_c$, se puede expresar la tensión en el acero, σ_s, en función de las tensiones en el hormigón:

$$\sigma_s = \frac{d-x}{x} n \sigma_c$$

Introduciendo este valor de σ_s en la primera ecuación de equilibrio, resulta que únicamente hay una incógnita, x, que es el valor de la profundidad de la fibra neutra considerando el comportamiento elástico de los materiales, lo que es correcto para cargas de servicio. Resulta:

$$x = d\, n\, \rho \left(-1 + \sqrt{1 + \frac{2}{n\, \rho}} \right)$$

Por lo que la profundidad de la fibra neutra no depende del valor del momento flector aplicado mientras los materiales permanezcan en régimen elástico. Esta fórmula, resultado directo de la resolución del sistema previo de ecuaciones, figura en el apartado 2.2 del Anejo 8 de la Instrucción EHE-08.

En el caso concreto de este ejercicio, las variables involucradas toman los siguientes valores:

$$n = \frac{E_s}{E_c} = \frac{200000}{25000} = 8$$
$$\rho = \frac{A_s}{b \cdot d} = \frac{4 \cdot 314}{400 \cdot 550} = 0,00571$$

$$x = 550 \cdot 8 \cdot 0,00571 \left(-1 + \sqrt{1 + \frac{2}{8 \cdot 0,00571}} \right) = 143\ mm$$

De la segunda ecuación del sistema anterior, se pueden obtener las tensiones en el hormigón, σ_c, cuando actúa un momento flector igual al momento de fisuración:

$$M_{fis} = \frac{1}{2} x b \sigma_c \left(d - \frac{x}{3} \right)$$

$$M_{fis} = 60 \cdot 10^6 = \frac{1}{2} 143 \cdot 400\sigma_c \left(550 - \frac{143}{3}\right)$$

Resultando $\sigma_c = 4,18$ N/mm^2. Fíjese en que las tensiones de compresión en el instante previo a la fisuración valían 2,5 N/mm^2. Después de la fisuración, la tensión en la armadura traccionada valdrá:

$$\sigma_s = \frac{d-x}{x} n\sigma_c = \frac{550-143}{143} 8 \cdot 4,18 = 95\ MPa$$

Por lo que la curvatura puede obtenerse como:

$$\phi = \frac{\varepsilon_s}{d-x} = \frac{95/200000}{0.55-0.143} = 1,17 \cdot 10^{-3}\ \frac{rad}{m}$$

Por compatibilidad de deformaciones, es evidente que la curvatura podría haberse obtenido a partir de la deformación en el hormigón:

$$\phi = \frac{\varepsilon_c}{x} = \frac{4,18/25000}{0.143} = 1,17 \cdot 10^{-3}\ \frac{rad}{m}$$

Se obtiene el mismo resultado. El momento flector actuante en este apartado b) es el mismo que actuaba en el apartado a), e igual al momento flector de fisuración (60 kNm), por lo que se producirá un salto en el diagrama momento-curvatura.

c) Para el momento en el que plastifica la armadura, la tensión en dicha armadura valdrá $\sigma_s = f_y = 500$ N/mm^2. No es inmediato saber si el hormigón seguirá en régimen elástico lineal, o si se habrán alcanzado las tensiones máximas de compresión en la fibra más comprimida y, por tanto, se habrá iniciado el comportamiento plástico. Además, para tensiones elevadas, el hormigón tiene un marcado componente no lineal. Por este motivo, en el enunciado se ha solicitado resolver este apartado de dos formas distintas.

c1) Inicialmente, se puede suponer un comportamiento elástico lineal del hormigón, ya que la cuantía de armadura traccionada es relativamente baja. Para cuantías elevadas de armadura longitudinal, el hormigón puede haber plastificado al alcanzar el límite elástico del acero, por lo que la opción c2) tal vez sería más adecuada. En cualquier caso, con la hipótesis inicialmente considerada, los diagramas de deformaciones y tensiones del apartado anterior son válidos, así como las ecuaciones planteadas de equilibrio y compatibilidad. La profundidad de la fibra neutra, x, seguirá siendo igual a 143 mm, ya que no depende del momento flector aplicado.

A partir de la primera ecuación de equilibro es posible despejar σ_c:

$$A_s\sigma_s = A_sf_y = \frac{1}{2}xb\sigma_c$$
$$4 \cdot 314 \cdot 500 = \frac{1}{2} 143 \cdot 400 \cdot \sigma_c$$

Resultando $\sigma_c = 21,96$ N/mm^2. Esta tensión es inferior a 25 N/mm^2, y pese a que es teóricamente incorrecto considerar un comportamiento lineal del hormigón para niveles tensionales tan elevados, la resolución de esta forma es sencilla. Para este nivel de tensiones, tal y como se vio al inicio del curso al estudiar el comportamiento tensión-deformación del hormigón, el comportamiento del hormigón sería no lineal. En cualquier caso, se toma como resultado aceptable e, introduciendo este valor de tensiones en la segunda ecuación de equilibrio, se obtiene el momento flector que produce la plastificación de la armadura:

$$M = \frac{1}{2}xb\sigma_c\left(d - \frac{x}{3}\right) = \frac{1}{2}143 \cdot 400 \cdot 21,96\left(550 - \frac{143}{3}\right) = 315 \, kNm$$

Por lo que la curvatura puede obtenerse como:

$$\phi = \frac{\varepsilon_s}{d-x} = \frac{500/200000}{0,55-0,143} = 6,14 \cdot 10^{-3} \frac{rad}{m}$$

c2) Se resuelve ahora el apartado anterior considerando un bloque rectangular para el hormigón comprimido y la armadura justo para la deformación de plastificación. Por tanto, el diagrama de tensiones y deformaciones considerado es:

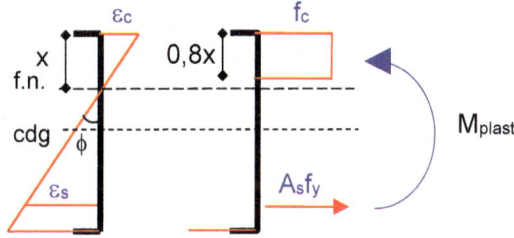

Es necesario plantear las ecuaciones de equilibrio:

$$A_s f_y = 0,8xbf_c$$

$$M_{plast} = 0,8xbf_c\left(d - \frac{0,8x}{2}\right) = A_s f_y\left(d - \frac{0,8x}{2}\right)$$

De la primera ecuación de equilibrio se puede encontrar la profundidad de la fibra neutra en esta hipótesis de armadura plastificada ($\varepsilon_s = f_y/E_s$), y a partir de la segunda ecuación el valor del momento asociado:

$$4 \cdot 314 \cdot 500 = 0,8x400 \cdot 25$$

$$M_{plast} = 4 \cdot 314 \cdot 500\left(550 - \frac{0,8x}{2}\right)$$

Se obtiene $x = 78,5$ mm y $M_u = 325,7$ kNm.

Por tanto, la curvatura vale:

$$\phi = \frac{\varepsilon_s}{d-x} = \frac{500/200000}{0,55-0,0785} = 5,30 \cdot 10^{-3} \frac{rad}{m}$$

La curvatura encontrada bajo esta hipótesis de bloque rectangular de tensiones (apartado c2) es inferior a la hipótesis de comportamiento elástico lineal del hormigón (apartado c1) en este caso. Los momentos flectores asociados a la plastificación han variado ligeramente (menor de un 2%).

d) Según el Código Estructural no es necesario considerar un valor de rotura del acero al utilizar un diagrama elástico-plástico del material con una rama plástica totalmente horizontal. Por tanto, la rotura se producirá en el hormigón.

El hormigón de resistencia inferior a 50 MPa agota para una deformación a compresión del 0,0035 (a flexión simple), por lo que se tomará este valor para la rotura del material. En caso de haber considerado los valores de rotura definidos en la Instrucción EHE-08, la deformación del acero se debería limitar a 0,01.

Por tanto, para la sección dada:

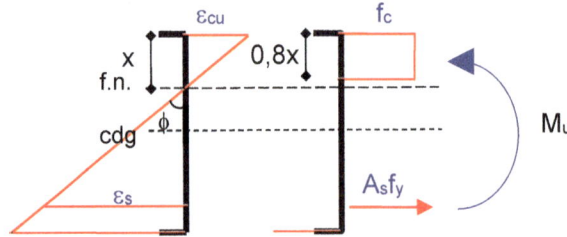

Es necesario plantear las ecuaciones de equilibrio:

$$A_s f_y = 0{,}8xbf_c$$
$$M_u = 0{,}8xbf_c \left(d - \frac{0{,}8x}{2}\right) = A_s f_y \left(d - \frac{0{,}8x}{2}\right)$$

De la primera ecuación de equilibrio se puede encontrar la profundidad de la fibra neutra en esta hipótesis de estado límite último, y a partir de la segunda ecuación el valor del momento último:

$$4 \cdot 314 \cdot 500 = 0{,}8x400 \cdot 25$$
$$M_u = 4 \cdot 314 \cdot 500 \left(550 - \frac{0{,}8x}{2}\right)$$

Se obtiene $x = 78{,}5$ mm y $M_u = 325{,}7$ kNm. Evidentemente estos valores son iguales que en el caso anterior c2), ya que a nivel de tensiones este apartado es igual al anterior con las simplificaciones efectuadas. Sin embargo, la deformación del hormigón en este caso será igual a $\varepsilon_{cu} = 0{,}0035$ (rotura), mientras que en el caso anterior la deformación conocida era la de plastificación del acero.

Por compatibilidad de deformaciones, es posible obtener la deformación en el acero:

$$\frac{\varepsilon_{cu}}{x} = \frac{\varepsilon_s}{d-x}$$
$$\varepsilon_s = \varepsilon_{cu} \frac{d-x}{x} = 0{,}0035 \frac{550-78{,}5}{78{,}5} = 0{,}021$$

Finalmente, la curvatura cuando actúa el momento último vale:

$$\phi = \frac{\varepsilon_c}{x} = \frac{0.0035}{0,0785} = 4,46 \cdot 10^{-2} \frac{rad}{m}$$

Tomando las parejas de valores M - ϕ es posible dibujar una versión simplificada del diagrama momento-curvatura. De hecho, como se han obtenido el punto correspondiente a la plastificación mediante dos procedimientos distintos, se pueden trazar dos curvas, tal y como se representa a continuación.

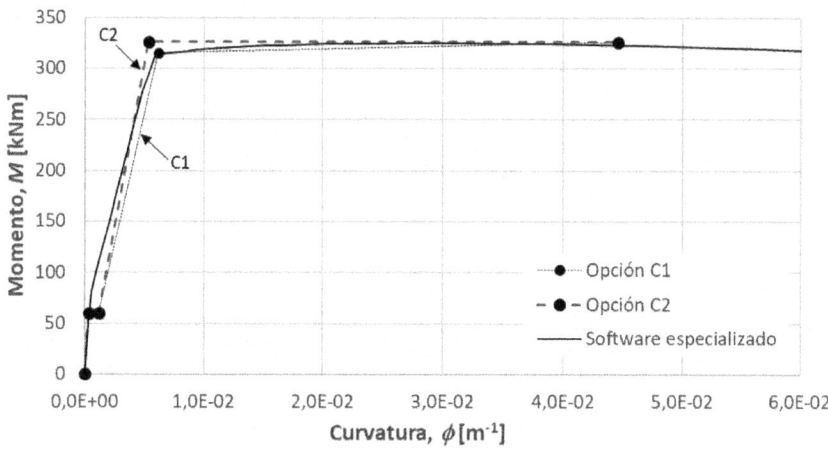

Se observa que las dos opciones proporcionan curvas muy parecidas, en este caso siendo la curva dada por la opción c1) más del lado de la seguridad, ya que proporciona mayores curvaturas para el mismo momento flector. Los tramos entre los puntos obtenidos no serán realmente rectas, excepto en el tramo inicial antes de la fisuración, en donde el comportamiento sí se puede realmente asimilar a un comportamiento elástico lineal. En la gráfica se ha añadido un diagrama momento – curvatura realizado mediante el programa Response 2000, disponible en internet, tomando un diagrama bilineal del acero como el considerado. La mayor diferencia entre la curva obtenida teniendo en cuenta un diagrama más realista del hormigón (ni elástico lineal, ni bloque rectangular) estriba realmente en el momento de la fisuración, debido al efecto de rigidización por tracción del hormigón entre fisuras (*tension stiffening*, en inglés). El punto M - ϕ correspondiente al momento de plastificación dado por el software especializado se parece mucho a la opción 1 simplificada en este ejercicio.

Nótese que la deformación de la armadura traccionada es muy elevada cuando rompe la sección (ε_s = 21 ‰). La Instrucción EHE-08 limitaba ese valor a 10 ‰, por lo que se hubiese considerado que la sección rompía al agotar el acero, resultando en una curvatura en rotura, a nivel seccional, claramente inferior (y más alejada del comportamiento real).

Este diagrama momento-curvatura permite evaluar las deformaciones de elementos a flexión positiva tal y como se muestra en el apartado (b) del ejercicio 10.4.

4.8 Comprobación ELU flexión viga isostática. Carga máxima permitida.

Una estructura de edificación singular incluye una jácena como la de la siguiente figura. Se trata de una jácena prefabricada, en la que se han utilizado materiales HA-30/F/20/XC1 y armadura B500S. Las cargas permanentes que debe resistir, sin incluir el peso propio de la viga, son iguales a g_k = 25 kN/m. Además, la viga debe resistir una sobrecarga de uso q_k, que puede estar en el vano AB o en el voladizo BC (q_k = 15 kN/m). Las secciones transversales en el centro luz de la viga AB y en la zona cercana al punto B se presentan también en la figura:

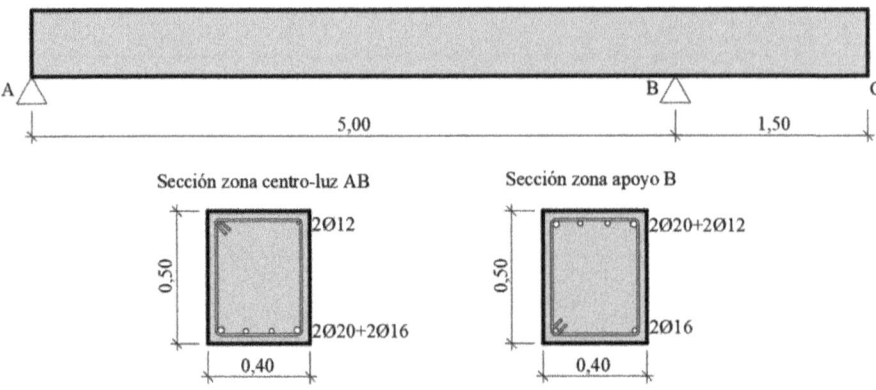

SE PIDE:

a) Calcula el momento flector máximo solicitante (en valor absoluto) en el apoyo B y el momento flector máximo solicitante (en valor absoluto) en el vano AB.

b) Calcula, planteando el equilibrio, el momento último resistido en la zona centro-luz AB. Obtén los valores, en rotura a flexión, de la deformación del acero y del hormigón.

c) Calcula, de forma aproximada, el momento último resistido en la zona del apoyo B.

d) ¿Resiste la viga las acciones consideradas? Justifica tu respuesta. En caso afirmativo, encuentra la sobrecarga q_k máxima que resistiría la viga, en el vano AB y en el apoyo B.

a) Se obtienen en primer lugar las cargas mayoradas, considerando los siguientes coeficientes parciales de seguridad para ELU:

Acciones permanentes: $\gamma_G = 1,35$ (efecto desfavorable y favorable, por simplicidad)

Acciones variables: $\gamma_Q = 0$ (efecto favorable)

$\gamma_Q = 1,50$ (efecto desfavorable)

La carga permanente del enunciado no incluye el peso propio, por lo que se debe añadir:

$g_k^{peso\ propio\ viga} = 25\ kN/m^3 \cdot 0,50\ m \cdot 0,40\ m\cdot = 5,0\ kN/m$

Por tanto, el valor total de las cargas permanentes es igual a:

$g_k^{total} = 5,0 + 25 = 30\ kN/m \rightarrow g_d = \gamma_G \cdot g_k = 1,35 \cdot 30 = 40,5\ kN/m$

Y la sobrecarga de uso:

$q_k = 15\ kN/m \rightarrow q_d = \gamma_Q \cdot q_k = 1,50 \cdot 15 = 22,5\ kN/m$ (desfavorable)

La sobrecarga de uso podrá estar en el vano AB o en el voladizo BC, mientras que la carga permanente se considerará sobre toda la viga. Las leyes de momentos flectores que produce una carga repartida p en función de su ubicación en la viga son:

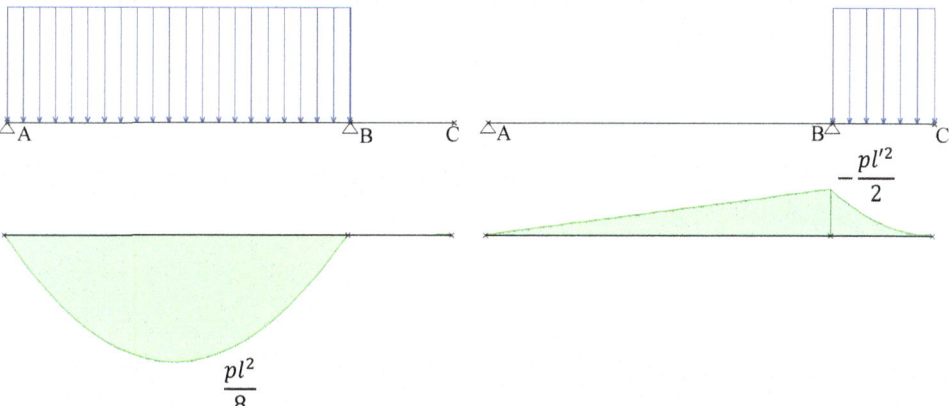

Por tanto, para obtener el máximo momento flector en el apoyo B, será necesario disponer la sobrecarga de uso en el voladizo, en todo caso, la carga en el vano AB no modifica el momento flector en el apoyo B. Por tanto:

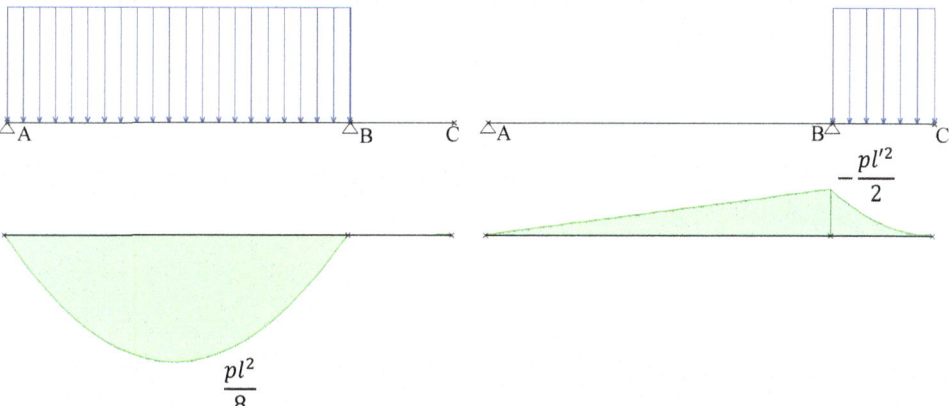

El momento flector en el voladizo vale, por tanto:

$$M_{d,B} = -\frac{(g_d + q_d) \cdot {l'}^2}{2} = -\frac{63 \cdot 1,5^2}{2} = -70,88\ kNm$$

En cambio, para obtener el máximo momento flector positivo en el vano AB, la sobrecarga de uso se debe disponer sobre dicho vano pero no sobre el voladizo:

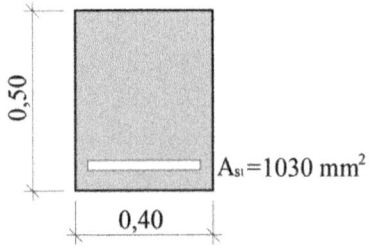

Se considera que el momento máximo en el vano AB se dará en el centro luz, de forma aproximada, y valdrá:

$$M_{d,AB} = \frac{(g_d + q_d) \cdot l^2}{8} - 0,5 \frac{g_d \cdot l'^2}{2} = \frac{63 \cdot 5^2}{8} - 0,5 \frac{40,5 \cdot 1,5^2}{2} = 174,1 \, kNm$$

b) Como es habitual, se desprecia la armadura comprimida, A_{s2}. Esta simplificación no afecta significativamente al resultado del problema siempre que la rotura de la sección se produzca en un dominio dúctil (Dominio 2 o 3). Por tanto, la sección de cálculo resulta:

Se considera:

d = 450 mm

Las ecuaciones de equilibrio resultan:

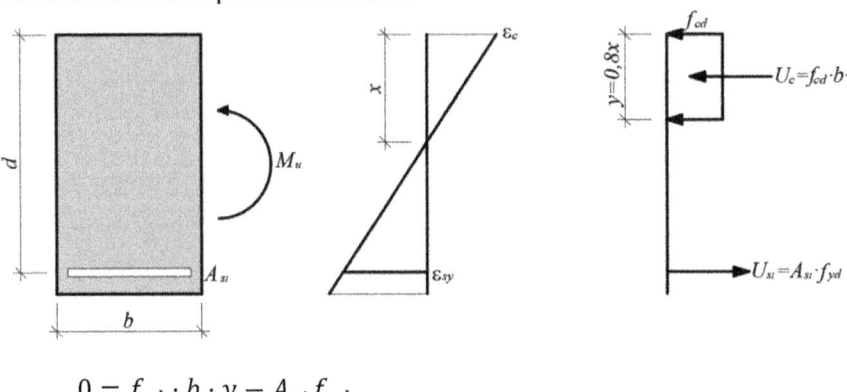

$$0 = f_{cd} \cdot b \cdot y - A_{s1} f_{yd}$$
$$M_u = f_{cd} \cdot b \cdot y \left(d - {}^y\!/_2\right)$$

La primera ecuación sólo tiene una incógnita, y (la profundidad del bloque comprimido). Una vez despejada y, la obtención de M_u es directa con la segunda ecuación:

$$y = \frac{A_{s1}f_{yd}}{f_{cd}b} = \frac{1030 \cdot \frac{500}{1,15}}{\frac{30}{1.5}400} = 56 \, mm$$

$$M_u = f_{cd} \cdot b \cdot y \left(d - \frac{y}{2}\right) = \frac{30}{1.5}400 \cdot 56 \left(450 - \frac{56}{2}\right) = 189 \, kNm$$

Además, resulta muy sencillo encontrar la profundidad de la fibra neutra, x:

$$y = 0,8x \rightarrow x = \frac{y}{0,8} = 1,25y = 70 \, mm$$

Por tanto, $x/d = 70/450 = 0,156$, lo que es un valor claramente inferior a $x_{lim}/d = 0,625$, por lo que la armadura traccionada plastificará.

Los valores de deformación en rotura dependerán de las hipótesis realizadas en los diagramas tensión-deformación de los materiales y en las deformaciones en rotura. Tradicionalmente, en España se ha considerado que la deformación máxima en rotura de la armadura ε_{ud}, es igual al 10 ‰, lo que supone que en este caso la rotura se produce en Dominio 2 ($x/d < 0,259$). Bajo esta hipótesis resulta:

$$\varepsilon_{s1} = 0,01$$
$$\frac{\varepsilon_c}{x} = \frac{\varepsilon_{s1}}{d-x} \rightarrow \varepsilon_c = \frac{x}{d-x}\varepsilon_{s1} = \frac{70}{450-70}0,01 = 0,00184$$

Sin embargo, el Código Estructural establece, al igual que el Eurocódigo 2, que en caso de utilizar un diagrama tensión-deformación del acero con una rama horizontal superior (completamente plástico, tal y como se realiza en este libro para permitir el cálculo manual sencillo) no se considera necesario limitar el valor de la deformación máxima en rotura de la armadura, ε_{ud}, por lo que desaparecería el Dominio 2 y, en flexión, la sección siempre acabaría rompiendo por deformaciones excesivas del hormigón comprimido (3,5 ‰ en flexocompresión). Bajo esta hipótesis:

$$\varepsilon_c = 0,0035$$
$$\frac{\varepsilon_c}{x} = \frac{\varepsilon_{s1}}{d-x} \rightarrow \varepsilon_{s1} = \frac{d-x}{x}\varepsilon_c = \frac{450-70}{70}0,0035 = 0,019$$

c) El momento último resistido en la zona del apoyo B se podría calcular siguiendo el mismo procedimiento que en el apartado anterior, pero considerando que la armadura traccionada es la armadura situada en la parte superior de la sección, al tratarse de una zona de momento negativo ($A_s = 2\phi12 + 2\phi20 = 854 \, mm^2$). Por tanto, la armadura a compresión A_{s2} que se puede despreciar son los $2\phi16$ situados junto al paramento inferior. Además, el enunciado dice que se puede calcular mediante un método aproximado, por lo que

$$M_u = A_s \cdot f_{yd} \cdot \left(d - \frac{y}{2}\right) \approx A_s \cdot f_{yd} \cdot 0,9d = 854\frac{500}{1,15}0,9 \cdot 450 = \cdot 150 \cdot kNm$$

La aproximación anterior será suficientemente válida siempre y cuando la armadura plastifique, es decir, que $y \le y_{lim}$:

$$y = \frac{A_s f_{yd}}{f_{cd} b} = \frac{854 \cdot \dfrac{500}{1,15}}{\dfrac{30}{1.5} 400} = 46,4 \; mm \; < y_{lim} = 0,5d = 0,5 \cdot 450 = 225 \; mm$$

d) ¿Resiste las vigas las acciones consideradas? Sí, en las secciones analizadas la viga resiste las acciones al ser la solicitación menor que la resistencia. En la sección de centro luz $M_{d,AB} = 174,1 < M_{u,AB} = 189$ kNm y en el apoyo B, $M_{d,B} = 78$ kNm $< M_{u,B} \approx 150$ kNm. Sería necesario revisar que la disposición longitudinal de la armadura fuera la adecuada, encontrándose las armaduras correctamente ancladas. La armadura a negativos sobre el apoyo B parece sobredimensionada. Finalmente, en todas las secciones la armadura traccionada debería ser superior a la armadura mínima, definida en el Anejo 19-§9.2 del Código Estructural:

$$A_{s,min} = \frac{W}{z} \frac{f_{ctm,fl}}{f_{yd}}$$

La resistencia media a flexotracción del hormigón, $f_{ctm,fl}$, vale (Anejo 19-§3.1.8 del Código Estructural:

$$f_{ct,m} = 0,30 \cdot f_{ck}^{2/3} = 0,30 \cdot 30^{2/3} = 2,9 \; MPa$$

$$f_{ct,m,fl} = max\left\{\left(1,6 - \frac{h}{1000}\right) f_{ct,m}; f_{ct,m}\right\} = max\{1,1 \cdot 2,9; 2,9\} = 3,19 \; MPa$$

En el caso particular de la sección rectangular de este problema, resulta:

$$A_{s,min} = \frac{b \cdot h}{4,8} \frac{f_{ctm,fl}}{f_{yd}} = \frac{400 \cdot 500}{4,8} \frac{3,19}{500/1,15} = 306 \; mm^2$$

Las armaduras a tracción en las dos secciones analizadas son claramente superiores a la armadura mínima mecánica obtenida.

Finalmente, se pide obtener la sobrecarga q_k máxima que podría resistir la viga. En la zona de centro vano, igualando la solicitación obtenida en el apartado a) en función de la sobrecarga de uso q_d, con el momento último del apartado b), se obtiene:

$$M_{d,AB} = \frac{(40,5 + q_d) \cdot 5^2}{8} - 0,5 \frac{40,5 \cdot 1,5^2}{2} = M_{u,AB} = 189 \; kNm$$

Por lo que, $q_d = 27,3$ kN/m y $q_k = 18,2$ kN/m. Y en la zona del voladizo:

$$M_{d,B} = -\frac{(g_d + q_d) \cdot l'^2}{2} = -\frac{(40,5 + q_d) \cdot 1,5^2}{2} = -150 \; kNm$$

Resultando, $q_d = 92,8$ kN/m y $q_k = 61,9$ kN/m.

Bloque temático 5. ELU de inestabilidad.

5.1 Cálculo y disposición de armaduras en un pilar de un edificio de viviendas.

Disponer la armadura a flexocompresión en el pilar P17 del ejercicio 4.6. La sección del pilar es de 35x35 cm^2 y se mantiene constante en las 4 plantas.

Los esfuerzos axiles y momentos flectores en los nudos inferiores y superiores de cada tramo de pilar se presentan en la siguiente tabla (unidades kN y kNm):

PLANTA 4	N_d	$M_{d,sup}$	$M_{d,inf}$	Combinación
Axil mínimo	172,55	6,19	-5,98	1,35pp+1,35cm
Axil máximo	244,19	9,09	-9,35	1,35pp+1,35cm+1,5scu
M. máximo	226,40	12,26	-13,76	1,35pp+1,5cm+1,05scu+1,5v_x

PLANTA 3	N_d	$M_{d,sup}$	$M_{d,inf}$	Combinación
Axil mínimo	351,00	2,29	-2,75	1,35pp+1,35cm
Axil máximo	481,52	4,29	-4,91	1,35pp+1,35cm+1,5scu
M. máximo	447,48	18,85	-16,21	1,35pp+1,5cm+1,05scu+1,5v_x

PLANTA 2	N_d	$M_{d,sup}$	$M_{d,inf}$	Combinación
Axil mínimo	529,02	4,17	-5,80	1,35pp+1,35cm
Axil máximo	718,28	6,87	-9,24	1,35pp+1,35cm+1,5scu
M. máximo	669,98	30,44	-30,02	1,35pp+1,5cm+1,05scu+1,5v_x

PLANTA 1	N_d	$M_{d,sup}$	$M_{d,inf}$	Combinación
Axil mínimo	707,16	2,51	-3,26	1,35pp+1,35cm
Axil máximo	959,23	3,86	-5,17	1,35pp+1,35cm+1,5scu
M. máximo	896,69	36,08	-44,45	1,35pp+1,5cm+1,05scu+1,5v_x

A modo de ejemplo, la siguiente figura muestra los esfuerzos sobre el pilar para la combinación de momento máximo (podría no tratarse, en algunos casos, de la combinación pésima):

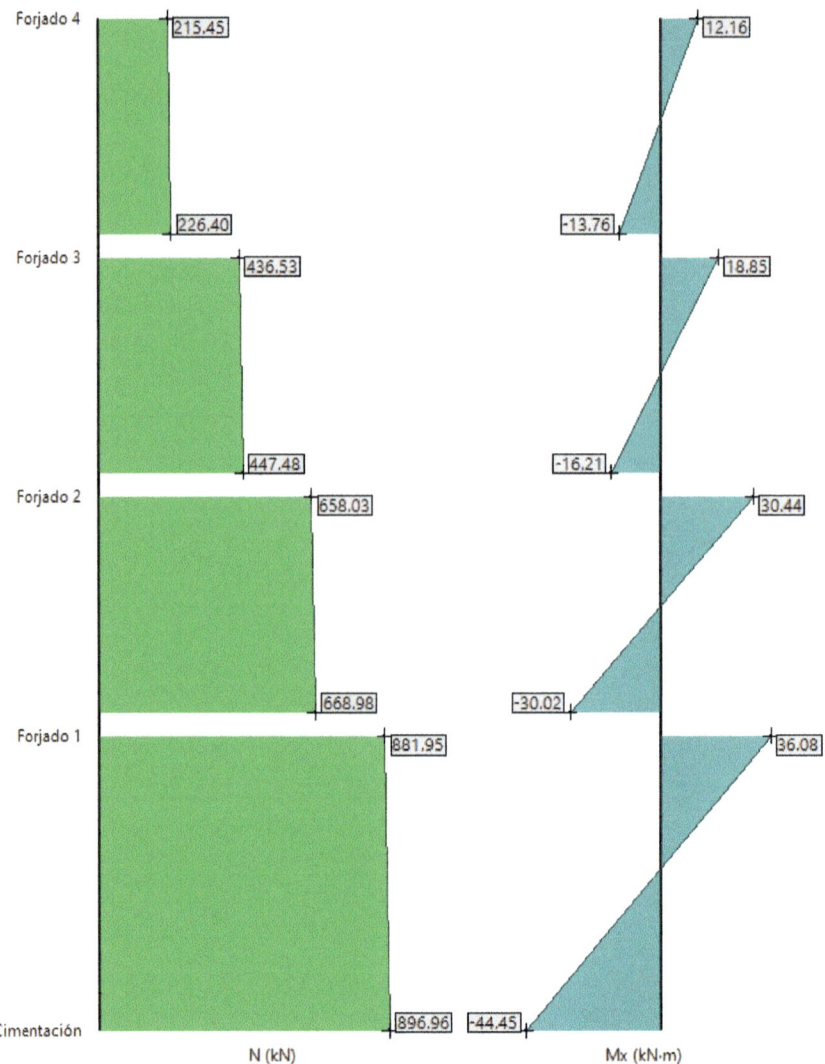

NOTA: De acuerdo con A19-§5.8.1, un elemento es arriostrado, en el análisis y el cálculo, si se supone que no contribuye a la estabilidad horizontal global de la estructura. Por el contrario, un elemento se considera de arriostramiento si contribuye a la mencionada estabilidad horizontal. Para el ejercicio que nos ocupa, y con propósitos puramente didácticos, se ha efectuado la comprobación del pilar en su condición de elemento arriostrado, situación que sería análoga a una estructura intraslacional de la ya derogada Instrucción EHE-08. En el ejercicio 5.3 del libro se presentará la resolución de un pilar para el caso de un elemento de arriostramiento (estructura traslacional). Además, este ejercicio incorpora otra simplificación, ya que se resuelve teniendo en cuenta únicamente los momentos que actúan en el plano del pórtico, excluyendo cualquier momento simultáneo en la dirección perpendicular a este. La combinación de acciones considerada podría no reflejar la situación más desfavorable.

Es preciso tener en cuenta cada una de las combinaciones de esfuerzos y no solo los valores máximos de las envolventes, no hacerlo así incluso podría conducir a resultados del lado de la inseguridad. En el cálculo de pilares es necesario conocer las parejas de momentos flectores axiles concomitantes de las combinaciones de: axil máximo, axil mínimo y momento flector máximo. A partir de los datos del enunciado se presenta la tabla siguiente con los datos esenciales:

kN kN·m	Axil mínimo			Axil máximo			Momento máximo		
Planta	N_d	$M_{d,sup}$	$M_{d,inf}$	N_d	$M_{d,sup}$	$M_{d,inf}$	N_d	$M_{d,sup}$	$M_{d,inf}$
4	173	6,19	-5,98	244	9,09	-9,35	226	12,26	-13,76
3	351	2,29	-2,75	482	4,29	-4,91	447	18,85	-16,21
2	529	4,17	-5,80	718	6,87	-9,24	670	30,44	-30,02
1	707	2,51	-3,26	959	3,86	-5,17	897	36,08	-44,45

Los momentos flectores en los pilares son bastante pequeños debido a que se trata de un pilar interior de un edificio bien compensado entre vanos. En cualquier caso, en el cálculo de pilares, toda sección sometida a una solicitación normal exterior de compresión, N_d, debe ser capaz de resistir dicha compresión con una excentricidad mínima, debida a la incertidumbre en la posición del punto de aplicación del esfuerzo normal, igual al mayor de los valores $h/30$ ($35/30=1,17$ cm) y 2 cm. Esta excentricidad debe ser contada a partir del centro de gravedad de la sección bruta. Además, el Código Estructural estipula en A19-§5.2 que es preciso considerar imperfecciones geométricas en el análisis estructural del edificio. Para muros y pilares aislados en sistemas arriostrados, se puede emplear una excentricidad $e_i = l_0/400$, como alternativa simplificada, para cubrir las imperfecciones de las desviaciones de ejecución normales. El momento flector resultante debido a la imperfección geométrica se debe sumar al momento obtenido del análisis del edificio, y comprobar que dicho momento flector es superior al definido por la excentricidad mínima.

Se procede a continuación a calcular la longitud efectiva del pilar, l_0, para poder obtener la excentricidad debido a la imperfección. También se obtiene la esbeltez mecánica de cada tramo del pilar, para ello:

$$\lambda_{mec} = \frac{l_0}{i_c}$$

$$i_c = \sqrt{\frac{I_c}{A_c}} = \sqrt{\frac{1/12 \cdot 350^4}{350 \cdot 350}} = 101,04 \ mm$$

Y la longitud efectiva, o de pandeo ($l_0 = \alpha \cdot l$), dependerá, para cada tramo, de la flexibilidad del empotramiento de los pilares en las vigas. En el caso de elementos arriostrados (A19-§5.8.3.2):

$$l_0 = 0{,}5l \cdot \sqrt{\left(1 + \frac{k_1}{0{,}45 + k_1}\right) \cdot \left(1 + \frac{k_2}{0{,}45 + k_2}\right)}$$

donde k_1 y k_2 son las flexibilidades relativas de las coacciones al giro en los extremos 1 y 2 respectivamente:

$$k = (\theta/M) \cdot (EI/l)$$

y θ es el giro de los elementos coaccionados para el momento flector M. Además, en la definición de la longitud efectiva, la rigidez de los elementos de coacción debe incluir el efecto de la fisuración, a menos que en Estado Límite Último se puedan presentar sin fisuras. Por último, EI es la rigidez a flexión de un elemento comprido.

La utilización del procedimiento anteriormente resumido (incluido tanto en el Código Estructural como en el Eurocódigo 2) es imposible en la práctica utilizando el cálculo manual, por la dificultad de determinar el giro en la coacción incluyendo los efectos de la fisuración. Por ello, se utiliza la simplificación dada en el libro "How to Design Concrete Structures using Eurocode 2", que propone, de forma similar (pero no idéntica) a como se presentaba en la Instrucción EHE:

$$k = \frac{EI_c}{l_c} \Bigg/ \sum \frac{2EI_b}{l_b} \geq 0{,}1$$

donde I_c y l_c es la inercia y altura libre del pilar, y I_b y l_b la inercia y longitud de las vigas que llegan a ese nudo. Al ser el módulo elasticidad del hormigón del numerador y denominador idéntico al utilizarse el mismo tipo de hormigón, se simplifica, resultando:

Planta	Pilar I_c/l_c (mm³)	Extremo inferior (mm³)			Extremo superior (mm³)			α	l_0 (m)	λ
		I/l Viga 1	I/l Viga 2	k_1	I/l Viga 1	I/l Viga 2	k_2			
4	416840	300000	337500	0,33	300000	337500	0,33	0,71	2,13	21.1
3	416840	300000	337500	0,33	300000	337500	0,33	0,71	2,13	21.1
2	416840	300000	337500	0,33	300000	337500	0,33	0,71	2,13	21.1
1	312630		-	0,1	300000	337500	0,25	0,63	2,53	25,0

Con el valor de la longitud efectiva, l_0, para cada tramo se puede obtener la excentricidad debida a imperfecciones, sumar el momento flector que resulta a los momentos de primer orden, y verificar que el momento resultante debe ser mayor o igual al dado por la excentricidad mínima. Realizados dichos cálculos, resultan las solicitaciones para cada tramo que se resumen en la siguiente tabla:

kN kN·m	Axil mínimo			Axil máximo			Momento máximo		
Planta	N_d	$M_{d,sup}$	$M_{d,inf}$	N_d	$M_{d,sup}$	$M_{d,inf}$	N_d	$M_{d,sup}$	$M_{d,inf}$
4	173	7,11	-6,90	244	10,39	-10,65	226	13,46	-14,56
3	351	7,02	-7,02	482	9,64	-9,64	447	21,23	-18,59
2	529	10,58	-10,58	718	14,36	-14,36	670	34,01	-33,59
1	707	14,14	-14,14	959	19,18	-19,18	897	41,75	-50,12

Es preciso obtener la esbeltez límite para cada tramo. En caso que la esbeltez mecánica sea inferior a la esbeltez límite, no será necesario considerar los efectos de segundo orden en el dimensionamiento del pilar. La esbeltez límite se define en A19-§5.8.3.1:

$$\lambda_{lim} = 20 \cdot A \cdot B \cdot C / \sqrt{n}$$

Los valores de A, B y C vienen determinados en el Código Estructural:

$A = 1/(1 + 0{,}2\varphi_{eff})$
$B = \sqrt{1 + 2\omega}$ Atención, fórmula con errata en el Código Estructural
$C = 1{,}7 - r_m$

En caso de no ser conocido el coeficiente de fluencia eficaz, φ_{eff}, el Código Estructural aconseja tomar A=0,7. En dimensionamiento, la cuantía mecánica de la armadura, ω, no es conocida, por lo que se recomienda usar B=1,1. Sería posible considerar valores algo más elevados en caso de estimar un valor razonable de ω. C depende de la relación entre momentos de primer orden en los extremos del pilar, r_m

$$r_m = {M_{01}}/{M_{02}}$$
$$C = 1{,}7 - r_m = 0{,}7$$

M_{01}, M_{02} son los momentos de empotramiento de primer orden, $|M_{02}| \geq |M_{01}|$. Si los momentos de empotramiento M_{01} y M_{02} producen tracciones en el mismo lado, r_m se debería tomar como positivo (es decir $C \leq 1{,}7$), en otro caso como negativo (es decir $C > 1{,}7$). En este caso C será siempre mayor a 1,7 al haber inversión del signo en todos los tramos.

Por último, n es el esfuerzo axil relativo:

$$n = \frac{N_{Ed}}{A_c f_{cd}}$$

Las siguientes tablas resumen los cálculos efectuados para cada tramo del pilar:

Planta 1			
N_d (kN)	707	959	897
M_{02}(kN·m)	14,14	19,18	50,12
M_{01}(kN·m)	-14,14	-19,18	-41,75
A	0,7	0,7	0,7
B	1,1	1,1	1,1
r_m	-1,00	-1,00	-0,83
C	2,70	2,70	2,53
n	0,29	0,39	0,37
l_{inf}	77,4	66,5	64,5

Planta 2			
N_d (kN)	529	718	670
M_{02}(kN·m)	10,58	14,36	34,01
M_{01}(kN·m)	-10,58	-14,36	-33,59
A	0,7	0,7	0,7
B	1,1	1,1	1,1
r_m	-1,00	-1,00	-0,99
C	2,70	2,70	2,69
n	0,22	0,29	0,27
l_{inf}	89,5	76,8	79,1

Planta 3			
N_d (kN)	351	482	447
M_{02}(kN·m)	7,02	9,64	21,23
M_{01}(kN·m)	-7,02	-9,64	-18,59
A	0,7	0,7	0,7
B	1,1	1,1	1,1
r_m	-1,00	-1,00	-0,88
C	2,70	2,70	2,58
n	0,14	0,20	0,18
l_{inf}	109,9	93,7	92,9

Planta 4			
N_d (kN)	173	244	226
M_{02}(kN·m)	7,11	10,65	14,56
M_{01}(kN·m)	-6,90	-10,39	-13,46
A	0,7	0,7	0,7
B	1,1	1,1	1,1
r_m	-0,97	-0,98	-0,92
C	2,67	2,68	2,62
n	0,07	0,10	0,09
l_{inf}	154,8	130,6	133,1

Por tanto, la esbeltez de cada pilar (calculada previamente) es claramente inferior, en todos los casos, a la esbeltez inferior, por lo que no es necesario considerar los efectos de segundo orden. Para acortar los cálculos llevados a cabo hasta aquí, que son excesivamente largos para el cálculo manual, se podría haber simplificado observando que el pilar más susceptible a pandear sería el de planta baja, al presentar, a la vez, el mayor esfuerzo axil de cálculo y la mayor esbeltez geométrica. Al tratarse de un edificio intraslacional, el coeficiente de pandeo, α, será siempre inferior o igual a 1. Para este pilar la esbeltez inferior mínima es igual a 64,5. La esbeltez mecánica, $\lambda_{mec} = \frac{\alpha \cdot l}{i_c}$, igualaría a la esbeltez inferior de 64,5 sólo en el caso de $\alpha = 1,63$. Por tanto, el tramo de pilar más solicitado no es sensible a los efectos de segundo orden, por lo que no sería necesario estudiar el resto de pilares.

El cálculo de los pilares puede efectuarse directamente como un caso de flexocompresión a nivel seccional. Para cada tramo será necesario calcular el armado para las combinaciones:
- Axil máximo y el momento flector concomitante.
- Axil mínimo y el momento flector concomitante.
- Momento flector máximo y el axil concomitante.

En la siguiente tabla se presentan las combinaciones considerando los momentos flectores en valor absoluto:

kN kN·m	Mínimo axil		Máximo axil		Máximo M_d	
Planta	N_d	M_d	N_d	M_d	N_d	M_d
4	173	7,11	244	10,65	226	14,56
3	351	7,02	482	9,64	447	21,23
2	529	10,58	718	14,36	670	34,01
1	707	14,14	959	19,18	897	50,12

Es posible obtener el armado a partir de los diagramas de interacción o utilizando las ecuaciones simplificadas del Anejo 7 de la derogada Instrucción EHE para armadura dispuesta en dos caras. Se resuelve, en este caso, utilizando el diagrama de interacción mostrado a continuación, que puede descargarse de la página web de Cinter (www.cinter.es) como material complementario digital del libro "Jiménez Montoya Esencial. Hormigón armado" de Juan Carlos Arroyo Portero, Francisco Morán Cabré, Álvaro García Messeguer et al. Si consideramos $d' = 50\ mm$, resulta que $d'/h = 0,14$ por lo que, se utiliza el diagrama para $d' = 0,15 \cdot h$. Se calcula el axil y el momento adimensional, para cada combinación según las ecuaciones:

$$v = \frac{N_d}{A_c f_{cd}}$$

$$\mu = \frac{M_d}{A_c h f_{cd}}$$

Planta	N_d	M_d	v	μ	ω
	173	7,11	0,07	0,01	0
4	244	10,65	0,10	0,01	0
	226	14,56	0,09	0,02	0
	351	7,02	0,14	0,01	0
4	482	9,64	0,20	0,01	0
	447	21,23	0,18	0,02	0
	529	10,58	0,22	0,01	0
2	718	14,36	0,29	0,02	0
	670	34,01	0,27	0,04	0
	707	14,14	0,29	0,02	0
1	959	19,18	0,39	0,02	0
	897	50,12	0,37	0,06	0

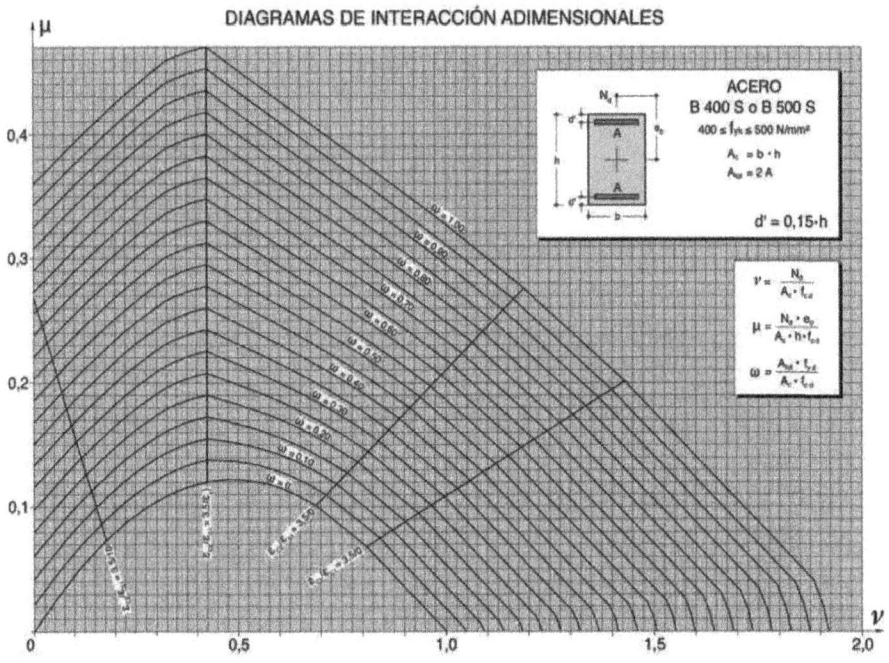

DIAGRAMAS DE INTERACCIÓN ADIMENSIONALES

Resulta en todos los casos suficiente disponer de armadura mínima. La armadura mínima mecánica total a disponer (para el caso de máximo axil):

$$A_s \geq 0,1 \cdot \frac{N_d}{f_{yc,d}} = 0,1 \cdot \frac{959 \cdot 1000}{400} = 240 \; mm^2$$

El Código Estructural no establece una armadura mínima geométrica para pilares, pero recomendamos en este libro disponer al menos de un 2 ‰ (tal y como propone el EC-2):

$$A_{min,geom} \geq \frac{2}{1000} A_c = \frac{2}{1000} 350^2 = 245 \; mm^2$$

El diámetro mínimo de la armadura de un pilar es de $\phi 12$, debiéndose disponer al menos una barra en cada esquina (A19-§9.5.2), por lo que se dispondrán $4\phi 12$ (452 mm^2). La separación máxima de la armadura transversal (A19-§9.5.3) valdrá (nótese que se toma $0,75d$ como la máxima separación según los criterios de cortante, todavía no introducidos en este libro):

$$s_t = min(0,75d \; ; b; \; 15\phi; \; 300) = min(225; \; 350 \; ; \; 180; \; 300) = 180 \; mm$$

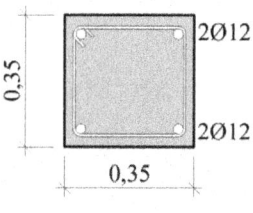

1cØ6/18 cm

En función de los resultados obtenidos, se podría reducir la escuadría del pilar a 30x30 cm y proceder al recálculo completo de la estructura, ya que probablemente sería posible un ahorro en volumen de hormigón para un armado similar, ya que la armadura mínima ha sido la relevante para el pilar en todas sus plantas.

5.2 Cálculo pilar esbelto frente a compresión centrada.

Se desea proyectar un edificio comercial, con pilares de hormigón de 40x40 cm de sección y altura 12 metros, empotrados en su base y arriostrados en coronación por una estructura metálica, que permite el giro, pero no el desplazamiento en las dos direcciones en planta (hormigón HA-30/F/20/XC1 y armadura B500S). Para una determinada hipótesis de cálculo utilizada para el predimensionamiento, el pilar recibe, en su coronación, un esfuerzo axil debido a una acción permanente de 350 kN y a una variable de 500 kN ($\psi_2 = 0,6$), ambas en valor característico. Puede considerar que el coeficiente de fluencia a tiempo infinito, desde el instante de la puesta en carga del pilar, es igual a $\varphi\,(t_0,\infty)= 2$.

Se pide obtener el armado longitudinal del pilar en dicha hipótesis.

Nota: Enunciado adaptado de la colección de "Problemas de exámenes resueltos con la EHE-08" (Curso 2009/10) de la asignatura de "Hormigón armado y pretensado" de la Universidad de Alicante).

El axil actuante para la combinación ELU considerada según el enunciado en la coronación del pilar es igual a:

$$N_d = N_g\gamma_g + N_q\gamma_q = 350 \cdot 1,35 + 500 \cdot 1,5 = 1222,5\ kN$$

El axil en combinación cuasi-permanente valdría:

$$N_{k,cp} = N_k + N_q\Psi_2 = 350 + 500 \cdot 0,6 = 650\ kN$$

Para los dos ejes, el pilar se encuentra empotrado-articulado, por lo que:

$$l_0 = \beta l = 0,7 \cdot 12 = 8,4\ m$$

Y la esbeltez mecánica del pilar es igual a:

$$i_c = \sqrt{\frac{I_c}{A_c}} = \sqrt{\frac{1/12 \cdot 400^4}{400^2}} = 115,47\ mm$$

$$\lambda_{mec} = \frac{l_0}{i_c} = \frac{8400}{115,47} = 72,75$$

Para la hipótesis de carga considerada no hay momento flector en el pilar, aunque siempre será necesario considerar las posibles imperfecciones geométricas y comprobar la excentricidad mínima. En elementos aislados, la imperfección geométrica puede tomarse igual a $e_i=l_0/400$ para cubrir las imperfecciones de las desviaciones de ejecución normales (A19-§5.2):

$$e_i = \frac{l_0}{400} = \frac{8,4}{400} = 0,021\ m$$

Esta excentricidad debe ser mayor que la excentricidad mínima dada por el mayor de los siguientes valores:

$$e_0 \geq 20 \, mm$$
$$e_0 \geq \frac{h}{30} = \frac{400}{30} = 13,33 \, mm$$

Efectivamente, la excentricidad es mayor a la mínima, por lo que el momento flector que se debe considerar vale:
$$M_i = N_d \cdot e_i = 1222,5 \cdot 0,021 = 25,67 \, kNm$$

Para determinar si es necesario considerar los efectos de segundo orden en el cálculo, es preciso obtener la esbeltez límite inferior (A19-§5.8.3.1):
$$\lambda_{lim} = 20 \cdot A \cdot B \cdot C / \sqrt{n}$$

Los valores de A, B y C vienen determinados en el Código Estructural:
$$A = 1/(1 + 0,2\varphi_{eff})$$
$$B = \sqrt{1 + 2\omega} \qquad \text{Atención, fórmula con errata en el Código Estructural}$$
$$C = 1,7 - r_m$$

En caso de no ser conocido el coeficiente de fluencia eficaz, φ_{eff}, el Código Estructural aconseja tomar $A=0,7$, lo que equivale a $\varphi_{eff} = 2,15$. Sin embargo, debido a la gran influencia de la fluencia en los efectos de segundo orden, se aconseja calcular este valor. El coeficiente de fluencia efectivo viene dado por (A19-§5.8.4):
$$\varphi_{eff} = \varphi(\infty, t_0) \cdot M_{0Eqp}/M_{0Ed}$$

donde $\varphi(\infty, t_0)$ es el coeficiente fluencia a tiempo infinito, M_{0Eqp} el momento flector de primer orden en la combinación cuasi-permanente (Estado Límite de Servicio) y M_{0Ed} el momento flector de primer orden en la combinación de cálculo (Estado Límite Último). En la hipótesis de carga considerada, el momento flector deriva de las imperfecciones iniciales, por lo que los momentos flectores son proporcionales al axil, es decir:
$$M_{0Eqp}/M_{0Ed} = N_{0Eqp}/N_{0Ed} = \frac{650}{1222,5} = 0,53$$
$$\varphi_{eff} = \varphi(\infty, t_0) \cdot M_{0Eqp}/M_{0Ed} = 2 \cdot 0.53 = 1,06$$

Y por tanto:
$$A = \frac{1}{(1+0,2\varphi_{eff})} = \frac{1}{(1+0,2 \cdot 1,06)} = 1,21$$

En dimensionamiento, la cuantía mecánica de la armadura, ω, no es conocida, por lo que se recomienda usar $B=1,1$. Sería posible considerar valores algo más elevados en caso de estimar un valor razonable de ω. C depende de la relación entre momentos de primer orden en los extremos del pilar, r_m. En caso de momento flector constante en todo el pilar, resulta:
$$r_m = {M_{01}}/{M_{02}} = 1$$
$$C = 1,7 - r_m = 0,7$$

Por último, n es el esfuerzo axil relativo:
$$n = \frac{N_{Ed}}{A_c f_{cd}} = \frac{1222,5 \cdot 1000}{400 \cdot 400 \cdot 30/1,5} = 0,38$$

La esbeltez límite inferior resulta:
$$\lambda_{lim} = 20 \cdot A \cdot B \cdot C/\sqrt{n} = 20 \cdot 1,21 \cdot 1,1 \cdot 0,7/\sqrt{0,38} = 30,23$$

La esbeltez mecánica del pilar (72,75) es claramente mayor a la esbeltez límite inferior (30,23) por lo que es necesario considerar los efectos de segundo orden.

El Código Estructural propone dos métodos simplificados, el basado en la rigidez nominal (A19-§5.8.7) y el método basado en la curvatura nominal (A19-§5.8.8). Se resuelve a continuación por el segundo método. Para ello, es preciso calcular un momento flector de cálculo que tenga en cuenta los efectos de segundo orden:
$$M_{Ed} = M_{0Ed} + M_2$$

M_{0Ed} es el momento de primer orden que incluye el efecto de las imperfecciones. En este pilar, el momento flector deriva únicamente de las imperfecciones y se supone constante en todo el pilar, por lo que $M_{0Ed} = M_i = 25,67$ kNm

Es preciso obtener ahora el momento nominal de segundo orden, M_2, según las indicaciones del Código Estructural (A19-§5.8.8.2).
$$M_2 = N_{Ed} e_2$$

El valor de la flecha, e_2, debido a los efectos de segundo orden resulta (A19-§5.8.8.2 y §5.8.3):
$$e_2 = k_r k_\varphi \frac{f_{yd}}{0,45 d E_s} \frac{l_0^2}{c}$$

Para pilares de sección constante, y momento flector constante, $c = 8$.

El coeficiente k_r es un coeficiente de corrección que depende de la carga normal y de la cuantía de armadura y es siempre menor o igual a 1,0. Al ser dicha cuantía desconocida, se puede tomar $k_r = 1$ del lado de la seguridad, y sería necesario iterar para ajustar el dimensionamiento del armado.

El coeficiente k_φ tiene en cuenta el efecto de la fluencia, a través del coeficiente de fluencia efectivo:
$$k_\varphi = 1 + \beta \varphi_{eff} \geq 1$$
$$\beta = 0,35 + \frac{f_{ck}}{200} - \frac{\lambda}{150} = 0,35 + \frac{30}{200} - \frac{72,75}{150} = 0,015$$

Por tanto:
$$k_\varphi = 1 + 0,015 \cdot 1,06 = 1,016$$

Y la flecha e_2 y el momento nominal de segundo orden M_2 y el momento de cálculo:

$$e_2 = k_r k_\varphi \frac{f_{yd}}{0,45dE_s} \frac{l_0^2}{c} = 1 \cdot 1,016 \frac{500/1,15}{0,45 \cdot 350 \cdot 200000} \frac{8400^2}{8} = 123,7 \ mm$$

$$M_2 = N_{Ed}e_2 = 1222,5 \cdot \frac{123,7}{1000} = 151,2 \ kNm$$

$$M_{Ed} = M_{0Ed} + M_2 = 25,67 + 151,2 = 176,9 \ kNm$$

Por tanto, es preciso ahora dimensionar el pilar frente a la combinación de esfuerzos $N_d = 1222,5$ kN y $M_{Ed}=176,9$ kNm. Se encuentra el armado utilizando el diagrama de interacción mostrado en la página siguiente, que puede descargarse de la página web de Cinter (www.cinter.es) como material complementario digital del libro "Jiménez Montoya Esencial. Hormigón armado" de Juan Carlos Arroyo Portero, Francisco Morán Cabré, Álvaro García Messeguer et al.

Si consideramos $d' = 50 \ mm$, resulta que $d'/h = 0,125$ por lo que, de forma conservadora, utilizaremos el diagrama para $d' = 0,15 \cdot h$.

Se calcula el axil y el momento adimensional:

$$v = \frac{N}{A_c \cdot f_{cd}} = n = 0,38$$

$$\mu = \frac{M_d}{A_c \cdot h \cdot f_{cd}} = \frac{176,9 \cdot 10^6}{400^2 \cdot 400 \cdot \frac{30}{1,5}} = 0,14$$

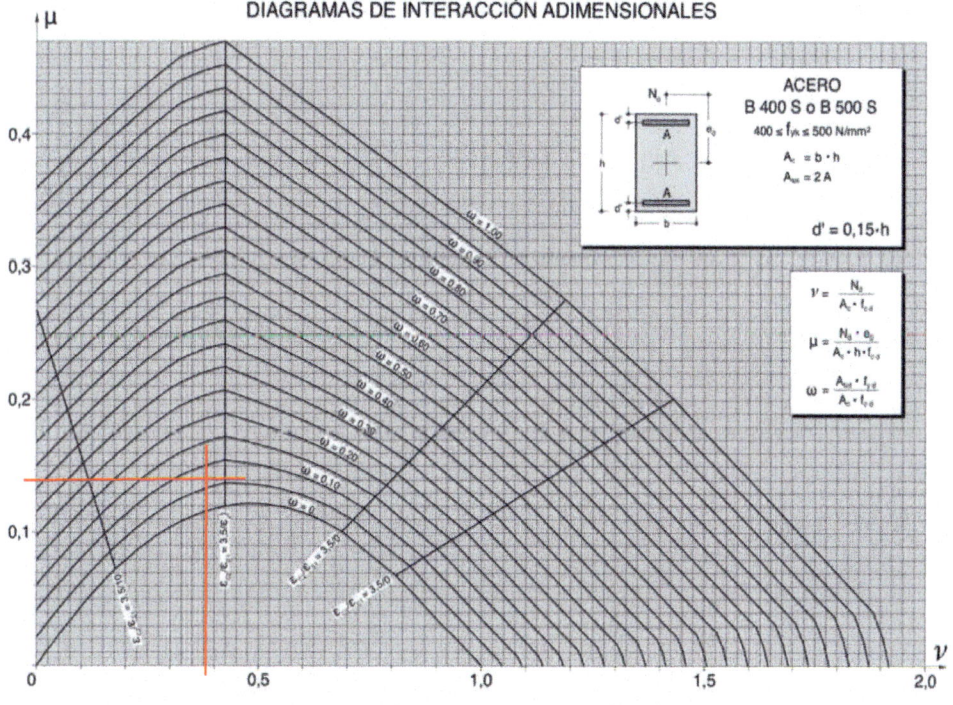

DIAGRAMAS DE INTERACCIÓN ADIMENSIONALES

Obteniéndose del ábaco, de forma aproximada, $\omega = 0,075$ y rotura en dominio 3.

$$\omega = \frac{A_{tot} \cdot f_{yd}}{A_c \cdot f_{cd}}$$

$$0,075 = \frac{A_{tot} \cdot 500/1,15}{400^2 \cdot 30/1,5}$$

Resultando una armadura total de 552 mm^2, es decir, 276 mm^2 en cada cara. Se podrían disponer de 3ϕ12 en cada cara (339 mm^2) o 2ϕ16 en cada cara (401 mm^2). La segunda opción ofrece mayor facilidad constructiva.

El Código Estructural no establece una armadura mínima geométrica para pilares, pero recomendamos en este libro disponer al menos de un 2 ‰ (tal y como propone el EC-2):

$$A_{min,geom} \geq \frac{2}{1000} A_c = \frac{2}{1000} 400^2 = 320 \ mm^2$$

Y la armadura mínima mecánica total en pilares (Anejo 19-§9.5.2) para el caso de armadura simétrica, vale (siendo A'_s el área total de las armaduras comprimida):

$$A'_s f_{ycd} \geq 0,1 \cdot N_d \ \rightarrow \ A'_s \geq \frac{0,1 \cdot 1225,5 \cdot 10^3}{400} = 306 \ mm^2$$

Además, el área de armadura longitudinal no debe superar $A_{s,max} = 0,04A_c$ fuera de las zonas de solape (Anejo 19-§9.5.2), resultando $A_{s,max} = 0,04 \cdot 400^2 = 6400$ mm^2.

La armadura dispuesta (4ϕ16) cumple todos los límites establecidos. En esto caso, la cuantía mecánica de armadura vale:

$$\omega = \frac{A_s f_{yd}}{A_c f_{cd}} = \frac{804 \cdot 500/1,15}{400^2 \cdot 30/1,5} = 0,109$$

Con este valor, sería posible iterar para comprobar el cálculo final, al haber realizado algunas simplificaciones en el proceso.

La separación máxima de la armadura transversal que se dispondrá en forma de cercos, vale:

$$s_t = min\{300 \ mm, 15\emptyset_{min}, b\} = min\{300, 240, 400\} = 240 \ mm$$

Cálculo alternativo de los efectos de la inestabilidad

De forma alternativa podría utilizarse el método basado en la rigidez nominal (A19-§5.8.7). En este caso, el momento total de cálculo, incluido el momento de segundo orden, puede expresarse como un aumento de los momentos flectores resultantes de un análisis de primer orden, es decir:

$$M_{Ed} = M_{0Ed} \left[1 + \frac{\beta}{(N_B/N_{Ed})-1}\right]$$

donde M_{0Ed} es el momento de primer orden, que se obtiene como en el cálculo ya efectuado basado en la curvatura nominal. Por tanto, $M_{0Ed} = 25,67$ kNm.

β es un coeficiente que depende de la distribución de los momentos de primer y de segundo orden. En el caso de elementos aislados con sección constante, puede suponerse $\beta = \pi^2/c_0$. El Código Estructural propone que para elementos con distribución constante de la ley de momentos: $c_0 = 8$. Por tanto:

$$\beta = \frac{\pi^2}{c_0} = \frac{\pi^2}{8} = 1,234$$

N_B es la carga de pandeo basada en la rigidez nominal, es decir:

$$N_B = \left(\frac{\pi}{l_0}\right)^2 EI$$

y EI es la rigidez nominal, que viene dada en A19-§5.8.7.2. En general, para estimar la rigidez nominal de los elementos esbeltos comprimidos con sección transversal arbitraria debería emplearse el siguiente modelo:

$$EI = k_c E_{cd} I_c + k_s E_s I_s$$

La armadura mínima dispuesta en el pilar, 4ϕ16, equivale a una cuantía geométrica de armadura $\rho = A_s/A_c$, es decir, $\rho = 804/(400\cdot400) = 0,005$. Al ser $\rho \geq 0,002$, se pueden tomar los siguientes coeficientes de forma simplificada:

$$k_s = 1$$
$$k_c = k_1 k_2/(1 + \varphi_{eff})$$

Los coeficientes k_1 y k_2 valen:

$$k_1 = \sqrt{f_{ck}/20} = \sqrt{30/20} = 1,225$$
$$k_2 = n\frac{\lambda}{170} = 0,38\frac{72,75}{170} = 0,163 \leq 0,2$$

Por tanto:

$$k_c = k_1 k_2/(1 + \varphi_{eff}) = 1,225 \cdot 0,163/(1 + 1,06) = 0,097$$

Además, $E_s = 200000$ N/mm^2 y E_{cd} es el valor de cálculo del módulo de elasticidad del hormigón (A19-§5.8.6(3)):

$$E_{cd} = \frac{E_{cm}}{\gamma_{CE}} = \frac{33000}{1,2} = 27500\ N/mm^2$$

Por último, I_c y I_s son, respectivamente, el momento de inercia de la sección de hormigón y el momento de inercia de la sección de armadura, respecto al centro del área del hormigón. Se suponen 4 armaduras de 16 mm de diámetro (r=8 mm) situadas a una distancia del centro de la sección de hormigón d_s=150 mm.

$$I_c = \frac{1}{12}bh^3 = \frac{1}{12}400 \cdot 400^3 = 2133,33 \cdot 10^6\ mm^4$$
$$I_s = 4\left(\frac{1}{4}\pi r^4 + \pi r^2 d_s^2\right) = 4\left(\frac{1}{4}\pi 8^4 + \pi 8^2 150^2\right) = 18.108.441\ mm^4$$

Por tanto:

$$EI = k_c E_{cd} I_c + k_s E_s I_s$$
$$= 0,097 \cdot 27500 \cdot 2133,33 \cdot 10^6 + 1 \cdot 200000$$
$$\cdot 18.108.441 = 9,3123 \cdot 10^{12} \, Nmm^2$$

$$N_B = \left(\frac{\pi}{l_0}\right)^2 EI = \left(\frac{\pi}{8400}\right)^2 9,3123 \cdot 10^{12} = 1302,6 \, kN$$

Finalmente se obtiene:

$$M_{Ed} = M_{0Ed}\left[1 + \frac{\beta}{(N_B/N_{Ed}) - 1}\right] = 25,67\left[1 + \frac{1,234}{(1302,6/1222,5) - 1}\right] = 509 \, kNm$$

Se trata de un momento flector de segundo orden muy elevado comparado con el obtenido anteriormente. De hecho, mirando atentamente la expresión anterior, se observa que el divisor $(N_B/N_{Ed}) - 1$ puede acercarse a 0, incrementando exponencialmente el valor del coeficiente amplificador para pequeños cambios en los parámetros considerados. En la figura siguiente se presenta, para los dos métodos de cálculo simplificados recogidos en el Código Estructural, el valor obtenido del momento flector considerando el efecto de segundo orden en función del coeficiente de fluencia efectivo. Los demás datos del problema se han tomado con las resoluciones anteriores, y se considera una armadura de 4ϕ16. Al tratarse de un caso particular de un soporte muy esbelto y con una baja cuantía de armadura, el método de la rigidez nominal proporciona un momento flector de cálculo casi tres veces más elevado que el método de la curvatura nominal.

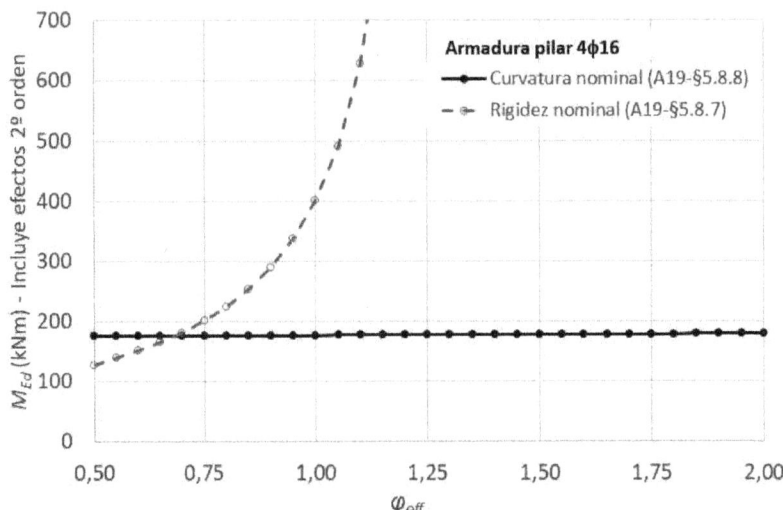

En caso de utilizar el método de la rigidez nominal resulta obligado iterar ya que, al obtenerse momentos de 2º orden muy elevados, sería necesario disponer una mayor armadura a flexión, lo que incrementaría sensiblemente la rigidez del pilar. A modo de ejemplo, se representa a continuación el momento flector de cálculo obtenido por ambos modelos de cálculo considerando una armadura igual a 4ϕ20.

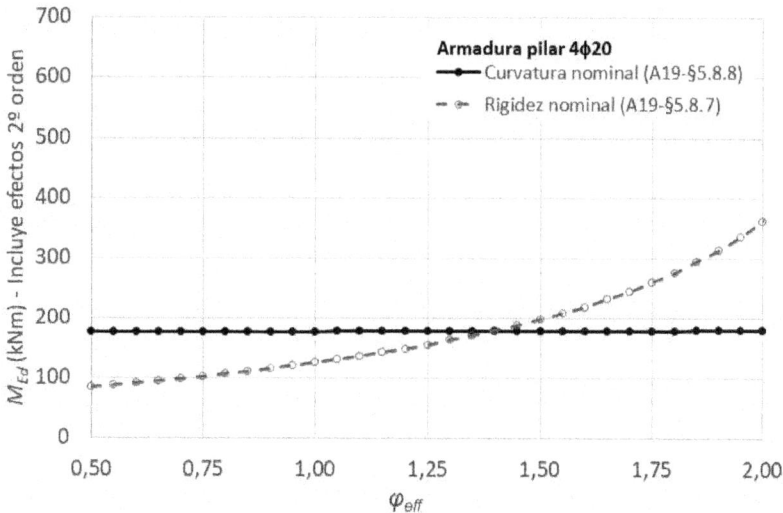

En este caso, para un coeficiente de fluencia efectivo alrededor de 1,0, se obtendría un menor momento flector en el caso del método de rigidez nominal que con el método de curvatura nominal. Para este momento flector, sería suficiente armar el pilar con 4ϕ16, pero decaería la rigidez y volvería a aumentar el momento flector. Por tanto, para este ejercicio en concreto, sería necesario armar el pilar con 4ϕ16 en caso de proyectar el pilar por el método de la curvatura nominal, y con 4ϕ20 si se decidiese utilizar el método de la curvatura nominal.

5.3 Cálculo y disposición de armaduras en un pilar de un edificio de aparcamientos de planta baja.

En la oficina de proyectos en donde usted trabaja se está desarrollando un proyecto de ejecución de un edificio de aparcamientos cubiertos de planta baja, hecho con estructura de hormigón HA-25/F/20/XC1 y acero B500S. Fruto de un programa de ordenador de cálculo de esfuerzos se obtienen los diagramas de esfuerzos. La figura muestra una de las combinaciones más relevantes. El pórtico con luz de 10 m es traslacional, el perpendicular a éste es intraslacional. Se considera que el pórtico está perfectamente empotrado en la cimentación. Puede suponer un coeficiente de fluencia efectivo, para el cálculo de los fenómenos de segundo orden del pilar, igual a 0,8. Se pide obtener la armadura a flexocompresión del pilar.

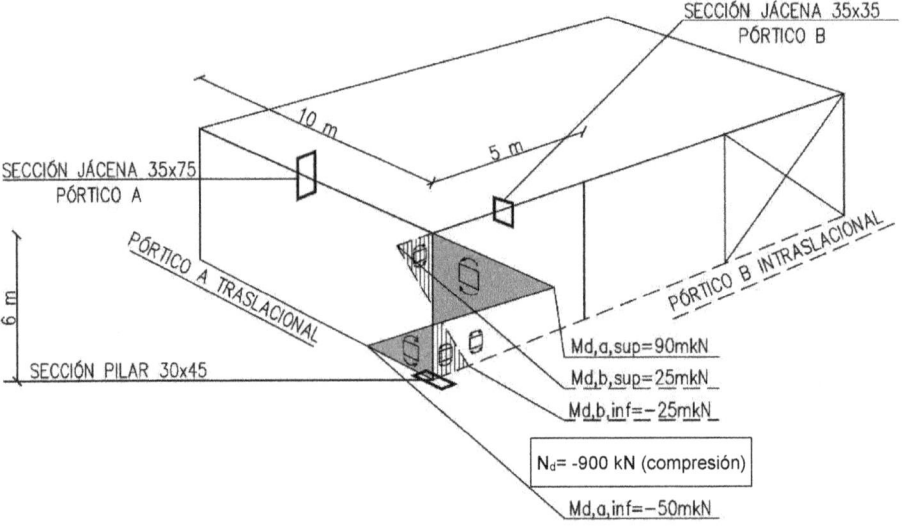

El recubrimiento nominal, c_{nom}, será la suma del recubrimiento mínimo y el margen de recubrimiento, y viene dado por la expresión (Título 2-§43.4.1):

$$c_{nom} = c_{min} + \Delta c_{dev}$$

El recubrimiento mínimo, para la clase de exposición XC1, vida útil de 50 años (vida útil nominal para edificios de viviendas), suponiendo un cemento tipo CEM II y considerando $f_{ck} = 25\ MPa$, es igual a 20 mm (Tabla 44.2.1.1.a del Título 2 del Código Estructural). El margen de recubrimiento es igual a 10 mm en la ejecución ordinaria in-situ (Tabla 43.4.1 del Título 2):

$$c_{nom} = 20 + 10 = 30\ mm$$

Para obtener el recubrimiento mecánico será necesario estimar el diámetro de los cercos y el diámetro de las barras a flexión. Por ejemplo:

$$r_{mec} = r_{nom} + \emptyset_{cerco} + \frac{1}{2}\emptyset_{arm.long.} \approx 30 + 8 + \frac{16}{2} = 46\ mm \approx 50\ mm$$

Como primer paso, debe realizarse un cálculo independiente en cada dirección principal sin tener en cuenta la flexión esviada (Anejo 19-§5.8.9 del Código Estructural). Únicamente habrá que tener en cuenta las imperfecciones en la dirección en la que se vaya a producir el efecto más desfavorable. En este caso, al ser el momento flector en el pórtico A claramente mayor, y además considerarse traslacional el pórtico en este sentido (pilares no arriostrados), se tendrán en cuenta las imperfecciones en la dirección del pórtico A. Se considera que los pilares en la dirección del pórtico B son elementos arriostrados.

Cálculo efectos inestabilidad en el pilar en el plano definido por el pórtico A
La longitud efectiva del pilar en este plano, al considerarse un elemento no arriostrado, viene dada por (A19-§5.8.3.2):

$$l_0 = l \cdot max \left\{ \sqrt{1 + 10\frac{k_1 k_2}{k_1 + k_2}} ; \left(1 + \frac{k_1}{1 + k_1}\right) \cdot \left(1 + \frac{k_2}{1 + k_2}\right) \right\}$$

Siendo k_1 y k_2 las flexibilidades relativas de las coacciones al giro en los extremos 1 y 2 respectivamente. En el Código Estructural estos valores se definen como:

$$k = \frac{\theta}{M} \frac{EI}{l}$$

siendo θ el giro del pilar para el momento flector M. Al tratarse de un valor que no se puede obtener de forma manual, se utilizará en este libro la recomendación seguida en el libro "How to Design Concrete Structures using Eurocode 2", que propone, de forma similar (pero no idéntica) a como se proponía en la Instrucción EHE:

$$k = \frac{\frac{EI_c}{l_c}}{\sum \frac{2EI_b}{l_b}} \geq 0,1$$

donde I_c y l_c es la inercia y altura libre del pilar, y I_b y l_b la inercia y longitud de las vigas que llegan a ese nudo.

Por tanto, para el extremo inferior (1), al estar empotrado, $k_1 = 0,1$, ya que el giro sería teóricamente nulo (en realidad muy pequeño) y se puede considerar una rigidez muy grande de la cimentación. Para el extremo superior (2) se obtiene el siguiente valor:

$$k_2 = \frac{\frac{EI_c}{l_c}}{\sum \frac{EI_b}{l_b}} = \frac{\frac{1/12 \, 300 \cdot 450^3}{6.000}}{2 \cdot \frac{1/12 \, 350 \cdot 750^3}{10.000}} = 0,154$$

Por tanto, la longitud efectiva del pilar en el plano del pórtico A vale:

$$l_0 = 6 \cdot max \left\{ \sqrt{1 + 10\frac{0,1 \cdot 0,154}{0,1 + 0,154}} ; \left(1 + \frac{0,1}{1 + 0,1}\right) \cdot \left(1 + \frac{0,154}{1 + 0,154}\right) \right\}$$

$$= 6 \cdot max\{1,267; 1,236\} = 7,6 \, m$$

Se debe obtener la esbeltez mecánica:

$$\lambda_{mec} = \frac{l_0}{i_c}$$

$$i_c = \sqrt{\frac{I_c}{A_c}} = \sqrt{\frac{1/12 \cdot 300 \cdot 450^3}{300 \cdot 450}} = 0,1299 \, m$$

$$\lambda_{mec} = \frac{7,6}{0,1299} = 58,51$$

Para determinar si es necesario considerar los efectos de segundo orden en el cálculo, es preciso obtener la esbeltez límite inferior (A19-§5.8.3.1):

$$\lambda_{lim} = 20 \cdot A \cdot B \cdot C / \sqrt{n}$$

Los valores de A, B y C vienen determinados en el Código Estructural:

$$A = \frac{1}{(1+0,2\varphi_{eff})} = \frac{1}{(1+0,2 \cdot 0,8)} = 0,862$$

$$B = \sqrt{1 + 2\omega} \qquad \text{(Atención, fórmula con errata en el Código Estructural)}$$

$$C = 1,7 - r_m$$

En dimensionamiento, la cuantía mecánica de la armadura, ω, no es conocida, por lo que el Código Estructural recomienda usar $B=1,1$, aunque sería posible estimar un valor ligeramente mayor suponiendo cierta armadura mínima en el pilar e iterando al final del problema. C depende de la relación entre momentos de primer orden en los extremos del pilar, r_m. Para elementos sin arriostrar, se considera r_m igual a 1,0, por lo que $C=0,7$. Por último, n es el esfuerzo axil relativo:

$$n = \frac{N_{Ed}}{A_c f_{cd}} = \frac{900 \cdot 1000}{300 \cdot 450 \cdot 25/1,5} = 0,4$$

La esbeltez límite inferior resulta:

$$\lambda_{lim} = 20 \cdot A \cdot B \cdot C / \sqrt{n} = 20 \cdot 0,862 \cdot 1,1 \cdot 0,7 / \sqrt{0,4} = 19$$

La esbeltez mecánica del pilar es superior a la esbeltez límite inferior, por lo que es necesario considerar los efectos de segundo orden en el pilar. El Código Estructural propone dos métodos simplificados, el basado en la rigidez nominal (A19-§5.8.7) y el método basado en la curvatura nominal (A19-§5.8.8). Se resuelve a continuación por el segundo método. Para ello, es preciso calcular un momento flector de cálculo que tenga en cuenta los efectos de segundo orden:

$$M_{Ed} = M_{0Ed} + M_2$$

M_{0Ed} es el momento de primer orden que incluye el efecto de las imperfecciones. La ley de momentos flectores para el pórtico A viene definida en el enunciado, y vale

90 kNm en el extremo superior y -50 kNm en el inferior (empotramiento en este caso). En elementos aislados, la imperfección geométrica puede tomarse igual a $e_i = l_0/400$ para cubrir las imperfecciones de las desviaciones de ejecución normales (A19-§5.2). Esta excentricidad es aditiva, y no debe confundirse con la excentricidad mínima, que deberá ser comprobada. El incremento de momento flector en los extremos, por las imperfecciones, valdrá:

$$\Delta M_i = N_d \cdot e_i = N_d \frac{l_0}{400} = 900 \frac{7,6}{400} = 17,1 \ kNm$$

Por tanto, los momentos flectores de primer orden se verán incrementados en 17,1 kNm, resultando valores de 107,1 kNm y -67,1 kNm en sus extremos. Estos valores son claramente superiores a los que vendrían dados por la excentricidad mínima, definida en A19-§6.1, que adopta el valor mayor a $h/30$ ó 2 cm. El momento equivalente de primer orden, M_{0Ed}, tomará el siguiente valor (A19-§5.8.8.2):

$$M_{0Ed} = 0,6 M_{02} + 0,4 M_{01} \geq 0,4 M_{02}$$

Siendo M_{02} el momento flector de primer orden máximo (en valor absoluto) en un extremo, y M_{01} el momento flector del otro extremo. Si ambos momentos dan lugar a tensiones en el mismo lado de la sección, deben tener el mismo signo, en caso contrario, tendrán signos opuestos. En este caso resulta:

$$M_{0Ed} = 0,6 \cdot 107,1 + 0,4(-67,1) = 37,4 \geq 0,4 \cdot 107,1 = 42,84 \ kNm$$

Es preciso obtener ahora el momento nominal de segundo orden, M_2, según las indicaciones del Código Estructural (A19-§5.8.8.2).

$$M_2 = N_{Ed} e_2$$

El valor de la flecha, e_2, debido a los efectos de segundo orden resulta (A19-§5.8.8.2 y §5.8.8.3):

$$e_2 = k_r k_\varphi \frac{f_{yd}}{0,45 d E_s} \frac{l_0^2}{c}$$

Para pilares de sección constante, $c = 10$ habitualmente (depende de la distribución de la curvatura). El coeficiente k_r es un coeficiente de corrección que depende de la carga normal y de la cuantía de armadura y es siempre menor o igual a 1,0. Al ser dicha cuantía desconocida, se puede tomar $k_r = 1$ del lado de la seguridad, y sería necesario iterar para ajustar el dimensionamiento del armado.

El coeficiente k_φ tiene en cuenta el efecto de la fluencia, a través del coeficiente de fluencia efectivo.

$$k_\varphi = 1 + \beta \varphi_{eff} \geq 1$$
$$\beta = 0,35 + \frac{f_{ck}}{200} - \frac{\lambda}{150} = 0,35 + \frac{25}{200} - \frac{58,51}{150} = 0,085$$

Por tanto:

$$k_\varphi = 1 + 0,085 \cdot 0,8 = 1,068$$

Y la flecha e_2 y el momento nominal de segundo orden M_2 y el momento de cálculo:

$$e_2 = k_r k_\varphi \frac{f_{yd}}{0,45 d E_s} \frac{l_0^2}{c} = 1 \cdot 1,068 \frac{500/1,15}{0,45 \cdot 400 \cdot 200000} \frac{7600^2}{10} = 74,50 \, mm$$

$$M_2 = N_{Ed} e_2 = 900 \cdot \frac{74,50}{1000} = 67,05 \, kNm$$

$$M_{Ed} = M_{0Ed} + M_2 = 42,84 + 67,05 = 109,89 \, kNm$$

La guía inglesa de aplicación del EC2, "*How to Design Concrete Structures using Eurocode 2*", propone comprobar que en los extremos no se alcanzan valores superiores al anteriormente calculado, y para ello sugiere tomar como valor de cálculo M_{Ed}:

$$M_{Ed} = max\{M_{02}, M_{0Ed} + M_2, M_{01} + 0,5 M_2\}$$
$$= max\{107,1; \; 109,89; \; 100,63\} = 109,89 \, kNm$$

Se procederá ahora a encontrar el momento de cálculo para el pórtico B.

Cálculo efectos inestabilidad en el pilar en el plano definido por el pórtico B
En este plano se considera que el pilar es un elemento arriostrado, por lo que su longitud efective vale (A19-§5.8.3.2):

$$l_0 = 0,5l \sqrt{\left(1 + \frac{k_1}{0,45 + k_1}\right)\left(1 + \frac{k_2}{0,45 + k_2}\right)}$$

Para el extremo inferior (1), al estar empotrado, $k_1 = 0,1$, ya que el giro sería teóricamente nulo (en realidad muy pequeño) y se puede considerar una rigidez muy grande de la cimentación. Para el extremo superior (2) se obtiene el siguiente valor utilizando la fórmula comentada anteriormente en este ejercicio:

$$k_2 = \frac{\frac{EI_c}{l_c}}{\sum \frac{EI_b}{l_b}} = \frac{\frac{1/12 \, 450 \cdot 300^3}{6.000}}{2 \cdot \frac{1/12 \, 350 \cdot 350^3}{5.000}} = 0,337$$

Por tanto, la longitud efectiva del pilar en el plano del pórtico A vale:

$$l_0 = 0,5l \sqrt{\left(1 + \frac{0,1}{0,45 + 0,1}\right)\left(1 + \frac{0,337}{0,45 + 0,337}\right)} = 0,65l = 3,9 \, m$$

La esbeltez mecánica resulta:

$$\lambda_{mec} = \frac{l_0}{i_c}$$

$$i_c = \sqrt{\frac{I_c}{A_c}} = \sqrt{\frac{1/12 \cdot 450 \cdot 300^3}{300 \cdot 450}} = 0,0866 \, m$$

$$\lambda_{mec} = \frac{3,9}{0,0866} = 45$$

Para determinar si es necesario considerar los efectos de segundo orden en el cálculo, es preciso obtener la esbeltez límite inferior (A19-§5.8.3.1):

$$\lambda_{lim} = 20 \cdot A \cdot B \cdot C / \sqrt{n}$$

Como en el caso del pórtico A, se consideran los siguientes valores: A=0,862, B=1,1, n= 0,4. Al estar el elemento arriostrado, es conveniente obtener el valor de C, ya que dará un valor más elevado que en el caso anterior:

$$C = 1,7 - r_m$$

$$r_m = M_{01}/M_{02} = {-25}/{25} = -1$$

Resultando $C = 2,7$. Por tanto:

$$\lambda_{lim} = 20 \cdot A \cdot B \cdot C / \sqrt{n} = 20 \cdot 0,862 \cdot 1,1 \cdot 2,7/\sqrt{0,4} = 81$$

La esbeltez mecánica del pilar (45) es inferior a la esbeltez límite inferior (81), por lo que no es necesario considerar los efectos de segundo orden en el caso del pórtico B. Nótese que no se ha añadido la excentricidad debida a imperfecciones geométricas, ya que sólo es necesario considerarla en el caso más desfavorable. Además, los valores dados de los momentos flectores en los extremos del pilar son superiores a los que vendrían dados por la excentricidad mínima (A19-§6.1).

Obtención del armado

El Código Estructural establece, en A19-§5.8.9, que en caso de pilares esbeltos sometidos a flexocompresión esviada, se puede calcular la armadura independientemente para cada plano y, finalmente, llevar a cabo una comprobación final. Sin embargo, los comentarios de la Instrucción EHE proponían que "si se dispone de un programa de dimensionamiento a flexocompresión esviada, el procedimiento propuesto equivale a dimensionar la sección para los esfuerzos N_d y momentos M_{xd} y M_{yd} indicados en el articulado" (los que incluyen los efectos de segundo orden). Evidentemente, el programa de dimensionamiento se puede substituir por la utilización de un ábaco en roseta para flexocompresión esviada. Este comentario no se ha extendido al Código Estructural, pero es coherente con el problema estructural y, por tanto, se encontrará el armado de esta forma, ya que simplifica significativamente la resolución. La utilización del prontuario informático del hormigón de IECA sería muy eficaz en la práctica real.

Los esfuerzos obtenidos anteriormente son N_d = *900 kN*, $M_{Ed,A}$ = 110 kNm y $M_{Ed,B}$ = 25 kNm. Se resuelve utilizando el ábaco en roseta de la página siguiente, que puede descargarse de la página web de Cinter (www.cinter.es) como material complementario digital del libro "Jiménez Montoya Esencial. Hormigón armado" de Juan Carlos Arroyo Portero, Francisco Morán Cabré, Álvaro García Messeguer et al.

$$\mu_a = \frac{M_{ad}}{A_c \cdot a \cdot f_{cd}} \qquad \mu_b = \frac{M_{bd}}{A_c \cdot b \cdot f_{cd}}$$

$$\nu = \frac{N_d}{A_c \cdot f_{cd}} \qquad \omega = \frac{A_{tot} \cdot f_{yd}}{A_c \cdot f_{cd}}$$

si $\mu_a > \mu_b \Rightarrow \mu_1 = \mu_a \; : \; \mu_2 = \mu_b$

si $\mu_a < \mu_b \Rightarrow \mu_1 = \mu_b \; : \; \mu_2 = \mu_a$

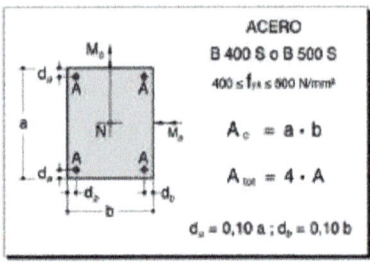

ACERO
B 400 S o B 500 S
400 ≤ fyk ≤ 500 N/mm²
Ac = a · b
Atot = 4 · A
da = 0,10 a ; db = 0,10 b

ν = 0,4
ν = 0,2
ν = 0,6
ν = 0,0
ν = 0,8
ν = 1,4
ν = 1,0
ν = 1,2

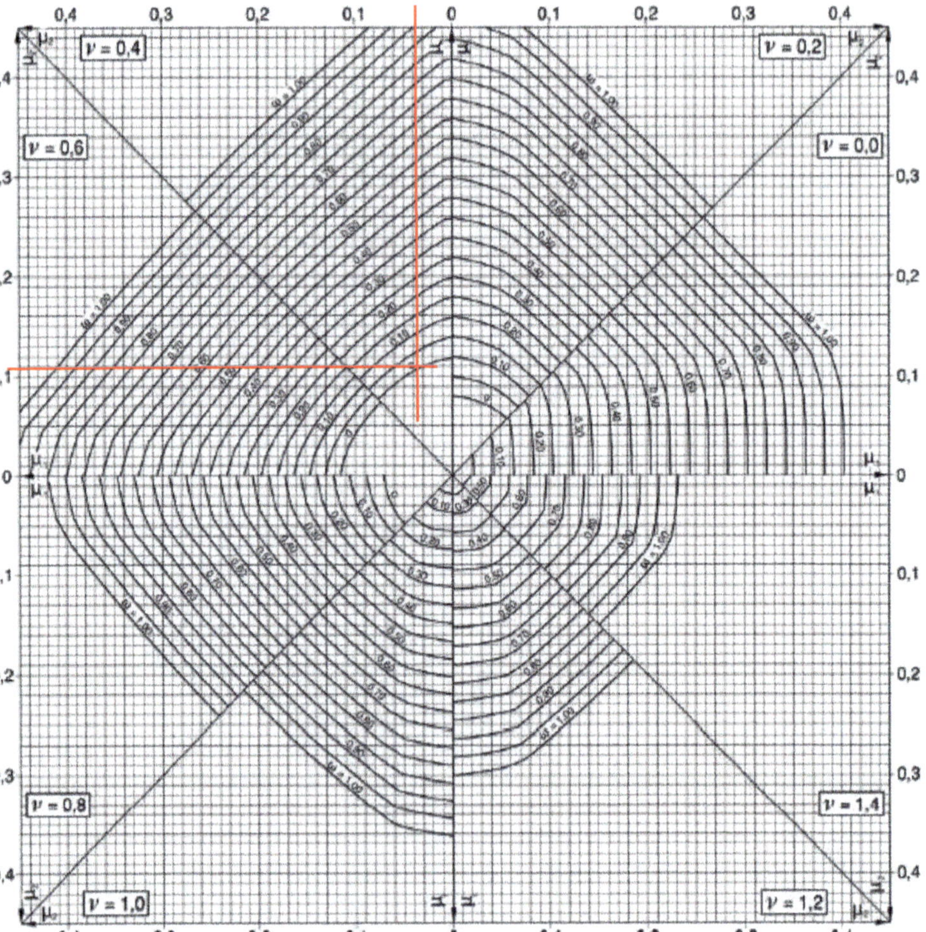

Se calculan los esfuerzos adimensionales:

$$\nu = \frac{N}{A_c \cdot f_{cd}} = \frac{900 \cdot 10^3}{300 \cdot 450 \cdot \frac{25}{1,5}} = 0,4$$

$$\mu_a = \frac{M_{ad}}{A_c \cdot a \cdot f_{cd}} = \frac{110 \cdot 10^6}{300 \cdot 450 \cdot 450 \cdot \frac{25}{1,5}} = 0,11$$

$$\mu_b = \frac{M_{bd}}{A_c \cdot b \cdot f_{cd}} = \frac{25 \cdot 10^6}{300 \cdot 450 \cdot 300 \cdot \frac{25}{1,5}} = 0,037$$

Como $\mu_a > \mu_b$, $\mu_1 = \mu_a = 0,11$ y $\mu_2 = \mu_b = 0,037$. Del ábaco se obtiene una cuantía de armadura total $\omega = 0,05$:

$$\omega = \frac{A_{tot} \cdot f_{yd}}{A_c \cdot f_{cd}}$$

$$0,05 = \frac{A_{tot} \cdot 500/1,15}{300 \cdot 450 \cdot 25/1,5} \rightarrow A_{tot} = 25,87 \ mm^2$$

Se trata de una cuantía muy baja, por lo que se dispondrá armadura mínima. La armadura mínima mecánica total a disponer:

$$A_s \geq 0,1 \cdot \frac{N_d}{f_{yc,d}} = 0,1 \cdot \frac{900.000}{400} = 225 \ mm^2$$

En cada cara sería suficiente disponer la mitad de dicho valor. El Código Estructural no propone una armadura mínima geométrica para pilares, pero creemos necesario disponer al menos un 2 por mil del área de hormigón. Por tanto:

$$A_s \geq \frac{2}{1000} A_c = \frac{2}{1000} 300 \cdot 450 = 270 \ mm^2$$

Sería posible armar este pilar con 4ϕ12 (Armadura total 452 mm^2), ya que cumpliría todos los límites anteriores. En esto caso, la cuantía mecánica de armadura vale:

$$\omega = \frac{A_s f_{yd}}{A_c f_{cd}} = \frac{452 \cdot 500/1,15}{300 \cdot 450 \cdot 25/1,5} = 0,087$$

Con este valor, sería posible iterar para comprobar el cálculo final, al haber realizado algunas simplificaciones en el proceso.

La separación máxima de la armadura transversal que se dispondrá en forma de cercos, vale:

$$s_t = min\{300 \ mm, 15\phi_{min}, b\} = min\{300, 180, 300\} = 180 \ mm$$

La separación entre armaduras longitudinales quedaría alrededor de 35 cm, lo que se podría considerar como el valor máximo posible de separación, aunque no se especifica en el Código Estructural (era la separación máxima de armadura en pilares en la Instrucción EHE-08). En caso de desear una menor separación entre armaduras, podría armarse con 8ϕ12, por poner un ejemplo, pero sería necesario arriostrar frente al pandeo las barras intermedias del paramento de mayor longitud.

Cálculo alternativo de los efectos de la inestabilidad
De forma alternativa, en caso de ser necesario considerar los efectos de segundo orden, podría utilizarse el método basado en la rigidez nominal (A19-§5.8.7). En este caso, el momento total de cálculo, incluido el momento de segundo orden, puede

expresarse como un aumento de los momentos flectores resultantes de un análisis de primer orden, es decir:

$$M_{Ed} = M_{0Ed}\left[1 + \frac{\beta}{(N_B/N_{Ed})-1}\right]$$

donde M_{0Ed} es el momento de primer orden, que se obtiene como en el cálculo ya efectuado basado en la curvatura nominal. Por tanto, M_{0Ed} = 42,84 kNm.

β es un coeficiente que depende de la distribución de los momentos de primer y de segundo orden. En el caso de elementos aislados con sección constante, puede suponerse $\beta = \pi^2/c_0$. El Código Estructural propone que para elementos sin carga transversal, en los que los momentos extremos de primer orden se sustituyan por un momento de primer orden equivalente y constante M_0, tal y como se ha efectuado en este ejercicio, se considere $c_0 = 8$. Por tanto:

$$\beta = \frac{\pi^2}{c_0} = \frac{\pi^2}{8} = 1,234$$

N_B es la carga de pandeo basada en la rigidez nominal, es decir:

$$N_B = \left(\frac{\pi}{l_0}\right)^2 EI$$

y EI es la rigidez nominal, que viene dada en A19-§5.8.7.2. En general, para estimar la rigidez nominal de los elementos esbeltos comprimidos con sección transversal arbitraria debería emplearse el siguiente modelo:

$$EI = k_c E_{cd} I_c + k_s E_s I_s$$

La armadura mínima dispuesta en el pilar, 4ϕ12, equivale a una cuantía geométrica de armadura $\rho = A_s/A_c$, es decir, $\rho = 452/(300 \cdot 450) = 0,00335$. Al ser $\rho \geq 0,002$, se pueden tomar los siguientes coeficientes de forma simplificada:

$$k_s = 1$$
$$k_c = k_1 k_2/(1 + \varphi_{eff})$$

De forma simplificada, se considera el coeficiente de fluencia efectivo φ_{eff}= 2,15 de forma conservadora. Los coeficientes k_1 y k_2 valen:

$$k_1 = \sqrt{f_{ck}/20} = \sqrt{25/20} = 1,118$$
$$k_2 = n\frac{\lambda}{170} = 0,4\frac{58,51}{170} = 0,138 \leq 0,2$$

Por tanto:

$$k_c = k_1 k_2/(1 + \varphi_{eff}) = 1,118 \cdot 0,138/(1 + 0,8) = 0,086$$

Además, $E_s = 200000$ N/mm^2 y E_{cd} es el valor de cálculo del módulo de elasticidad del hormigón (A19-§5.8.6(3)):

$$E_{cd} = \frac{E_{cm}}{\gamma_{CE}} = \frac{31000}{1,2} = 25833 \; N/mm^2$$

Por último, I_c y I_s son, respectivamente, el momento de inercia de la sección de hormigón y el momento de inercia de la sección de armadura, respecto al centro del área del hormigón. Se suponen 4 armaduras de 12 mm de diámetro (r=6 mm) situadas a una distancia del centro de la sección de hormigón d_s=175 mm.

$$I_c = \frac{1}{12}bh^3 = \frac{1}{12}300 \cdot 450^3 = 2278,125 \cdot 10^6 \ mm^4$$

$$I_s = 4\left(\frac{1}{4}\pi r^4 + \pi r^2 d_s^2\right) = 4\left(\frac{1}{4}\pi 6^4 + \pi 6^2 175^2\right) = 13.858.495 \ mm^4$$

Por tanto:

$$EI = k_c E_{cd} I_c + k_s E_s I_s$$
$$= 0,086 \cdot 25833 \cdot 2278,125 \cdot 10^6 + 1 \cdot 200000$$
$$\cdot 13.858.495 = 7,8329 \cdot 10^{12} \ Nmm^2$$

$$N_B = \left(\frac{\pi}{l_0}\right)^2 EI = \left(\frac{\pi}{7600}\right)^2 7,8329 \cdot 10^{12} = 1338,4 \ kN$$

$$M_{Ed} = M_{0Ed}\left[1 + \frac{\beta}{(N_B/N_{Ed})-1}\right] = 42,84\left[1 + \frac{1,234}{(1338,4/900)-1}\right] = 151,2 \ kNm$$

El valor obtenido es algo más elevado y, en caso de desear utilizar este método, se debería recalcular el pilar, obteniéndose que resulta necesario disponer 4ϕ16, por lo que se podría iterar para recalcular para afinar el resultado. Tal y como se ha comentado al final del ejercicio 5.2, el método de la rigidez nominal es muy sensible respecto el valor del coeficiente de fluencia efectivo. Por este motivo, en caso de utilizar el método de la rigidez nominal, es preciso iterar hasta encontrar un resultado satisfactorio.

Bloque temático 6. ELU de cortante y punzonamiento.

6.1 Cálculo y disposición de armaduras en una jácena interior de un edificio singular.

En el dintel de múltiples vanos de la figura descansa un forjado de un edificio singular. La luz entre ejes de pilares es de 6,0 m y éstos tienen un ancho de 0,35 m. La separación transversal entre dinteles es de 6,50 metros.

La sección transversal del dintel es rectangular, de 0,60 m de canto y 0,40 m de ancho. La armadura a tracción se esquematiza en la figura.

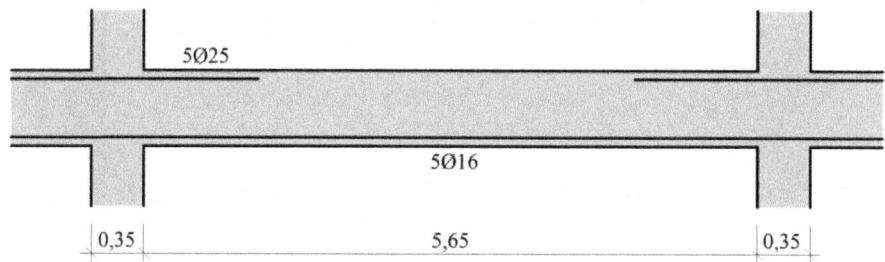

Las cargas que recibe el dintel son:
- **Peso propio del dintel**
- **Carga permanente del forjado: 5,0 kN/m^2**
- **Sobrecarga de uso: 8 kN/m^2**

Para el cálculo de los esfuerzos no es necesario realizar alternancia de cargas, y se puede considerar cada vano como biempotrado. Los materiales a utilizar son: HA-25/F/20/XC3 y acero B500S.

Se pide disponer la armadura a cortante en la jácena.

En primer lugar, cabe mencionar que la clase de exposición XC3 (humedad moderada – ver tabla 27.1a en el título 2 del Código Estructural) es apropiada para elementos de hormigón armado o pretensado dentro de recintos cerrados (tales como edificios), con humedad media o alta (HR>65%). En determinadas zonas es habitual tener este nivel de humedad, además de que también es fácilmente alcanzable en interiores de cocinas y baños, además de en cámaras sanitarias o sótanos no ventilados. Por tanto, se considera una clase de exposición adecuada para edificación. Además, la tabla 43.2.1.b del Código Estructural especifica la resistencia característica mínima esperada para el hormigón armado en clase de exposición XC3 ($a/c \leq 0,55$, $c \geq 300$ kg/m^3), la resistencia mínima es $f_{ck} = 30$ N/mm^2. Además, en §43.2.1 se menciona que "cuando la resistencia especificada en la tipificación del hormigón sea inferior a la resistencia mínima esperada asociada a la clase de exposición considerada, prevalecerá esta última en la prescripción del hormigón per ser los condicionantes de durabilidad más restrictivos que los de resistencia". Por tanto, la tipificación correcta del hormigón sería HA-30/F/20/XC3. Es de esperar que este error sea habitual durante los primeros años de implementación del Código Estructural, ya que en la Instrucción EHE-08 la tabla de resistencia característica mínima era una recomendación que no exigía obligado cumplimiento. Se continua la resolución del ejercicio considerando $f_{ck} = 30$ N/mm^2.

El recubrimiento nominal será la suma de un recubrimiento mínimo más el margen de recubrimiento (Título 2-§43.4.1):

$$c_{nom} = c_{min} + \Delta c_{dev}$$

El recubrimiento mínimo, para la clase de exposición XC3, vida útil de 50 años y cemento distinto de CEM I (ya que tendrán un menor impacto ecológico) es igual a 20 mm (Tabla 44.2.1.1a). El margen de recubrimiento es igual a 10 mm para elementos ejecutados in situ con nivel normal de control de ejecución (§43.4.1), por tanto:

$$c_{nom} = 20 + 10 = 30 \ mm$$

Para obtener el recubrimiento mecánico a negativos será necesario estimar el diámetro de los cercos, ya que el diámetro de las barras a flexión es conocido. Por ejemplo:

$$c_{mec} = c_{nom} + \emptyset_{cerco} + \frac{1}{2}\emptyset_{arm.long.} \approx 30 + 8 + \frac{25}{2} = 50,5 \ mm \approx 50 \ mm$$

Las cargas actuantes en la jácena valen:

Peso propio jácena: $g_1 = A_c \cdot \gamma_c = 0{,}60$ m·$0{,}40$ m·25 kN/m^3 = 6 kN/m
Carga permanente: $g_2 = 5$ kN/m^2 · 6,5 m = 32,5 kN/m
Sobrecarga de uso: $q = 8$ kN/m^2 · 6,5 m = 52 kN/m

Por lo que las cargas mayoradas valen:

$g_d = (g_1 + g_2)\cdot\gamma_g = (6 + 32{,}5)\cdot 1{,}35 = 51{,}975$ kN/m ≈ 52 kN/m
$q_d = q\cdot\gamma_q = 52\cdot 1{,}50 = 78{,}0$ kN/m
$p_d = g_d + q_d = 52 + 78 = 130$ kN/m

Por lo que el cortante de cálculo en la cara del pilar (V'_{Ed}) para la comprobación de las bielas de hormigón comprimidas, y el cortante de cálculo a un canto útil del borde del pilar (V_{Ed}) para el cálculo de la resistencia a tracción en el alma valen:

$$V'_{Ed} = \frac{p_d \cdot l}{2} - p_d l' = \frac{130 \cdot 6}{2} - 130 \cdot 0{,}175 = 367 \ kN$$

$$V_{Ed} = \frac{p_d \cdot l}{2} - p_d l' = \frac{130 \cdot 6}{2} - 130 \cdot 0{,}725 = 296 \ kN$$

siendo l la luz de cálculo entre ejes de pilares y l' la distancia existente, en cada caso, entre el eje del pilar y la sección de cálculo.

Para dimensionar la armadura a cortante es preciso imponer que el esfuerzo cortante de agotamiento por tracción en el alma sea igual o superior al esfuerzo cortante solicitante V_{Ed}:

$$V_{Ed} = V_{Rd,s} = \frac{A_{sw}}{s} z f_{ywd} \cot\theta$$

donde z es el brazo mecánico de las fuerzas internas correspondiente al momento flector en el elemento considerado. En general, en elementos de hormigón armado sin esfuerzo axil, se emplea habitualmente el valor de $z = 0,9d$.

El ángulo θ está limitado por el intervalo $0,5 \leq \cot\theta \leq 2$ en el Código Estructural. Es importante destacar que el articulado del Eurocódigo 2 permite alcanzar $\cot\theta = 2,5$ obteniéndose consecuentemente menores cuantías de armadura a cortante. Se tomará $\cot\theta = 2$ para resolver el problema. Elegir el mayor valor posible de $\cot\theta$ proporciona la menor cuantía a cortante, aunque disminuirá la resistencia de las bielas comprimidas que se comprobará al final del ejercicio. Por tanto:

$$V_{Ed} = 296\ kN = V_{Rd,s} = \frac{A_{sw}}{s} z f_{ywd} \cot\theta = \frac{A_{sw}}{s} 0,9 \cdot 550 \cdot \frac{500}{1,15} \cdot 2$$
$$\frac{A_{sw}}{s} = 0,688\ mm^2/mm$$

Fíjese que se ha tomado el límite elástico de la armadura a cortante igual a 500/1,15. El Código Estructural permite adoptar este valor, o limitarlo a $0,8f_{yk}$ en función del coeficiente de reducción de la resistencia del hormigón fisurado por el efecto de cortante que se utilice para la comprobación de la resistencia de las bielas comprimidas, como se verá en la comprobación final.

La sección es relativamente estrecha (40 cm de ancho), por lo que se propone utilizar un único cerco. Considerando dos ramas verticales $\phi 8$, la separación máxima vale:

$$\frac{A_{sw}}{s} = 0,688\ mm^2/mm \quad \rightarrow \quad s = \frac{A_{sw}}{0,688} = \frac{2 \cdot 50,3}{0,688} = 146\ mm$$

Por tanto, se dispondría $1c\phi 8/14$ cm. La separación es correcta ya que según A19-§9.2.2, la separación longitudinal máxima de armaduras a cortante verticales no debe exceder el valor $s_{t,max} = 0,75d < 600$ mm. En este caso, $s_{t,max} = 412$ mm.

Se comprueba ahora la armadura mínima a cortante (A19-§9.2.2). Además, esta armadura mínima se dispondrá en la parte central de la viga, donde el esfuerzo cortante solicitante es pequeño:

$$\frac{A_{sw,min}}{s} = \frac{0,08\sqrt{f_{ck}}}{f_{yk}} b_w sen\alpha = \frac{0,08\sqrt{30}}{500} 400 \cdot 1 = 0,35\ mm^2/mm$$

Al disponerse la armadura a cortante como cercos verticales, se ha tomado $\alpha = 90°$. La separación entre cercos resulta, para la armadura mínima:

$$s = \frac{A_{sw}}{0,35} = \frac{2 \cdot 50,3}{0,35} = 287 \ mm$$

Se puede disponer 1cϕ8/28 cm como armadura mínima a cortante. Para saber hasta qué sección es suficiente disponer la armadura mínima es necesario conocer el cortante que resiste la sección tipo armada con la armadura mínima. Para ello:

$$V_{Rd,s} = \frac{A_{sw}}{s} z f_{ywd} cot\theta = \frac{2 \cdot 50,3}{280} 0,9 \cdot 550 \cdot \frac{500}{1,15} \cdot 2 = 154,6 \ kN$$

Para calcular la intersección entre la ley de esfuerzos cortantes y el cortante resistido por la armadura mínima es necesario obtener la ley de esfuerzos cortantes en función de x (distancia desde el eje del pilar a la sección de cálculo):

$$V_{rd} = \frac{p_d \cdot l}{2} - p_d x = \frac{130 \cdot 6}{2} - 130x = 390 - 130x$$

Por tanto, la intersección se da a una distancia del eje del pilar x:
$$154,6 = 390 - 130x$$
$$x = 1,81 \ m$$

Es decir, los cercos ϕ8/14 cm serán necesarios hasta una distancia de 1,81 metros desde del eje del pilar, mientras que en la parte central será suficiente cercos ϕ8/28. Esta distancia se ajustará según el espaciamiento real de los cercos y teniendo en cuenta que los cercos se dispondrán hasta el borde de los pilares. El armado resultará:

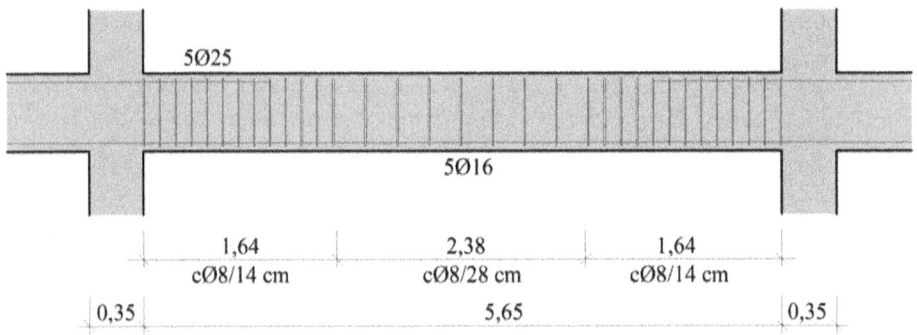

En esta viga sería posible disponer un espaciamiento intermedio entre el armado máximo y la armadura mínima, diferenciando los cercos en 5 zonas, en lugar de en 3 tramos como se ha efectuado. La metodología del cálculo sería la misma que se ha seguido. En el croquis anterior no se ha dibujado la armadura base a negativos, sino únicamente las armaduras de cálculo. Evidentemente, en el plano definitivo se deberá añadir la armadura base en la cara superior.

Finalmente, es necesario comprobar el esfuerzo cortante de agotamiento por compresión oblicua en el alma (bielas comprimidas). Debe cumplirse:
$$V'_{Ed} \le V_{Rd,max} = \alpha_{cw} b_w z \upsilon_1 f_{cd} / (cot\theta + tan\theta)$$

El coeficiente α_{cw} tiene en cuenta el estado de tensiones en el hormigón, y vale 1 para estructuras de hormigón armado sin axil de compresión. El coeficiente de reducción de la resistencia del hormigón fisurado por el efecto del cortante, υ_l, es igual a:

$$\upsilon_1 = 0,6\left[1 - \frac{f_{ck}}{250}\right] = 0,6\left[1 - \frac{30}{250}\right] = 0,528$$

Por tanto:

$$V_{Rd,max} = 1 \cdot 400 \cdot 0,9 \cdot 550 \cdot 0,528\frac{30}{1,5}/(2 + 0,5) = 836\ kN$$
$$V'_{Ed} = 367\ kN \leq V_{Rd,max} = 836\ kN$$

por lo que se comprueba que se resiste el esfuerzo cortante de agotamiento por compresión oblicua en el alma.

El Código Estructural también plantea la posibilidad de considerar $\upsilon_l = 0,6$ para hormigones convencionales ($f_{ck} \leq 60$ N/mm^2) si el valor de cálculo de la armadura a cortante se toma menor a $0,8 \cdot f_{yk}$. Esta alternativa supondría considerar una mayor resistencia de las bielas comprimidas aunque resultaría en un armado a cortante ligeramente superior.

6.2 Cálculo y disposición de armaduras en una pila de hormigón armado de un puente.

Considérese la pila de hormigón armado de sección 0,40 x 1,00 m² de la figura, que se encuentra empotrado en la base y libre en la sección superior, donde se aplican las reacciones provenientes del tablero de un puente.

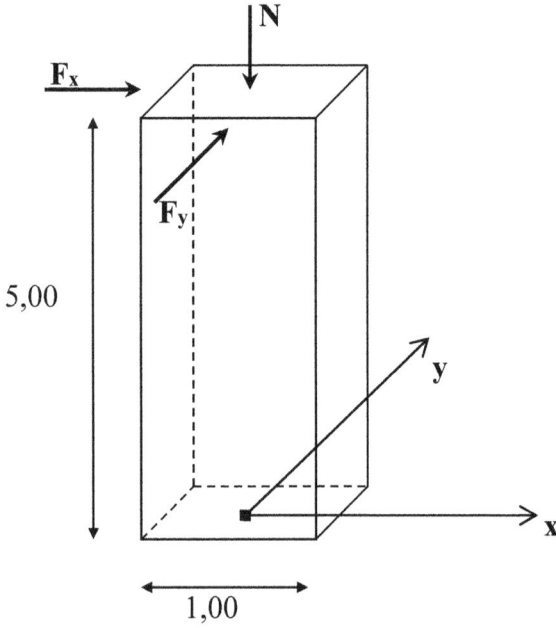

De forma simplificada se considera que las cargas actuantes sobre la pila son:

    Permanentes: N = 2000 kN
                   e_x = 0,10 m
                   e_y = 0 m
    Variables: F_x = 100 kN (debido al viento)
                   F_y = 0 kN (de forma simplificada)

Los materiales a emplear son hormigón HA-30/B/20/XC4 y armadura B500S.

Se pide disponer la armadura necesaria a flexión y cortante. Debido a la poca esbeltez de la pila en estudio, no se considera necesario analizar los posibles efectos de segundo orden.

La clase de exposición XC4 (sequedad y humedad cíclicas - ver tabla 27.1a en el título 2 del Código Estructural) es apropiada para elementos de hormigón armado o pretensado en el exterior, expuestos al contacto con el agua de forma no permanente (por ejemplo, la procedente de la lluvia), por lo que es una clase de exposición adecuada para una pila de puente. La tabla 43.2.1.b del Código Estructural especifica la resistencia característica mínima esperada para el hormigón, y para hormigón armado en clase de exposición XC4 ($a/c \leq 0,55$, $c \geq 300$ kg/m^3), la resistencia mínima es $f_{ck} = 30$ N/mm^2, por lo que el hormigón del enunciado parece adecuado.

El recubrimiento nominal será la suma de un recubrimiento mínimo más el margen de recubrimiento (Título 2-§43.4.1):

$$c_{nom} = c_{min} + \Delta c_{dev}$$

El recubrimiento mínimo, para la clase de exposición XC4, vida útil de 100 años (habitual en obras públicas) y cemento distinto de CEM I (ya que tendrán un menor impacto ecológico) es igual a 25 mm (Tabla 44.2.1.1a). El margen de recubrimiento se considera igual a 5 mm (§43.4.1), suponiendo un elemento ejecutado in situ con nivel intenso de control de ejecución (también habitual en obras públicas).

$$c_{nom} = 25 + 5 = 30 \ mm$$

Para obtener el recubrimiento mecánico será necesario estimar el diámetro de los cercos y de la armadura longitudinal. Por ejemplo:

$$c_{mec} = c_{nom} + \emptyset_{cerco} + \frac{1}{2}\emptyset_{arm.long.} \approx 30 + 8 + \frac{20}{2} = 48 \ mm \approx 50 \ mm$$

En caso de que al final de la resolución, el diámetro de las barras fuera muy distinto, podría ser necesario reevaluar el recubrimiento mecánico.

Las acciones adoptarán los siguientes valores de cálculo:

$N_d = 2000 \cdot 1,35 = 2700$ kN $\qquad N_d = 2700$ kN
$e_x = 0,10$ m $\qquad\qquad\qquad M_d = 2700 \cdot 0,1 + 150 \cdot 5 = 1020$ kN·m
$F_{x,d} = 100 \cdot 1,50 = 150$ kN $\qquad V_d = 150$ kN

El momento flector de cálculo obtenido es el momento flector en el extremo inferior, y es debido a la suma del momento flector provocado por la excentricidad del axil y el momento flector causado por el viento, mayorados ambos por los respectivos coeficientes parciales de seguridad. Se ha despreciado el peso propio del pilar. La excentricidad de la carga supera a la excentricidad mínima, por lo que no es necesario considerar esta última.

El dimensionamiento seccional a flexocompresión se puede hacer tanto utilizando los diagramas de interacción, planteando equilibrio, o utilizando las fórmulas del anejo 7 de la antigua Instrucción EHE-08 que derivan directamente de las ecuaciones de equilibrio pero en las que ya se ha despejado la capacidad mecánica de las armaduras (U_{s1} y U_{s2}). A continuación, se resuelve mediante dos alternativas:

a) Planteando equilibrio, considerando que $U_{s1} = U_{s2}$ (armadura simétrica):

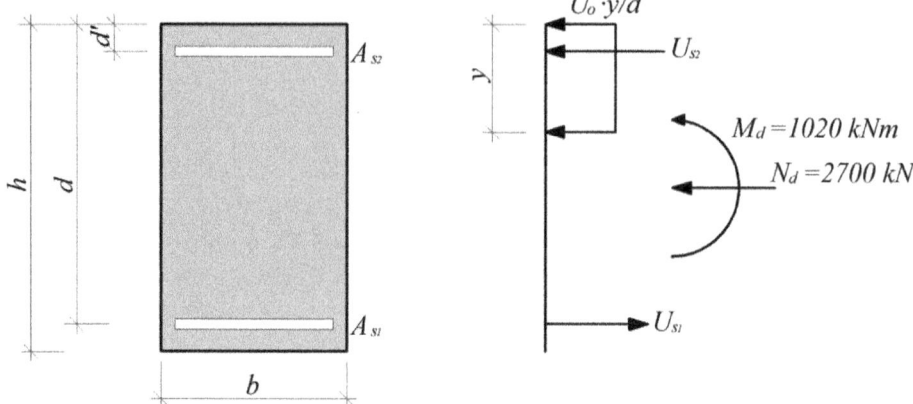

Equilibrio de esfuerzos axiles (se anulan entre sí los términos U_{s1} y U_{s2}):

$$U_0 \frac{y}{d} = N_d$$

siendo, $U_0 = f_{cd} \cdot d \cdot b = \left(\frac{30}{1,5}\right) \cdot 950 \cdot 400 = 7600\ kN$, y por lo tanto y $= 337$ mm, que es menor que $y_{lim} = 0,8 \cdot x_{lim} = 0,8 \cdot 0,625 \cdot d = 475\ mm$, por lo que la armadura traccionada plastifica.

Planteando equilibrio de momentos respecto la posición de la armadura traccionada:

$$M_d + N_d(d - h/2) = U_0 \frac{y}{d}(d - y/2) + U_{s2}(d - d')$$

$$U_{s2} = \frac{M_d + N_d(d - h/2) - U_0 \frac{y}{d}(d - y/2)}{(d - d')}$$

y considerando $d = 950\ mm$, $d' = 50mm$, $h = 1000\ mm$, resulta $U_{s2} = U_{s1} = 142\ kN$

b) Es posible también utilizar las ecuaciones de equilibrio que se encuentran en el Anejo 7 de la antigua Instrucción EHE (apartado 5.1). Cabe mencionar que pese que se trata de una normativa derogada, estos procedimientos continúan siendo de interés para aplicar el Código Estructural de forma manual. Para ello:

$$U_0 = f_{cd} \cdot d \cdot b = \left(\tfrac{30}{1,5}\right) \cdot 950 \cdot 400 = 7600\ kN$$

Se está, por tanto, en el segundo caso: $N_d < 0,5U_0$

La capacidad mecánica de la armadura viene dada por:

$$U_{s1} = U_{s2} = \frac{M_d}{d-d'} + \frac{N_d}{2} - \frac{N_d \cdot d}{d-d'}(1 - \frac{N_d}{2U_0}) =$$

$$= \frac{1020}{0,95-0,05} + \frac{2700}{2} - \frac{2700 \cdot 0,95}{0,95-0,05}(1 - \frac{2700}{2 \cdot 7600}) = 140 \, kN$$

El resultado es prácticamente idéntico al obtenido planteando el equilibrio. La armadura resultante vale:

$$A_s = \frac{U_s}{f_{yd}} = \frac{140.000}{500/1,15} = 322 \, mm^2$$

Esta armadura resultante se deberá disponer en cada cara ($A_{s1} = A_{s2} = A_s$). En la formulación del Anejo 7 de la EHE-08 se realiza la reducción de la tensión de la armadura comprimida en caso de que ésta no plastifique de forma implícita.

Es preciso comprobar ahora si se cumple con la armadura mínima geométrica y la armadura mínima mecánica.

Armadura mínima geométrica:
Aunque el Código Estructural no plantea ninguna armadura geométrica para pilares, sí lo hace el Eurocódigo 2 que propone una cuantía total del 2 ‰ del área de hormigón. En este libro se recomienda utilizar al menos esta cuantía, por lo que:

$$A_{min,geom} \geq \frac{2}{1000} A_c = \frac{2}{1000} 1000 \cdot 400 = 800 \, mm^2$$

Considerando armadura simétrica en las caras opuestas, se podrían disponer 400 mm^2 en cada cara.

Armadura mínima mecánica:
Y la armadura mínima mecánica total en pilares (Anejo 19-§9.5.2) para el caso de armadura simétrica, vale (siendo A'_s el área total de las armaduras comprimida):

$$A'_s f_{ycd} \geq 0,1 \cdot N_d \rightarrow A'_s \geq \frac{0,1 \cdot 2700 \cdot 10^3}{400} = 675 \, mm^2$$

En cada cara se deberá disponer la mitad de la armadura, es decir, 338 mm^2.

Al tratarse de un elemento con relativamente poco esfuerzo axil, en el que la armadura plastifica a flexocompresión, se podría considerar la armadura mínima mecánica de elementos sometidos fundamentalmente a flexión (Anejo 19-§9.2), que proporcionaría el siguiente resultado:

$$A_{s,min} = \frac{W}{z} \frac{f_{ctm,fl}}{f_{yd}}$$

La resistencia media a flexotracción del hormigón, $f_{ctm,fl}$, vale (Anejo 19-§3.1.8 del Código Estructural:

$$f_{ct,m} = 0,30 \cdot f_{ck}^{2/3} = 0,30 \cdot 30^{2/3} = 2,9 \ MPa$$

$$f_{ct,m,fl} = max\left\{\left(1,6 - \frac{h}{1000}\right) f_{ct,m}; f_{ct,m}\right\} = max\{0,6 \cdot 2,9; 2,9\} = 2,9 \ MPa$$

En el caso particular de la sección rectangular de este problema, resulta:

$$A_{s,min} = \frac{b \cdot h}{4,8} \frac{f_{ctm,fl}}{f_{yd}} = \frac{400 \cdot 1000}{4,8} \frac{2,9}{500/1,15} = 556 \ mm^2$$

Esta última armadura obtenida se debería colocar en la cara traccionada (considerando la armadura simétrica a dos caras, la cantidad de armadura a disponer debida a la armadura mínima a flexión sería de 556·2= 1112 mm²).

Además, el área total de armadura longitudinal no debe superar $A_{s,max} = 0,04 A_c$ fuera de las zonas de solape (Anejo 19-§9.5.2), resultando $A_{s,max} = 16000$ mm².

Sería posible armar el pilar, por ejemplo, con 3Ø16 en cada cara ($A_{s,cara} = 603$ mm²; $A_{s,total} = 1206$ mm²) o 2Ø20 ($A_{s,cara} = 628$ mm²; $A_{s,total} = 1256$ mm²).

Se calcula ahora la armadura a cortante necesaria. Para ello:

$$V_{Ed} = V_{Rd,s} = \frac{A_{sw}}{s} z f_{ywd} cot\theta$$

donde z es el brazo mecánico de las fuerzas internas correspondiente al momento flector en el elemento considerado. Se puede considerar igual a $z = 0,9d$.

El ángulo θ está limitado por el intervalo $0,5 \leq cot\theta \leq 2$ en el Código Estructural (en el Eurocódigo 2 se alcanza $cot\theta = 2,5$). Se tomará $cot\theta = 2$, que será el valor permitido en el Código Estructural que dará una menor cuantía de armadura a cortante.

$$V_{Ed} = 150 \ kN = V_{Rd,s} = \frac{A_{sw}}{s} z f_{ywd} cot\theta = \frac{A_{sw}}{s} 0,9 \cdot 950 \cdot \frac{500}{1,15} \cdot 2$$

$$\frac{A_{sw}}{s} = 0,2 \ mm^2/mm$$

Se comprueba ahora la armadura mínima a cortante (A19-§9.2.2):

$$\frac{A_{sw,min}}{s} = \frac{0,08\sqrt{f_{ck}}}{f_{yk}} b_w sen\alpha = \frac{0,08\sqrt{30}}{500} 400 \cdot 1 = 0,35 \ mm^2/mm$$

Se ha tomado $\alpha = 90°$ al disponerse la armadura a cortante como cercos perpendiculares al eje longitudinal de la viga. La separación entre cercos φ8 resulta:

$$s = \frac{A_{sw}}{0,35} = \frac{2 \cdot 50,3}{0,35} = 287 \ mm$$

En este problema se podría haber calculado $V_{Rd,c}$, en lugar de $V_{Rd,s}$, es decir, se podría haber comprobado la resistencia a cortante de un elemento sin armadura a cortante. Resultaría que $V_{Rd,c} \geq V_{Ed}$, por lo que se debería disponer la armadura mínima a cortante (en vigas y pilares es obligatorio, siempre, disponer de armadura a cortante).

Es preciso comprobar la resistencia de las bielas comprimidas (A19-§6.2.3), aunque en elementos con sección rectangular no sea un modo de fallo habitual:

$$V_{Ed} \leq V_{Rd,max} = \alpha_{cw} b_w z v_1 f_{cd}/(cot\theta + tan\theta)$$

El coeficiente α_{cw} tiene en cuenta el estado tensional del hormigón y depende de σ_{cp} = N_{Ed}/A_c = $2700\cdot10^3/(1000\cdot400)$ = $6,75$ N/mm^2. Este valor se encuentra entre $0,25f_{cd}$ = 5 N/mm^2 $\leq \sigma_{cp} \leq 0,5f_{cd}$ = 10 N/mm^2, por lo que α_{cw} = 1,25.

El coeficiente de reducción de la resistencia del hormigón fisurado por el efecto del cortante, v_1, es igual a:

$$v_1 = 0,6\left[1 - \frac{f_{ck}}{250}\right] = 0,6\left[1 - \frac{30}{250}\right] = 0,528$$

Por tanto:

$$V_{Rd,max} = 1,25 \cdot 400 \cdot 0,9 \cdot 950 \cdot 0,528\frac{30}{1,5}/(2 + 0,5) = 1806\ kN$$

por lo que se comprueba que se resiste sobradamente el esfuerzo cortante de agotamiento por compresión oblicua en el alma.

Se disponen 4ϕ12 en el paramento lateral (armadura de piel) para evitar una distancia excesiva de hormigón sin armadura longitudinal. En la Instrucción EHE-08 dicha separación máxima era, en pilares, de 35 cm, aunque no se establece una separación máxima en el Código Estructural. La normativa limita (A19-§9.5.3) la separación máxima entre cercos a 15 $\varnothing_{mín}$ (y menor que 300 mm y la menor dimensión del elemento). El diámetro de los cercos debe ser superior a $\frac{1}{4}\varnothing_{max}$. En este caso, con armaduras longitudinales $\varnothing$12, resulta que la máxima separación de los cercos es de 180 mm para evitar el pandeo de dicha armadura. La armadura se puede disponer según el siguiente croquis:

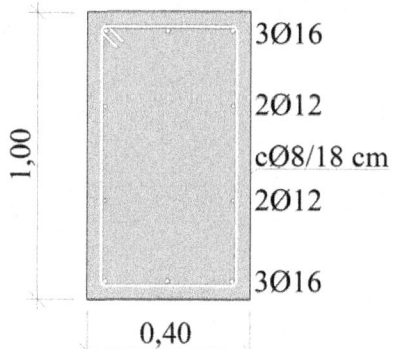

3Ø16

2Ø12

cØ8/18 cm

2Ø12

3Ø16

1,00

0,40

Armadura pasiva B 500 S

Hormigón: HA-30/B/20/XC4

Recubrimiento nominal: 30 mm

Cemento CEM II/A

Por último, en A19-9.5.3 se estable que "toda barra o grupos de barras longitudinales colocadas en una esquina deben estar sujetas mediante una armadura transversal. Ninguna barra de la zona de compresión debe estar a una distancia superior a 150 mm de otra que se encuentre sujeta". En este caso, debido a la relativa importancia del momento flector respecto del axil (la armadura traccionada plastifica), la zona de compresión serían los paramentos de 40 cm de anchura, por lo que la armadura de piel podría considerarse fuera de la zona comprimida y no sería necesario añadir cercos adicionales.

La separación máxima de 18 cm entre cercos debe reducirse mediante un coeficiente de valor 0,6 (A19-9.5.3(4)) en las secciones dispuestas a lo largo de una distancia menor o igual a la mayor dimensión de la sección del pilar, tanto encima como debajo de la viga o losa, y en las proximidades de las zonas de solape de armaduras, en el caso en el que el diámetro máximo de las barras longitudinales sea superior a 14 mm.

6.3 Cálculo y disposición de armaduras a flexión longitudinal, transversal, cortante y rasante ala-alma en una viga con sección en T.

Una viga biapoyada de 10 metros de luz tiene la sección transversal en T que se presenta en la siguiente figura. El hormigón es de tipo HA-30/B/12/XC4 y el acero B 500 S. Las cargas que actúan son:
- **Carga permanente de 0,8 kN/m (peso viga no incluido)**
- **Sobrecarga de uso de 3,2 kN/m**

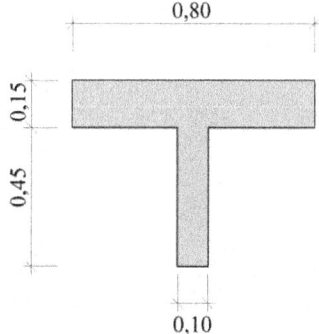

Se pide disponer la armadura a flexión longitudinal y transversal, cortante y rasante ala-alma.

El recubrimiento nominal será la suma de un recubrimiento mínimo más el margen de recubrimiento (Título 2-§43.4.1):

$$c_{nom} = c_{min} + \Delta c_{dev}$$

El recubrimiento mínimo, para la clase de exposición XC4, suponiendo una vida útil de 50 años y un cemento distinto al CEM I, es igual a 25 mm (Tabla 44.2.1.1a). El margen de recubrimiento es igual a 10 mm para elementos ejecutados con nivel normal de control de ejecución (§43.4.1), por tanto:

$$c_{nom} = 25 + 10 = 35\ mm$$

Para obtener el recubrimiento mecánico será necesario estimar el diámetro de los cercos y de la armadura longitudinal. Siendo el alma tan estrecha, será lógico pensar en dos capas de armado, resultando un recubrimiento mecánico:

$$c_{mec} = c_{nom} + \emptyset_{cerco} + \emptyset_{arm.long.} + \frac{1}{2}s_{vert.\ barras} \approx 35 + 6 + 20 + \frac{20}{2}$$
$$= 71\ mm \approx 7\ cm$$

Las cargas actuantes en la viga valen:
Peso propio viga: $g_1 = A_c \cdot \gamma_c = (0,80 \cdot 0,15 + 0,45 \cdot 0,10) \cdot 25\ kN/m^3 = 4,125\ kN/m$
Carga permanente: $g_2 = 0,8\ kN/m$
Sobrecarga de uso: $q = 3,2\ kN/m$

Por lo que las cargas mayoradas valen:

$$g_d = (g_1 + g_2)\cdot\gamma_g = (4,125 + 0,8)\cdot 1,35 = 6,65 \text{ kN/m}$$
$$q_d = q\cdot\gamma_q = 3,2\cdot 1,50 = 4,8 \text{ kN/m}$$

Las leyes de esfuerzos resultan:

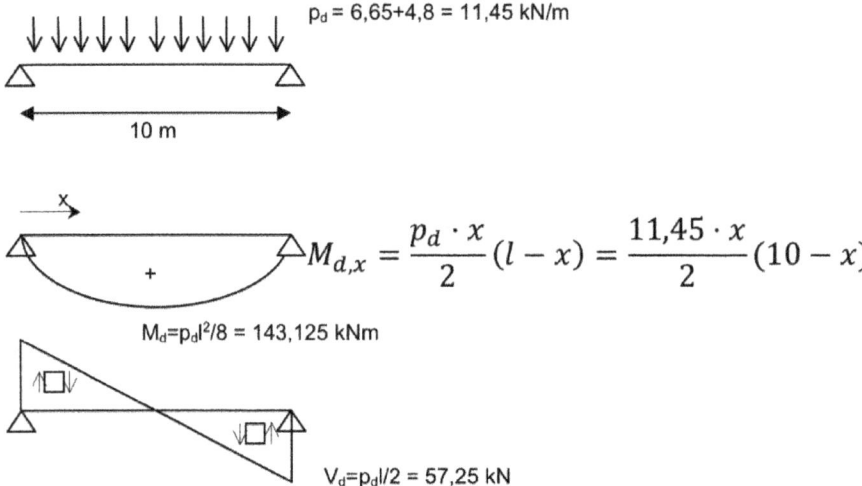

$$M_{d,x} = \frac{p_d \cdot x}{2}(l - x) = \frac{11,45 \cdot x}{2}(10 - x)$$

$p_d = 6,65+4,8 = 11,45$ kN/m

10 m

$M_d = p_d l^2/8 = 143,125$ kNm

$V_d = p_d l/2 = 57,25$ kN

Se realiza en primer lugar el cálculo a flexión. Para vigas en T, el ancho eficaz del ala, sobre el que se suponen unas condiciones uniformes de tensión, dependerá de las dimensiones de ala y alma, del tipo de cargas, de la luz, de las condiciones de apoyo y del armado transversal, y viene definido en A19-§5.3.2.1. En este caso, toda la cabeza comprimida es eficaz. Por ello, su cálculo a flexión es equivalente al cálculo de una viga rectangular de ancho igual a la cabeza de compresión (en este caso de ancho igual a la anchura del ala superior, es decir, 0,80 m), siempre y cuando la profundidad del bloque de compresiones sea inferior al canto del ala de la viga. Se plantean las ecuaciones de equilibrio:

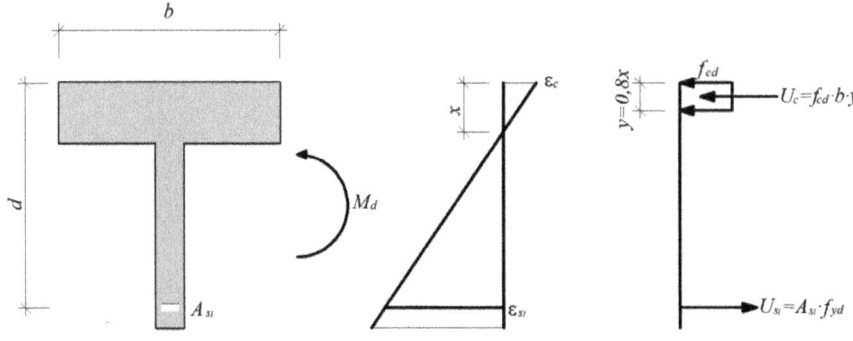

$$0 = f_{cd} \cdot b \cdot y - A_{s1} f_{yd}$$
$$M_d = f_{cd} \cdot b \cdot y \left(d - \frac{y}{2}\right)$$

De la segunda ecuación podemos despejar y, valor que se introduce en la primera ecuación para obtener A_{s1}:

$$143 \cdot 10^6 = \frac{30}{1,5} \cdot 800 \cdot y \left(530 - \frac{y}{2}\right)$$

Obteniendo como solución correcta, $y = 17,14 \, mm$. Todo el bloque comprimido se encuentra dentro del ala superior, de 150 mm de espesor), por lo que la hipótesis de considerar el ancho de la sección igual al del ala es correcta. Se trata clarísimamente de una rotura dúctil ($x < x_{lim}$), por lo que no se necesita armadura de compresión.

El valor de la armadura a tracción valdrá:

$$A_{s1} f_{yd} = f_{cd} \cdot b \cdot y = \frac{30}{1,5} \cdot 800 \cdot 17,14 = 274240 \, N$$
$$A_{s1} = \frac{274240}{f_{yd}} = \frac{274240}{500/1,15} = 631 \, mm^2$$

La armadura mínima mecánica a disponer en el paramento traccionado se define en el Anejo 19-§9.2 del Código Estructural:

$$A_{s,min} = \frac{W}{z} \frac{f_{ctm,fl}}{f_{yd}}$$

Al ser el canto de la viga igual a 600 mm, la resistencia media a flexotracción del hormigón, $f_{ctm,fl}$, es igual a la resistencia media a tracción del hormigón (Anejo 19-§3.1.8 del Código Estructural), es decir, $f_{ctm,fl} = f_{ctm} = 2,90 \, N/mm^2$.

Además, z puede ser tomado como $0,8 \, h$ ($0,8 \cdot 600 = 480 \, mm$) y W es el módulo resistente de la sección bruta relativo a la fibra más traccionada. Se calcula la altura del centro de gravedad, la inercia y finalmente el módulo resistente W.

$$Y_{cdg} = \frac{\sum A_i Y_i}{\sum A_i} = \frac{800 \cdot 150 \left(450 + \frac{150}{2}\right) + 450 \cdot 100 \left(\frac{450}{2}\right)}{800 \cdot 150 + 450 \cdot 100} = 388 \, mm$$
$$I = \frac{1}{12} 800 \cdot 150^3 + 800 \cdot 150 (525 - 388)^2 + \frac{1}{12} 100 \cdot 450^3 + 100 \cdot 450 (225 - 388)^2 = 4.432.260.000 \, mm^4$$
$$W = \frac{I}{y} = \frac{4.432.260.000}{388} = 11.423.351 \, mm^3$$

$$A_{s,min} = \frac{W}{z} \frac{f_{ctm,fl}}{f_{yd}} = \frac{11.423.351}{480} \frac{2,90}{500/1,15} = 159 \, mm^2$$

Se podría disponer $1\phi20$ como armadura base ($1\phi20 = 314 \, mm^2$), ya que resulta superior a la armadura mínima mecánica, y una armadura de refuerzo de $1\phi20$ para alcanzar la armadura de cálculo necesaria ($2\phi20 = 628 \, mm^2$). La armadura de cálculo obtenida era 631 mm², siendo la diferencia de 3 mm2 totalmente insignificante. El ancho mínimo del alma para disponer 2ϕ20 sería (A19-§8.2):

$$b_{0,min} = 2c_{nom} + 2\emptyset_c + 2\emptyset_l + s_{min} = 2 \cdot 35 + 2 \cdot 6 + 2 \cdot 20 + 25 = 142 \; mm$$

Por tanto, es necesario disponer la armadura en dos capas, ya que el ancho del alma es sólo de 10 cm. El recubrimiento mecánico inicialmente considerado resulta una buena aproximación.

La armadura base se dispondrá en todo el largo de la viga (1ϕ20) y para conocer la longitud del refuerzo es necesario calcular cuando empieza a ser necesaria. Para ello, es preciso obtener el momento último resistido por la armadura mínima:

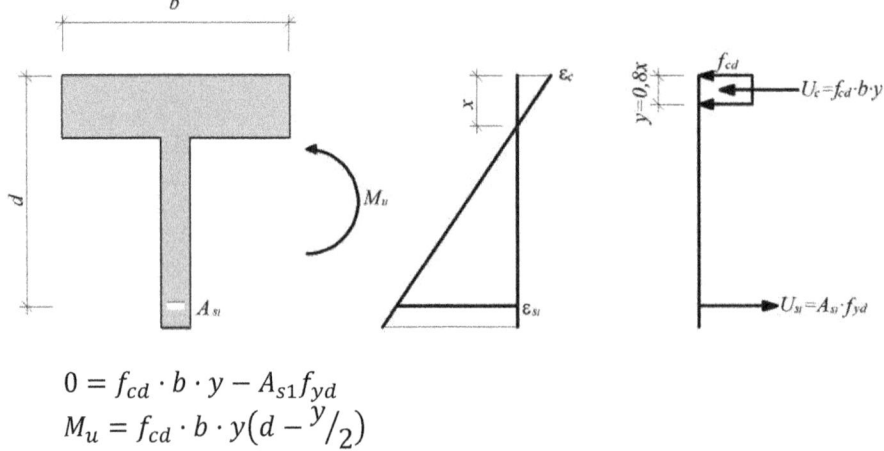

$$0 = f_{cd} \cdot b \cdot y - A_{s1}f_{yd}$$
$$M_u = f_{cd} \cdot b \cdot y(d - {}^y/_2)$$

De la primera ecuación es posible obtener el valor de y, y de la 2ª se obtendrá M_u:

$$y = \frac{A_{s1}f_{yd}}{f_{cd} \cdot b} = \frac{314\frac{500}{1,15}}{\frac{30}{1,50}800} = 8,5 \; mm$$

$$M_u = f_{cd} \cdot b \cdot y(d - {}^y/_2) = \frac{30}{1,5} \cdot 800 \cdot 8,50\left(550 - {}^{8,50}/_2\right) = 74 \; kNm$$

Se ha tomado $d = 550$ mm en lugar de los 530 mm considerados anteriormente, debido a que la armadura mínima se situará en la capa inferior de armadura.

Se calcula ahora la intersección de la ley de momentos flectores con el momento último resistido por la armadura mínima:

$$M_{d,x} = \frac{11,45 \cdot x}{2}(10 - x) = 74$$
$$x = 1,53 \; m \;\; ; \;\; x = 8,47 \; m$$

Por tanto, la armadura es necesaria en una longitud de 8,47-1,53 = 6,94 m. A esta distancia es preciso sumarle una distancia $2 \cdot d$ y la distancia de anclaje por cada lado.

$$l_b = m \cdot \phi^2 = 1,5 \cdot 20^2 = 600 \; mm \nless \frac{f_{yk}}{20}\phi = \frac{500}{20}20 = 500 \; mm$$

$$l_{b,net} = l_b\beta \frac{A_{s,nec}}{A_{s,real}} = l_b\beta \frac{A_{base}}{A_{base} + A_{refuerzo}} = 600 \cdot 1\frac{314}{628} = 300\ mm$$

valor que no puede ser inferior a:
$$l_{b,net} \geq max(10\phi\ ;\ 150\ mm\ ;\ l_b/3) = 200\ mm$$

Por tanto, la longitud $l_{b,net}$ se considera igual a 300 mm. Debido a la interacción momento-cortante, sería necesario decalar la ley de momentos flectores. La metodología tradicional de alargar las barras una distancia d más allá de dónde sean necesarias resulta del lado de la seguridad para el cálculo según el Código Estructural. Se puede obtener más información en Anejo 19-§9.2.1.3. Por tanto, la longitud de la armadura $\phi20$ de refuerzo será:
$$l = 6,94 + 2 \cdot 0,53 + 2 \cdot 0,30 = 8,60\ m$$

Para el cálculo del ELU de cortante es preciso comprobar el agotamiento por compresión oblicua en el alma (especialmente en el caso de vigas en T o I con almas estrechas) y calcular la armadura a cortante mediante la comprobación del agotamiento por tracción en el alma. El cálculo se realiza en el apoyo; se tomará el valor de d igual a 0,55 m (zona en la que únicamente se encuentra la armadura base).

El esfuerzo cortante máximo vale 57,25 kN en el eje del apoyo. Se desconoce el tamaño del apoyo, por lo que se utilizará el valor anterior para la comprobación de las bielas comprimidas y el cortante de cálculo a una distancia igual a un canto útil del eje del apoyo para el dimensionamiento de los cercos:
$$V_{Ed} = 57,25 - 11,45 \cdot 0,55 = 51,15\ kN$$

Se comprueba la resistencia a compresión del alma. Debe cumplirse:
$$V'_{Ed} \leq V_{Rd,max} = \alpha_{cw}b_w z v_1 f_{cd}/(cot\theta + tan\theta)$$

El coeficiente α_{cw} tiene en cuenta el estado de tensiones en el hormigón, y es igual a 1 para estructuras de hormigón armado sin axil de compresión. El coeficiente de reducción de la resistencia del hormigón fisurado por el efecto del cortante vale:
$$v_1 = 0,6\left[1 - \frac{f_{ck}}{250}\right] = 0,6\left[1 - \frac{30}{250}\right] = 0,528$$

Por tanto:
$$V_{Rd,max} = 1 \cdot 100 \cdot 0,9 \cdot 550 \cdot 0,528\frac{30}{1,5}/(2 + 0,5) = 209\ kN$$
$$V_{Ed} = 57,25\ kN \leq V_{Rd,max} = 209\ kN$$

por lo que se comprueba que se resiste el esfuerzo cortante de agotamiento por compresión oblicua en el alma.

Para dimensionar la armadura a cortante es preciso imponer que el esfuerzo cortante de agotamiento por tracción en el alma sea igual o superior al esfuerzo cortante solicitante V_{Ed}:

$$V_{Ed} \leq V_{Rd,s} = \frac{A_{sw}}{s} z f_{ywd} \cot\theta$$

donde z es el brazo mecánico de las fuerzas internas correspondiente al momento flector en el elemento considerado. En general, en elementos de hormigón armado sin esfuerzo axil, se emplea habitualmente el valor de $z = 0,9d$.

El ángulo θ está limitado por el intervalo $0,5 \leq \cot\theta \leq 2$ en el Código Estructural. Es importante destacar que el articulado del Eurocódigo 2 permite alcanzar $\cot\theta = 2,5$ obteniéndose consecuentemente menores cuantías de armadura a cortante. Elegir el mayor valor posible de $\cot\theta$ proporciona la menor cuantía a cortante, aunque disminuye la resistencia de las bielas comprimidas. Resulta:

$$V_{Ed} = 51,15 \ kN = V_{Rd,s} = \frac{A_{sw}}{s} z f_{ywd} \cot\theta = \frac{A_{sw}}{s} 0,9 \cdot 550 \cdot \frac{500}{1,15} \cdot 2$$

$$\frac{A_{sw}}{s} = 0,119 \ mm^2/mm$$

Se comprueba ahora la armadura mínima a cortante (A19-§9.2.2):

$$\frac{A_{sw,min}}{s} = \frac{0,08\sqrt{f_{ck}}}{f_{yk}} b_w sen\alpha = \frac{0,08\sqrt{30}}{500} 100 \cdot 1 = 0,088 \ mm^2/mm$$

La separación entre cercos $\phi 6$ para la cuantía de cálculo vale:

$$s = \frac{A_{sw}}{0,44} = \frac{2 \cdot 28,3}{0,119} = 476 \ mm$$

La separación longitudinal máxima entre cercos es igual a $0,75d = 412$ mm, por lo se podría disponer 1cϕ6/40 cm. La armadura mínima, aunque da una cuantía de cálculo inferior, también se deberá disponer como 1cϕ6/40 cm, ya que los cercos no pueden estar más separados. Por tanto, la armadura a cortante es constante en toda la viga.

Es preciso obtener ahora la armadura de rasante ala-alma. El esfuerzo rasante medio por unidad de longitud que debe ser resistido se obtiene según (A19-§6.2.4):

$$v_{Ed} = \frac{\Delta F_d}{h_f \Delta x}$$

donde h_f es el espesor del ala y Δx es la longitud de redistribución plástica considerada. El Código Estructural establece que la máxima longitud Δx es la mitad de la distancia entre la sección de momento nulo y la de momento máximo, por lo que $\Delta x = 2,5$ m (un cuarto de la luz al ser una viga biapoyada).

ΔF_d es la variación en la distancia Δx de la fuerza longitudinal actuante en la sección del ala exterior al plano definido por el borde del alma. El momento flector en el apoyo es nulo, mientras que para $x = 2,5$ m vale $M_d = 107,34$ kNm (se había obtenido anteriormente la ley de momentos flectores en función de x). Asumiendo que la distancia entre la armadura traccionada y el bloque de compresiones en dicha sección es igual a $z = 0,9d = 0,90 \cdot 530 = 477$ mm, la fuerza que transmite la cabeza comprimida para resistir el momento en $x = 2,5$ m vale:

$$\Delta F_d^{cabeza\ comprimida} = \frac{M_d}{z} = \frac{107,34 \cdot 10^3}{477} = 225\ kN$$

Cada ala comprimida tiene 0,35 m de anchura, frente al 0,80 m de toda la cabeza comprimida. Por tanto, se obtiene:

$$\Delta F_d = 225 \frac{0,35}{0,80} = 98,4\ kN$$

Y el valor de cálculo de la tensión de rasante v_{Ed} en la unión entre el ala y el alma es:

$$v_{Ed} = \frac{\Delta F_d}{h_f \Delta x} = \frac{98,4 \cdot 1000}{150 \cdot 2500} = 0,26\ N/mm^2$$

En A19-§6.2.4(6) se especifica que si v_{Ed} es menor o igual a $0,4f_{ctd}$ no será necesaria la utilización de una armadura complementaria adicional a la requerida por flexión. Dicho valor es igual a:

$$0,4f_{ctd} = 0,4 \frac{f_{ctk,0,05}}{\gamma_c} = 0,4 \frac{2}{1,5} = 0,4 \cdot 1,33 = 0,53\ N/mm^2$$

Por tanto, en este caso no será necesaria una armadura adicional. Sin embargo, se calcula a continuación al ser este el único problema del libro con sección en T. La armadura transversal por unidad de longitud, A_{sf}/s_f, puede determinarse como sigue:

$$\frac{A_{sf} y_d}{s_f} \geq v_{Ed} \cdot h_f / cot\theta_f$$

Para prevenir la rotura de las bielas de compresión del ala, debe cumplirse la siguiente condición:

$$v_{Ed} \leq v_1 f_{cd} sen\theta_f cos\theta_f$$

Para bielas comprimidas, el rango de valores permitidos para cot θ_f es entre 1 y 2, es decir, $45° \geq \theta_f \geq 26,5°$. El valor cot $\theta_f = 2$ $(\theta_f=26,5°)$ proporciona la mínima armadura, siempre y cuando se resista la compresión en las bielas. Por tanto:

$$\frac{A_s \cdot 500/1,15}{s_f} \geq 0,26 \cdot 150/2 \quad \rightarrow \frac{A_s}{s_f} \geq 0,045\ mm$$

$$v_{Ed} \leq v_1 f_{cd} sen\theta_f cos\theta_f \rightarrow 0,26 \leq 0,528 \frac{30}{1,5} sen26,5 cos26,5 = 4,21\ N/mm^2$$

La armadura a disponer (0,045 mm) equivale a 45 mm² de armadura transversal por cada metro longitudinal de ala. En el caso de rasante entre ala y alma combinado con flexión transversal, es necesario calcular las armaduras necesarias por ambos conceptos y se dispone el valor máximo de: la armadura de rasante o la armadura por flexión transversal más la mitad de la armadura necesaria por rasante.

Las cargas que actúan sobre la viga son, además del peso propio, una carga permanente de 0,8 kN/m y una sobrecarga de uso de 3,2 kN/m. Al desconocer la naturaleza exacta de las cargas, se hace la hipótesis de que éstas actúan repartidas de forma homogénea en toda la superficie superior de la viga, de 0,80 m de ancho. Por tanto, la carga permanente y la sobrecarga de uso por m^2 valen:

- Carga permanente: $0,8 \dfrac{kN}{m} \dfrac{1}{0,8\,m} = 1 \dfrac{kN}{m^2}$
- Sobrecarga de uso: $3,2 \dfrac{kN}{m} \dfrac{1}{0,8\,m} = 4 \dfrac{kN}{m^2}$

La longitud del voladizo del ala superior es de 350 mm, y para el cálculo se considerará una sección de canto 150 mm y 1 m de ancho.

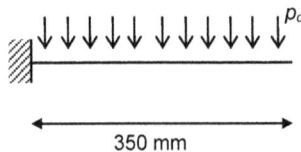

Las cargas actuantes en el ala:

Peso propio ala: $\quad\quad\quad\quad g_1 = A_c \cdot \gamma_c = (0,15 \cdot 1) \cdot 25$ kN/m^3 = 3,75 kN/m
Carga permanente: $\quad\quad g_2 = 1$ kN/m$^2 \cdot 1$ m = 1 kN/m
Sobrecarga de uso: $\quad\quad q = 4$ kN/m$^2 \cdot 1$ m = 4 kN/m

Por lo que las cargas mayoradas valen:

$g_d = (g_1 + g_2) \cdot \gamma_g = (3,75 + 1) \cdot 1,35 = 6,41$ kN/m
$q_d = q \cdot \gamma_q = 4 \cdot 1,50 = 6,0$ kN/m

Las leyes de esfuerzos resultan:

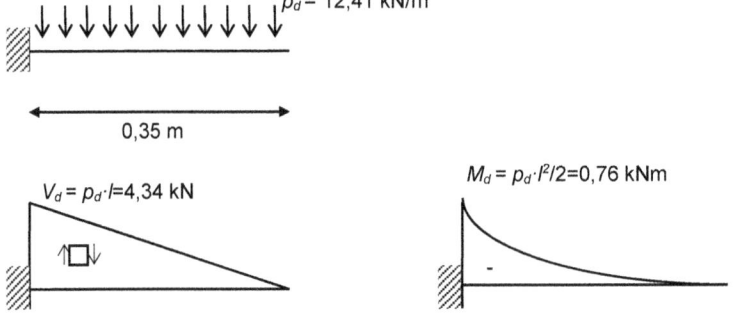

Se trata de esfuerzos muy bajos, por lo que con cierta experiencia previa se podría decidir disponer armadura mínima. Sin embargo, se calculará ahora la armadura necesaria a flexión transversal y después la resistencia a cortante.

$$U_0 = f_{cd} \cdot b \cdot d = \frac{30}{1,5} 1000 \cdot 100 = 2000 \ kN$$

$$M_{lim} = 0,375 \cdot U_0 \cdot d = 0,375 \cdot 2000 \cdot 0,10 = 75 \ kNm$$

$$U_{s1} = U_0 \left(1 - \sqrt{1 - \frac{2M_d}{U_0 d}}\right) = 2000 \left(1 - \sqrt{1 - \frac{2 \cdot 0,76}{2000 \cdot 0,10}}\right) = 7,61 \ kN$$

$$A_{s1} = \frac{U_{s1}}{f_{yd}} = \frac{7,61 \cdot 10^3}{500/1,15} = 17,5 \ mm^2$$

La armadura mínima mecánica a disponer en el paramento traccionado se define en el Anejo 19-§9.2 del Código Estructural:

$$A_{s,min} = \frac{W}{z} \frac{f_{ctm,fl}}{f_{yd}}$$

La resistencia media a flexotracción del hormigón, $f_{ctm,fl}$, vale (Anejo 19-§3.1.8 del Código Estructural:

$$f_{ct,m} = 0,30 \cdot f_{ck}^{2/3} = 0,30 \cdot 30^{2/3} = 2,9 \ MPa$$

$$f_{ct,m,fl} = max\left\{\left(1,6 - \frac{h}{1000}\right) f_{ct,m}; f_{ct,m}\right\} = max\{1,45 \cdot 2,90; 2,90\} = 4,21 \ MPa$$

En el caso particular de la sección rectangular de este problema, resulta:

$$A_{s,min} = \frac{b \cdot h}{4,8} \frac{f_{ctm,fl}}{f_{yd}} = \frac{1000 \cdot 150}{4,8} \frac{4,21}{500/1,15} = 303 \ mm^2$$

Esta armadura mínima debe disponer en el paramento traccionado, es decir, en la parte superior del ala. Esta armadura mínima mecánica es superior a la armadura por rasante y superior a la armadura de flexión transversal más la mitad de la armadura de rasante. La armadura mínima en la cara superior se podría disponer como n armaduras $\phi 8$ cada metro lineal:

$$n = \frac{303}{50,3} = 6$$

Por tanto, si en un metro debe haber 6 barras, la distancia entre barras $\phi 8$ debe ser:

$$s = \frac{1000 \ mm}{6} = 166 \ mm$$

Por tanto, se podría disponer como armadura superior $1\phi 8/15$ cm. No sería necesario disponer esta armadura en forma de cercos, debido a que el ala solo tiene 150 mm de canto.

Finalmente es preciso comprobar que el ala sea capaz de resistir el esfuerzo cortante que hay en el voladizo. Se considera que se trata de un elemento sin armadura a cortante, por lo que (A19-§6.2.2):

$$V_{Rd,c} = \left[\frac{0,18}{\gamma_c} k(100\rho_l f_{ck})^{1/3} + 0,15\sigma_{cp}\right] b_w d$$

con un valor mínimo de:

$$V_{Rd,c} = \left(0,035 k^{3/2} \cdot f_{ck}^{1/2}\right) b_w d$$

Para este ejercicio:

$$k = 1 + \sqrt{\frac{200}{d}} = 1 + \sqrt{\frac{200}{100}} = 2,41 \le 2,0$$

$$\rho_l = \frac{A_{sl}}{b_w d} = \frac{6,66 \cdot 50,3}{1000 \cdot 100} = 0,00335 \le 0,02$$

$$\sigma_{cp} = \frac{N_{Ed}}{A_c} = 0$$

$$V_{Rd,c} = \left[\frac{0,18}{1,5} 2(100 \cdot 0,00335 \cdot 30)^{1/3} + 0\right] 1000 \cdot 100 = 51,8 \ kN$$

$$V_{Rd,c\ min} = \left(0,035 \cdot 2^{3/2} \cdot 30^{1/2}\right) 1000 \cdot 100 = 54,2 \ kN$$

La resistencia a cortante del ala comprimida es igual a 54,2 kN, por lo que se resiste la solicitación de apenas 4,34 kN.

Se presenta el croquis final de armado en la siguiente figura. Nótese que el cerco de φ6/40 cm (con dos ramas) que se había obtenido en el cálculo, se ha sustituido por una rama única φ6/20 cm dado el poco espacio existente en el alma.

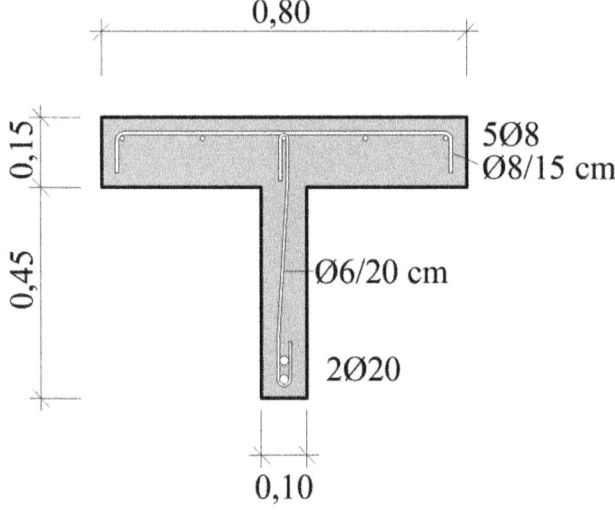

6.4 Cálculo y disposición de armaduras de una losa de hormigón armado unidireccional.

Se pretende proyectar una losa maciza de hormigón armado, de 0,30 m de canto, para cubrir un depósito que contiene agua con sustancias de alta agresividad. La losa tiene las dimensiones de cálculo que se indican en el croquis adjunto, siendo 6 metros la luz entre ejes de apoyos, y se encuentra simplemente apoyada en sus extremos largos sobre dos muros de hormigón de 30 cm de canto. Las acciones que actúan sobre la losa son una carga permanente de 2 kN/m² debida al pavimento y una sobrecarga de uso de 4 kN/m². El hormigón utilizado es de tipo HA-35 y la armadura B 500 S. Se pide dimensionar a flexión y a cortante la losa.

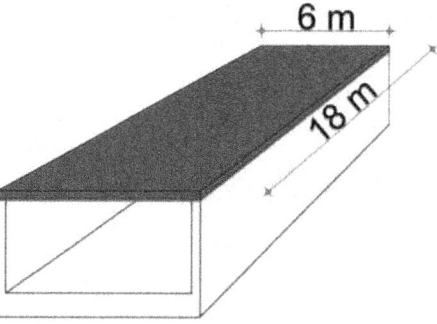

La sección de cálculo a considerar será rectangular de 0,30 m de canto y 1,00 m de anchura, disponiendo de esta forma la armadura necesaria por metro lineal de losa. Este elemento se encontrará biapoyado con una luz de 6 metros de luz entre ejes.

Las cargas actuantes, por unidad de ancho de la losa, son:

$g_1 = A_c \cdot \gamma_c = 0,30 \text{ m} \cdot 1,0 \text{ m} \cdot 25 \text{ kN/m}^3 = 7,5 \text{ kN/m}$

$g_2 = 2 \text{ kN/m}^2 \cdot 1 \text{ m} = 2 \text{ kN/m}$

$q = 4 \text{ kN/m}^2 \cdot 1 \text{ m} = 4 \text{ kN/m}$

Por lo que las cargas mayoradas valen:

$g_d = (g_1 + g_2) \cdot \gamma_g = (7,5 + 2) \cdot 1,35 = 12,825 \text{ kN/m}$

$q_d = q \cdot \gamma_q = 4 \cdot 1,50 = 6,0 \text{ kN/m}$

El momento flector de cálculo que solicita la sección central de un elemento biapoyado es igual a:

$$M_d = \frac{p_d l^2}{8} = \frac{(12,825+6) \cdot 6^2}{8} = 84,71 \, kNm$$

El recubrimiento de la armadura en la losa será algo mayor que en estructuras de edificación habituales, ya que contiene aguas agresivas pero, por otro lado, la armadura longitudinal se dispondrá en la capa inferior, probablemente sin la necesidad de colocar armadura a cortante. Por este motivo, se estima un recubrimiento mecánico de 50 mm, por lo que el canto útil, d, se considera igual a 250 mm.

A continuación, se realiza el cálculo de la armadura necesaria a flexión utilizando el Anejo 7 de la Instrucción EHE-08, ya que al tratarse de la solución exacta sigue siendo un método válido a pesar de que la Instrucción esté derogada. El momento límite para la sección valdría:

$$U_0 = f_{cd} \cdot b \cdot d = \frac{35}{1,5} 1000 \cdot 250 = 5833,33 \ kN$$

$$M_{lim} = 0,375 \cdot U_0 \cdot d = 0,375 \cdot 5833,33 \cdot 0,25 = 547 \ kNm$$

Por tanto, al ser el momento solicitante inferior al momento límite, no es necesario disponer armadura a compresión. La armadura traccionada viene dada por:

$$U_{s1} = U_0 \left(1 - \sqrt{1 - \frac{2M_d}{U_0 d}} \right) = 5833,33 \left(1 - \sqrt{1 - \frac{2 \cdot 84,71}{5833,33 \cdot 0,25}} \right) = 349,3 \ kN$$

$$A_{s1} = \frac{U_{s1}}{f_{yd}} = \frac{349,3 \cdot 10^3}{500/1,15} = 803 \ mm^2$$

La armadura mínima mecánica a disponer en el paramento traccionado se define en el Anejo 19-§9.2 del Código Estructural:

$$A_{s,min} = \frac{W}{z} \frac{f_{ctm,fl}}{f_{yd}}$$

La resistencia media a flexotracción del hormigón, $f_{ctm,fl}$, vale (Anejo 19-§3.1.8 del Código Estructural:

$$f_{ct,m} = 0,30 \cdot f_{ck}^{2/3} = 0,30 \cdot 35^{2/3} = 3,21 \ MPa$$

$$f_{ct,m,fl} = max \left\{ \left(1,6 - \frac{h}{1000} \right) f_{ct,m} ; f_{ct,m} \right\} = max\{1,3 \cdot 3,21 ; 3,21\} = 4,17 \ MPa$$

En el caso particular de la sección rectangular de este problema, resulta:

$$A_{s,min} = \frac{b \cdot h}{4,8} \frac{f_{ctm,fl}}{f_{yd}} = \frac{1000 \cdot 300}{4,8} \frac{4,17}{500/1,15} = 600 \ mm^2$$

El Código Estructural, en el Anejo 19-§7.3.2, define las armaduras mínimas necesarias frente ELS de fisuración, que dependerán de la clase de exposición, y que no se comprobarán en este ejemplo.

Se adopta por tanto el armado obtenido a flexión $\phi12/14$ cm (807 mm²/m), que se dispondrá salvando la luz de 6 m en la cara inferior.

En la dirección perpendicular, el Código Estructural, en A19-§9.3.1.1, indica que en losas unidireccionales se debe disponer una armadura transversal secundaria no inferior al 20% de la armadura principal ($0,20 \cdot 803 = 161$ mm²). También se indica el

A19-§9.3.1.2, que la armadura superior debe cubrir al menos el 25% del momento máximo del vano. ($0,25 \cdot 803 = 201$ mm^2). Se adopta, por tanto, esta última restricción para el resto de armados de la losa, con $\phi 8/25$ cm (201 mm^2/m). Para facilitar el montaje, se puede emplear una malla electrosoldada en el paramento superior.

Para la comprobación de la resistencia a cortante, en primer lugar, se supone que la losa no llevará armadura a cortante (caso habitual y deseable para losas). Es preciso por tanto comprobar la resistencia a tracción en el alma por el cortante. El esfuerzo cortante solicitante vale:

$$V_d = \frac{p_d \cdot l}{2} - p_d l'$$

siendo l la luz entre ejes de muros, y l' la distancia del eje del apoyo al punto de evaluación del cortante de cálculo, situado a una distancia d del extremo del apoyo. Por tanto:

$$l' = \frac{0,30}{2} + 0,25 = 0,40 \ m$$

En caso de no haber conocido el canto de los muros de apoyo, se consideraría del lado de la seguridad $l'=d = 0,25 \ m$.

$$V_d = \frac{p_d \cdot l}{2} - p_d l' = \frac{18,825 \cdot 6}{2} - 18,825 \cdot 0,40 = 48,95 \ kN$$

El cortante último resistido por metro de ancho de la losa viene dado por la ecuación (A19-§6.2.2):

$$V_{Rd,c} = \left[\frac{0,18}{\gamma_c} k (100 \rho_l f_{ck})^{1/3} + 0,15\sigma_{cp}\right] b_w d$$

con un valor mínimo de:

$$V_{Rd,c} = \left(0,035 k^{3/2} \cdot f_{ck}^{1/2}\right) b_w d$$

Para este ejercicio:

$$k = 1 + \sqrt{\frac{200}{d}} = 1 + \sqrt{\frac{200}{250}} = 1,894 \leq 2,0$$

$$\rho_l = \frac{A_{sl}}{b_w d} = \frac{1131}{1000 \cdot 250} = 0,0045 \leq 0,02$$

$$\sigma_{cp} = \frac{N_{Ed}}{A_c} = 0$$

$$V_{Rd,c} = \left[\frac{0,18}{1,5} 1,894 (100 \cdot 0,0045 \cdot 35)^{1/3} + 0\right] 1000 \cdot 250 = 142 \ kN$$

$$V_{Rd,c \ min} = \left(0,035 \cdot 1,894^{3/2} \cdot 35^{1/2}\right) 1000 \cdot 250 = 134,9 \ kN$$

El cortante solicitante (48,95 kN) es claramente inferior al cortante resistido por la losa. Por simplicidad, en este caso hubiese sido únicamente necesario calcular el valor mínimo de la resistencia a cortante, que no depende de la armadura longitudinal, y es superior a la solicitación. De hecho, se trata de una simplificación habitual, y del lado de la seguridad, en predimensionamiento.

A continuación, se presenta un croquis de las armaduras obtenidas:

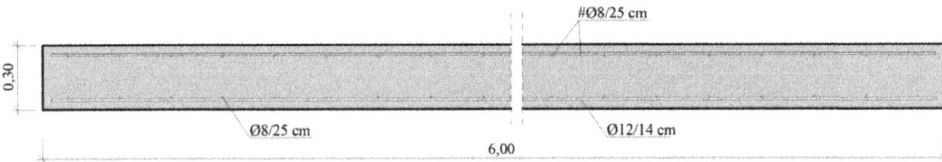

6.5 Comprobación de una jácena interior de un edificio de viviendas.

En una jácena de múltiples vanos descansa un forjado de edificación. La luz entre ejes de pilares es de 5,25 m y éstos tienen una sección de 0,35x0,35 m^2 en todo el edificio. La distancia transversal entre los ejes de las jácenas planas es de 5,25 metros y la jácena en estudio ocupa una posición interior dentro del edificio, con varias jácenas planas a cada lado.

La jácena es de sección transversal rectangular, de 0,30 m de canto y 0,70 m de ancho. La armadura de un tramo tipo se esquematiza en la siguiente figura:

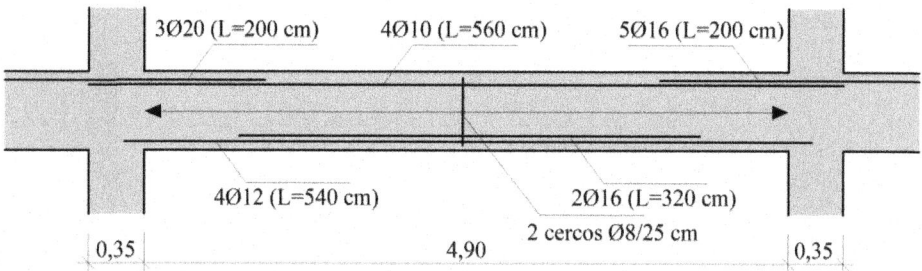

Las cargas que se utilizaron para el cálculo del forjado son:
- Peso del forjado: 4,0 kN/m^2
- Peso del pavimento: 1,0 kN/m^2
- Tabiquería: 1,0 kN/m^2
- Sobrecarga de uso: 2,0 kN/m^2

Los materiales de la jácena son hormigón HA-25/F/20/XC1 y acero B500S.

Comprobar el correcto dimensionamiento de la jácena.

Obtención de la carga mayorada que solicita la viga plana y canto efectivo
Las cargas actuantes en la viga valen:

Peso propio viga:	$g_1 = A_c \cdot \gamma_c = 0,70 \cdot 0,30 \cdot 25$ $kN/m^3 = 5,25$ kN/m
Peso del forjado:	$g_2 = 4,0 \cdot (5,25-0,70) = 18,20$ kN/m
Peso del pavimento:	$g_3 = 1,0 \cdot 5,25 = 5,25$ kN/m
Peso tabiques:	$g_4 = 1,0 \cdot 5,25 = 5,25$ kN/m
Sobrecarga de uso:	$q = 2,0 \cdot 5,25 = 10,50$ kN/m

Por lo que las cargas mayoradas valen:

$g_d = (g_1 + g_2 + g_3 + g_4) \cdot \gamma_G = (5,25 + 18,20 + 5,25 \cdot 2) \cdot 1,35 = 45,83$ kN/m

$q_d = q \cdot \gamma_q = 10,5 \cdot 1,50 = 15,75$ kN/m

El recubrimiento nominal será la suma de un recubrimiento mínimo más el margen de recubrimiento (Título 2-§43.4.1):

$$c_{nom} = c_{min} + \Delta c_{dev}$$

El recubrimiento mínimo, para la clase de exposición XC1, vida útil de 50 años y cemento distinto de CEM I (ya que tendrán un menor impacto ecológico) es igual a 20 mm (Tabla 44.2.1.1a). El margen de recubrimiento es igual a 10 mm para elementos ejecutados in situ con nivel normal de control de ejecución (§43.4.1), por tanto:

$$c_{nom} = 20 + 10 = 30 \; mm$$

Es posible obtener el recubrimiento mecánico a negativos ya que se conoce el diámetro de los cercos a cortante y el de la armadura a flexión. Por tanto:

$$c_{mec} = c_{nom} + \emptyset_{cerco} + \frac{1}{2}\emptyset_{arm.long.} \approx 30 + 8 + \frac{20}{2} = 48 \; mm \approx 50 \; mm$$

Por tanto, el canto efectivo $d = 250$ mm.

Leyes de esfuerzos
A nivel de comprobación, y a falta de conocer la totalidad del pórtico, se realiza la hipótesis de que la viga se comporta como perfectamente empotrada en los pilares.

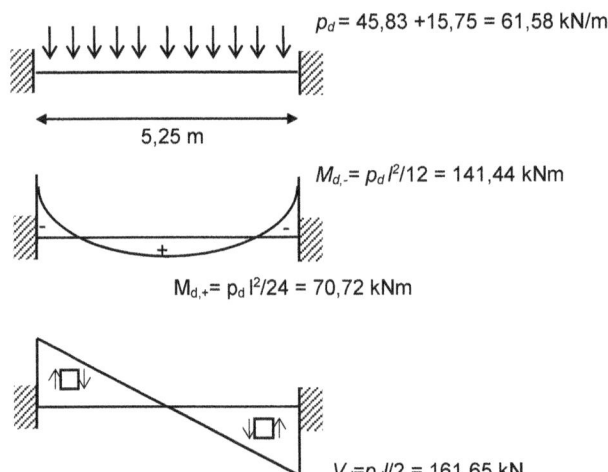

Además, el esfuerzo cortante en la cara del soporte y a una distancia d de ésta vale:
$$V'_{Ed} = 161,65 - 61,58 \cdot 0,175 = 151 \; kN$$
$$V_{Ed} = 161,65 - 61,58 \cdot (0,175 + 0,25) = 135,5 \; kN$$

Momentos flectores resistidos por la viga

El momento último de la sección de centro vano se calcula a partir de la siguiente sección y equilibrio de esfuerzos (armadura traccionada A_{s1} = 854 mm² y despreciando la armadura en la cara comprimida):

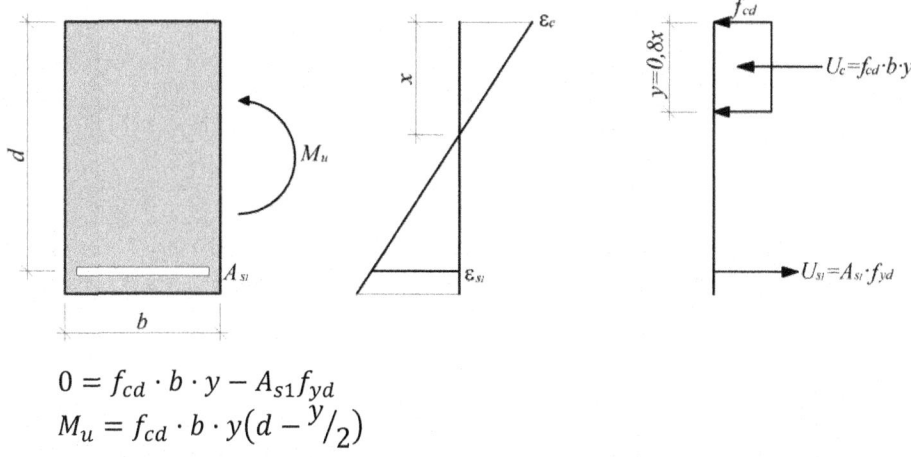

$$0 = f_{cd} \cdot b \cdot y - A_{s1}f_{yd}$$
$$M_u = f_{cd} \cdot b \cdot y(d - y/_2)$$

De la primera ecuación se puede obtener y, y despejando de la segunda es posible obtener el momento último que resiste la sección:

$$y = \frac{A_{s1}f_{yd}}{f_{cd} \cdot b} = \frac{854\frac{500}{1,15}}{\frac{25}{1,50}700} = 31,83 \; mm$$

Por tanto, $x = 1,25 \cdot 31,83 = 39,79$ mm, valor inferior a $0,259 \cdot 250 = 64,75$ mm, por lo que la armadura a tracción plastifica. Según criterio tradicional de deformaciones en rotura de la Instrucción EHE-08 la rotura se produciría en Dominio 2.

El momento flector último de la sección de centro-luz es igual a:

$$M_u = f_{cd} \cdot b \cdot y(d - y/_2) = \frac{25}{1,5} \cdot 700 \cdot 31,83\left(250 - 31,83/_2\right) = 86,9 \; kNm$$

Del mismo modo se calcula el momento último negativo en la sección del empotramiento izquierdo. En este caso, la armadura traccionada es igual a 3ϕ20 (A_{s1} = 942 mm²), ya que se considera inicialmente que los 4ϕ10 son una armadura de montaje que se solapa en la sección de máximo momento negativo y que podrían estar mal solapados, por lo que no se tienen en cuenta a efectos de cálculo. Resulta:

$$0 = f_{cd} \cdot b \cdot y - A_{s1}f_{yd}$$
$$M_u = f_{cd} \cdot b \cdot y(d - y/_2)$$

De la primera ecuación se puede obtener y, y despejando de la segunda es posible obtener el momento último que resiste la sección:

$$y = \frac{A_{s1}f_{yd}}{f_{cd} \cdot b} = \frac{942\frac{500}{1,15}}{\frac{25}{1,50}700} = 35,11 \ mm$$

$$M_u = f_{cd} \cdot b \cdot y\left(d - \frac{y}{2}\right) = \frac{25}{1,5} \cdot 700 \cdot 35,11\left(250 - \frac{35,11}{2}\right) = 95,2 \ kNm$$

Como el momento último resultante es bastante inferior al momento solicitante, se considera que la armadura de montaje a negativos, 4ϕ10, está correctamente solapada. En este caso, la armadura traccionada es $A_{s1} = 1256 \ mm^2$ y el momento último vale:

$$y = \frac{A_{s1}f_{yd}}{f_{cd} \cdot b} = \frac{1256\frac{500}{1,15}}{\frac{25}{1,50}700} = 46,81 \ mm$$

$$M_u = f_{cd} \cdot b \cdot y\left(d - \frac{y}{2}\right) = \frac{25}{1,5} \cdot 700 \cdot 46,81\left(250 - \frac{46,81}{2}\right) = 123,7 \ kNm$$

Del mismo modo se calcula el momento último negativo en la sección del empotramiento de la derecha. En este caso, la armadura traccionada considerada es igual a 5ϕ16 + 4ϕ10 ($A_{s1} = 1319 \ mm^2$):

$$y = \frac{A_{s1}f_{yd}}{f_{cd} \cdot b} = \frac{1319\frac{500}{1,15}}{\frac{25}{1,50}700} = 49,16 \ mm$$

$$M_u = f_{cd} \cdot b \cdot y\left(d - \frac{y}{2}\right) = \frac{25}{1,5} \cdot 700 \cdot 49,16\left(250 - \frac{49,16}{2}\right) = 129,3 \ kNm$$

Los momentos solicitantes a negativos calculados en régimen elástico son ligeramente superiores a los momentos últimos. No obstante, como el momento flector positivo último es superior al solicitante, se podría producir la redistribución de la ley de momentos flectores, bajando el valor absoluto de los momentos negativos solicitantes y aumentando, en valor absoluto, el momento flector solicitante en el centro de la luz. A falta de cálculos más precisos, se comprueba que el momento flector isostático resistente sea mayor que el momento flector isostático solicitante:

$$M_{d,0} = \frac{p \cdot l^2}{8} = \frac{61,58 \cdot 5,25^2}{8} = 212,2 \ kNm$$

$$M_{u,0} = \frac{M_{u,izq} + M_{u,der}}{2} + M_{u,cv} = \frac{123,7 + 129,3}{2} + 86,9 = 213,4 \ kNm$$

La redistribución de la ley de momentos flectores que sería necesaria, considerando que el momento flector resistido a negativos en uno de sus extremos es 123,7 kNm frente a la solicitación de 141,44 kNm (con las hipótesis simplificadoras realizadas) sería de 12,5% ($\delta = M_{redistribuido}/M_{elástico} = 0,875$). Se trata de un porcentaje inferior al tradicionalmente utilizado por diferentes programas de cálculo del 15%. Además, el Código Estructural establece, en A19-§5.5, que la redistribución de los momentos flectores puede llevarse a cabo sin una comprobación explícita de la capacidad de giro si, para hormigones convencionales:

$$\delta \geq 0,44 + 1,25 \left(0,6 + \frac{0,0014}{\varepsilon_{cu}}\right)\frac{x_u}{d} = 0,44 + 1,25 \left(0,6 + \frac{0,0014}{0,0035}\right)\frac{1,25 \cdot 46,81}{250} = 0,73$$

En A19-§5.5 se establecen otros límites que también se cumplirían.

En resumen, la jácena es capaz de resistir el ELU de flexión, siendo muy importante el correcto solape de las armaduras 4ϕ10 a negativos.

Cortante último resistido por la viga

Se comprueba en primer lugar el esfuerzo cortante de agotamiento por compresión oblicua en el alma. Debe cumplirse:

$$V'_{Ed} \leq V_{Rd,max} = \alpha_{cw}b_w z\upsilon_1 f_{cd}/(cot\theta + tan\theta)$$

El coeficiente α_{cw} tiene en cuenta el estado de tensiones en el hormigón, y vale 1 para estructuras de hormigón armado sin axil de compresión. El coeficiente de reducción de la resistencia del hormigón fisurado por el efecto del cortante, υ_l, es igual a:

$$\upsilon_1 = 0,6 \left[1 - \frac{f_{ck}}{250}\right] = 0,6 \left[1 - \frac{25}{250}\right] = 0,54$$

Por tanto:

$$V_{Rd,max} = 1 \cdot 700 \cdot 0,9 \cdot 250 \cdot 0,54\frac{25}{1,5}/(2 + 0,5) = 567\ kN$$
$$V'_{Ed} = 151\ kN\ \leq V_{Rd,max} = 567\ kN$$

por lo que se comprueba que, como es habitual para este tipo de elementos, se resiste el esfuerzo cortante de agotamiento por compresión oblicua en el alma.

La resistencia última a cortante frente al agotamiento por tracciones en el alma, vale:

$$V_{Rd,s} = \frac{A_{sw}}{s}zf_{ywd}cot\theta = \frac{4\cdot 50,3}{250}0,9 \cdot 250 \cdot \frac{500}{1,15} \cdot 2 = 157,5\ kN$$

El cortante solicitante a una distancia d del borde del soporte era igual a 135,5 kN en el eje del pilar, por lo que podría decirse, en base a estos cálculos, que la viga resistiría el esfuerzo cortante solicitante.

Sin embargo, la separación entre cercos es de 250 mm, claramente superior a la máxima distancia permitida entre cercos que es de $0,75 \cdot d = 187$ mm. Por tanto, la jácena no resiste el ELU de cortante, ya que se podría formar una fisura entre dos cercos consecutivos que no llegara a estar cosida por ninguno de ellos, comportándose a efectos prácticos como una viga sin armadura a cortante, siendo un armado completamente inaceptable para una jácena. Sería finalmente conveniente comprobar que la armadura a cortante dispuesta fuera superior a la mínima, pero ya no es necesario realizar el cálculo al haberse determinado que la viga está incorrectamente armada.

6.6 Cálculo y disposición de armaduras en un pescante de una nave industrial.

En el exterior de una nave industrial situada a menos de 350 metros del mar, en el Puerto de Alcudia, se quiere construir un pescante de hormigón. La geometría del pescante se define en la siguiente figura:

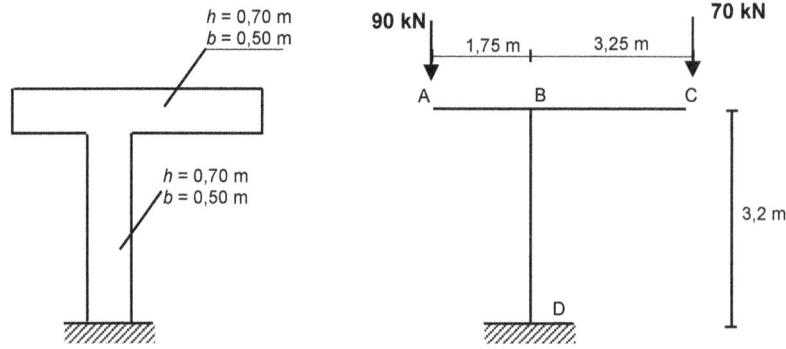

Las cargas que tiene que resistir el pescante son:
- **Carga permanente repartida en la viga de 12 kN/m**
- **Dos sobrecargas de uso puntuales de valor característico iguales a 90 y 70 kN, que pueden estar las dos, estar sólo una de las dos, o ninguna de ellas situadas en el extremo de los voladizos (como en la figura 1 – las cargas de 70 y 90 kN no pueden cambiar de lado del pescante). El coeficiente de simultaneidad de estas sobrecargas es de 1,00.**

Se utilizará armadura pasiva B500SD. Nivel de control de ejecución intenso.

Calcula, considerando únicamente el plano de la figura, la armadura necesaria en las secciones más representativas.

Nota: Este ejercicio es una adaptación del ejercicio III-3 del libro "Hormigón armado y pretensado. Ejercicios" de A.R. Marí, A. Aguado, L. Agulló, F. Martínez y D. Cobo publicado por Edicions UPC en 1999.

Determinación del hormigón a utilizar y recubrimiento
En el enunciado no se presenta el dato del tipo de hormigón. Al estar situado en el exterior a menos de 350 m del mar, la clase de exposición sería XS1 (elementos expuestos a aerosoles marinos, pero no en contacto directo con el agua de mar – Tabla 27.1.a del Título 2 del Código Estructural). Según la tabla de resistencia característica mínima esperada para el hormigón (Tabla 43.2.1.b), la resistencia mínima debería ser 30 MPa. Además, la máxima relación a/c será de 0,50 y el contenido mínimo de cemento de 300 kg/m^3 (Tabla 43.2.1.a).

El recubrimiento nominal será la suma de un recubrimiento mínimo más el margen de recubrimiento (Título 2-§43.4.1):

$$c_{nom} = c_{min} + \Delta c_{dev}$$

El recubrimiento mínimo, para la clase de exposición XS1, vida útil de 50 años y utilizando un cemento apropiado para la clase XS1 (por ejemplo, CEM III/A o CEM II/B-V, se aconseja utilizar un cemento localmente disponible) es igual a 25 mm (Tabla 44.2.1.1b). El margen de recubrimiento es igual a 5 mm para elementos ejecutados in situ con nivel intenso de control de ejecución (§43.4.1), por tanto:

$$c_{nom} = 25 + 5 = 30 \, mm$$

Para obtener el recubrimiento mecánico será necesario estimar el diámetro de los cercos y el diámetro de las barras a flexión:

$$c_{mec} = c_{nom} + \emptyset_{cerco} + \frac{1}{2}\emptyset_{arm.long.} \approx 30 + 8 + \frac{20}{2} = 48 \, mm \approx 5 \, cm$$

Cargas

Las cargas actuantes son:

Peso propio:	$g_1 = A_c \cdot \gamma_c = 0,50 \cdot 0,70 \cdot 25 \text{ kN/m}^3 = 8,75 \text{ kN/m}$
Carga permanente:	$g_2 = 12,00$ kN/m
Sobrecarga de uso:	$Q_1 = 90$ kN
Sobrecarga de uso:	$Q_2 = 70$ kN

Por lo que las cargas mayoradas valen:

$g_{d,1} = 8,75 \cdot 1,35 = 11,81$ kN/m

$g_{d,2} = 12,00 \cdot 1,35 = 16,20$ kN/m

$Q_{d,1} = 90 \cdot 1,50 = 135$ kN

$Q_{d,2} = 70 \cdot 1,50 = 105$ kN

Leyes de esfuerzos

Se pueden dar cuatro combinaciones diferentes, en función de que no haya aplicada ninguna carga puntual, esté la sobrecarga Q_1, esté la sobrecarga Q_2, o estén las dos. Las cargas permanentes (peso propio viga y pilar, y carga permanente repartida sobre la viga) estarán siempre presentes.

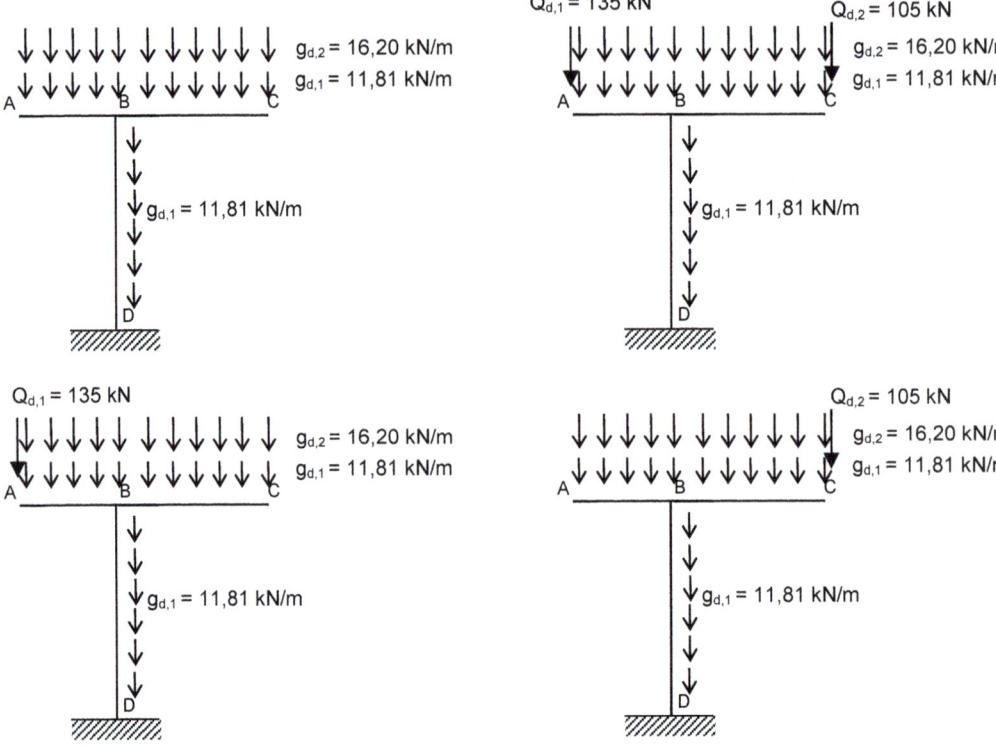

Al tratarse de una estructura isostática, las leyes de esfuerzos se obtienen aplicando equilibrio.

Ley de momentos flectores:

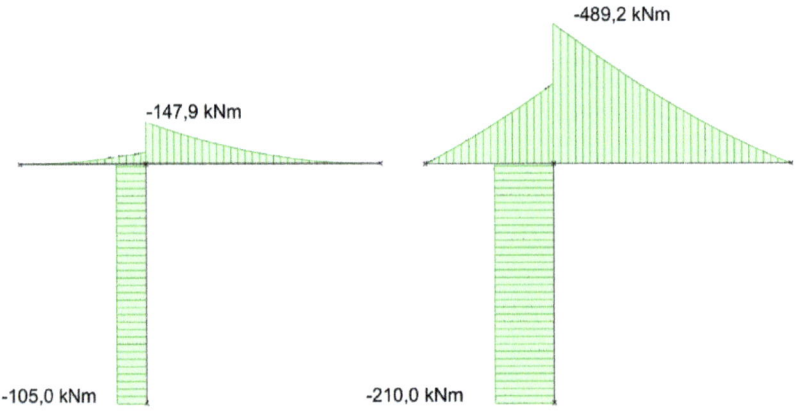

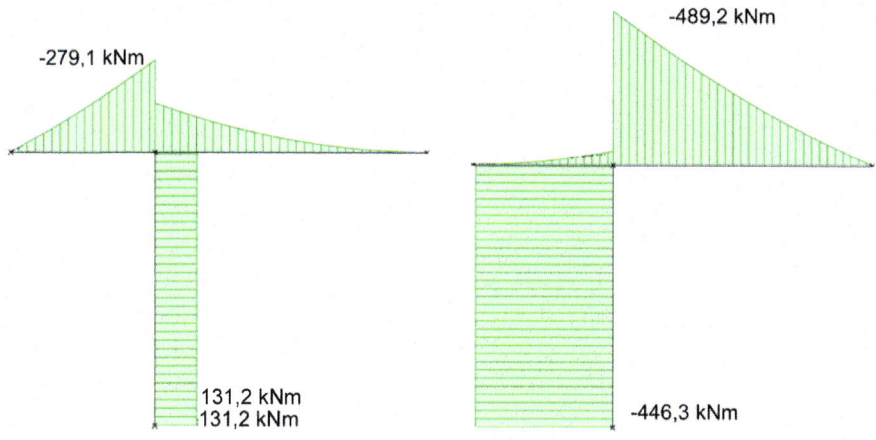

-279,1 kNm

-489,2 kNm

131,2 kNm
131,2 kNm

-446,3 kNm

Ley de cortantes:

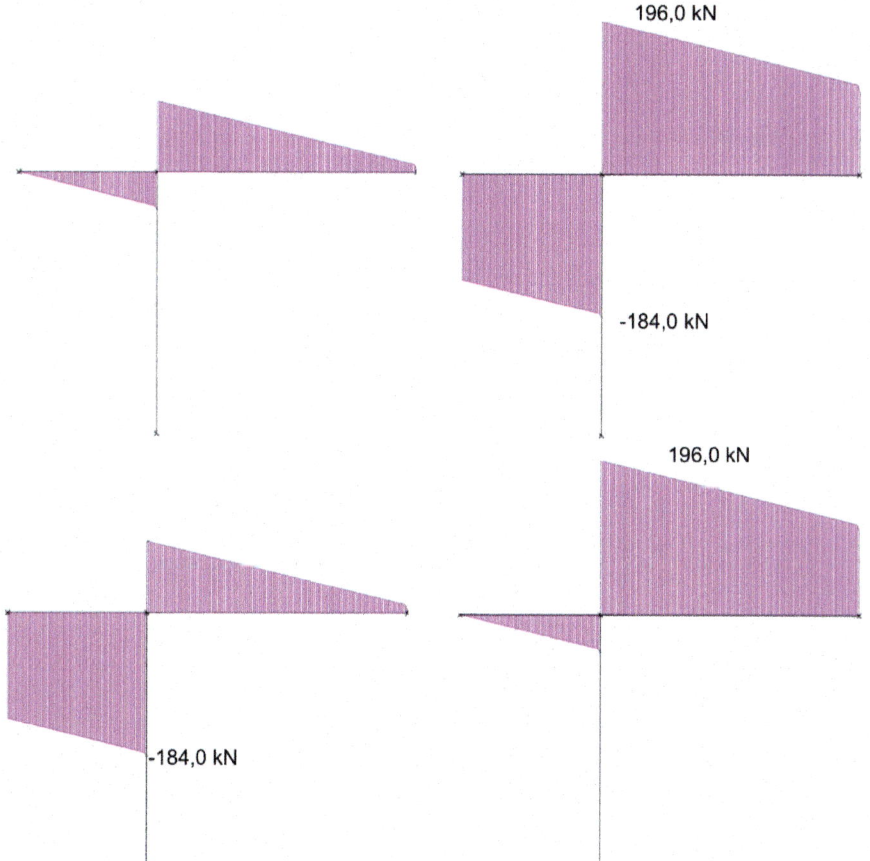

196,0 kN

-184,0 kN

196,0 kN

-184,0 kN

Ley de axiles (se representan valor máximo, en extremo inferior, y mínimo, en extremo superior):

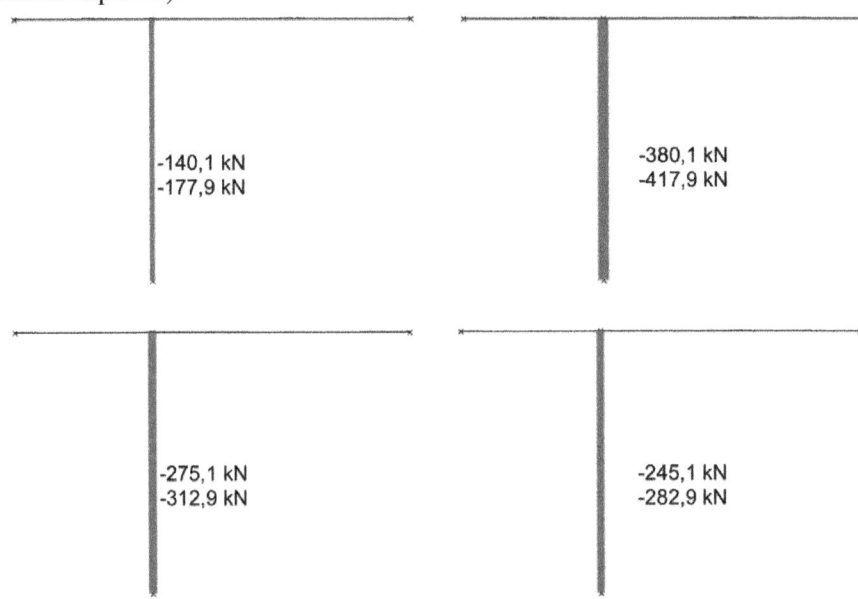

-140,1 kN
-177,9 kN

-380,1 kN
-417,9 kN

-275,1 kN
-312,9 kN

-245,1 kN
-282,9 kN

Cálculo ELU de flexión en la viga

El momento flector máximo en el nudo B vale M_d = 489 kNm. Se dimensiona la armadura en esta sección.

Se utiliza la formulación dada en el Anejo 7 de la Instrucción EHE-08 para el dimensionamiento a flexión, que sigue siendo válido para la práctica. En primer lugar, es necesario obtener el momento límite, para conocer si se precisa o no disponer armadura a compresión.

$$U_0 = f_{cd} \cdot b \cdot d = \frac{30}{1,5} 500 \cdot 650 = 6500 \ kN$$

$$M_{lim} = 0,375 \cdot U_0 \cdot d = 0,375 \cdot 6500 \cdot 0,65 = 1584 \ kNm$$

Por tanto, no se necesita armadura de compresión. La armadura traccionada vale:

$$U_{s1} = U_0 \left(1 - \sqrt{1 - \frac{2M_d}{U_0 d}}\right) = 6500 \left(1 - \sqrt{1 - \frac{2 \cdot 489}{6500 \cdot 0,65}}\right) = 802 \ kN$$

$$A_{s1} = \frac{U_{s1}}{f_{yd}} = \frac{802 \cdot 1000}{\frac{500}{1,15}} = 1845 \ mm^2$$

La armadura se dispondrá en forma de una armadura base que vaya de lado a lado de la jácena (puede estar formada por 3 barras), más una armadura de refuerzo hasta cubrir los 1845 mm². El objetivo de este ejercicio no es la disposición completa de las armaduras, pero suponiendo que la armadura base esté formada por 3ϕ20, la armadura de refuerzo podría ser 2ϕ25 (1922 mm² total).

Cálculo ELU de agotamiento por esfuerzo cortante en la viga
El esfuerzo cortante máximo vale 196 kN en el eje del pilar. Por lo que el cortante de cálculo en el borde del pilar (V'_{Ed}) para la comprobación de las bielas de hormigón comprimidas, y el cortante de cálculo a un canto útil del borde del pilar (V_{Ed}) para el cálculo de la resistencia a tracción en el alma valen:

$$V'_{Ed} = 196 - 28,01 \cdot 0,35 = 186,2 \ kN$$
$$V_{Ed} = 186,2 - 28,01 \cdot 0,65 = 168 \ kN$$

Para dimensionar la armadura a cortante es preciso imponer que el esfuerzo cortante de agotamiento por tracción en el alma sea igual o superior al esfuerzo cortante solicitante V_{Ed}:

$$V_{Ed} \leq V_{Rd,s} = \frac{A_{sw}}{s} z f_{ywd} cot\theta$$

donde z es el brazo mecánico de las fuerzas internas correspondiente al momento flector en el elemento considerado. En general, en elementos de hormigón armado sin esfuerzo axil, se emplea habitualmente el valor de $z = 0,9d$.

El ángulo θ está limitado por el intervalo $0,5 \leq cot\theta \leq 2$ en el Código Estructural. Es importante destacar que el articulado del Eurocódigo 2 permite alcanzar $cot\theta = 2,5$ obteniéndose consecuentemente menores cuantías de armadura a cortante. Se tomará $cot\theta = 2$ para resolver el problema. Elegir el mayor valor posible de $cot\theta$ proporciona la menor cuantía a cortante, aunque disminuirá la resistencia de las bielas comprimidas que se comprobará al final del ejercicio. Por tanto:

$$V_{Ed} = 168 \ kN = V_{Rd,s} = \frac{A_{sw}}{s} z f_{ywd} cot\theta = \frac{A_{sw}}{s} 0,9 \cdot 650 \cdot \frac{500}{1,15} \cdot 2$$
$$\frac{A_{sw}}{s} = 0,33 \ mm^2/mm$$

Se comprueba ahora la armadura mínima a cortante (A19-§9.2.2):

$$\frac{A_{sw,min}}{s} = \frac{0,08\sqrt{f_{ck}}}{f_{yk}} b_w sen\alpha = \frac{0,08\sqrt{30}}{500} 500 \cdot 1 = 0,44 \ mm^2/mm$$

Al disponerse la armadura a cortante como cercos verticales, se ha tomado $\alpha = 90°$. Al ser la armadura a cortante de cálculo inferior a la mínima, se toma el segundo valor. La separación entre cercos $\phi8$ resultaría:

$$s = \frac{A_{sw}}{0,44} = \frac{2 \cdot 50,3}{0,44} = 228 \ mm$$

Se puede disponer 1cϕ8/20 cm. Además, esta separación cumple con la separación máxima de la armadura transversal del articulado ($0,75d$).

También es preciso comprobar la resistencia a compresión del alma, si bien para este tipo de elementos tengamos la práctica certeza que la comprobación ofrecerá un resultado satisfactorio. Debe cumplirse:

$$V'_{Ed} \leq V_{Rd,max} = \alpha_{cw} b_w z \upsilon_1 f_{cd}/(\cot\theta + \tan\theta)$$

El coeficiente α_{cw} tiene en cuenta el estado de tensiones en el hormigón, y vale 1 para estructuras de hormigón armado sin axil de compresión. El coeficiente de reducción de la resistencia del hormigón fisurado por el efecto del cortante, υ_l, es igual a:

$$\upsilon_1 = 0{,}6\left[1 - \frac{f_{ck}}{250}\right] = 0{,}6\left[1 - \frac{30}{250}\right] = 0{,}528$$

Por tanto:

$$V_{Rd,max} = 1 \cdot 500 \cdot 0{,}9 \cdot 650 \cdot 0{,}528\frac{30}{1{,}5}/(2 + 0{,}5) = 1236\ kN$$
$$V'_{Ed} = 186\ kN \leq V_{Rd,max} = 1236\ kN$$

comprobándose que se resiste sobradamente el esfuerzo cortante de agotamiento por compresión oblicua en el alma.

El Código Estructural también plantea la posibilidad de considerar $\upsilon_l = 0{,}6$ para hormigones convencionales ($f_{ck} \leq 60\ N/mm^2$) si el valor de cálculo de la armadura a cortante se toma menor a $0{,}8 \cdot f_{yk}$. Esta alternativa supondría considerar una mayor resistencia de las bielas comprimidas, aunque resultaría en un armado a cortante ligeramente superior.

<u>Cálculo ELU de solicitaciones normales en el pilar</u>
Se debe comprobar si es necesario considerar los efectos de segundo orden en el pilar. En la práctica, y con experiencia suficiente, se podría omitir este cálculo ya que la esbeltez del pilar, y los esfuerzos a los que se verá sometidos, nos aseguran que no tendrá problemas de inestabilidad. En todo caso, y por motivos académicos, se calcula a continuación:

$$l_0 = \alpha \cdot l$$

Al tratarse de un pilar aislado en voladizo, $\alpha = 2$. La longitud de pandeo en el plano considerado vale:

$$L_0 = \alpha \cdot L = 2 \cdot 3{,}2 = 6{,}4\ m$$

Se debe obtener la esbeltez mecánica:

$$\lambda_{mec} = \frac{l_0}{i_c}$$
$$i_c = \sqrt{\frac{I_c}{A_c}} = \sqrt{\frac{1/12 \cdot 500 \cdot 700^3}{500 \cdot 700}} = 0{,}202\ m$$
$$\lambda_{mec} = \frac{6{,}4}{0{,}202} = 31{,}7$$

Para determinar si es necesario considerar los efectos de segundo orden en el cálculo, es preciso obtener la esbeltez límite inferior (A19-§5.8.3.1):

$$\lambda_{lim} = 20 \cdot A \cdot B \cdot C / \sqrt{n}$$

Los valores de A, B y C vienen determinados en el Código Estructural:
$$A = 1/\left(1 + 0,2\varphi_{eff}\right)$$
$$B = \sqrt{1 + 2\omega}$$
$$C = 1,7 - r_m$$

En caso de no ser conocido el coeficiente de fluencia eficaz, φ_{eff}, el Código Estructural aconseja tomar $A=0,7$, lo que equivale a $\varphi_{eff} = 2,15$. En dimensionamiento, la cuantía mecánica de la armadura, ω, no es conocida, por lo que se recomienda usar $B=1,1$. Sería posible considerar valores algo más elevados en caso de estimar un valor razonable de ω. C depende de la relación entre momentos de primer orden en los extremos del pilar. En todo caso, para elementos no arriostrados, se debe considerar $C = 0,7$.

Por último, n es el esfuerzo axil relativo (se toma el mayor de las distintas combinaciones):
$$n = \frac{N_{Ed}}{A_c f_{cd}} = \frac{417,9 \cdot 1000}{500 \cdot 700 \cdot 30/1,5} = 0,06$$

La esbeltez límite inferior resulta:
$$\lambda_{lim} = 20 \cdot A \cdot B \cdot C / \sqrt{n} = 20 \cdot 0,7 \cdot 1,1 \cdot 0,7 / \sqrt{0,06} = 44$$

La esbeltez mecánica del pilar (31,7) es menor que la esbeltez límite inferior (44) por lo que es necesario considerar los efectos de segundo orden. Nótese que el axil relativo es muy pequeño, $n= 0,06$, por lo que la influencia del momento flector será superior a la del axil de compresión.

El armado del pilar se obtiene utilizando el diagrama de interacción mostrado en la siguiente página, que puede descargarse de la página web de Cinter (www.cinter.es) como material complementario digital del libro "Jiménez Montoya Esencial. Hormigón armado" de Juan Carlos Arroyo Portero, Francisco Morán Cabré, Álvaro García Messeguer et al. Si se considera $d' = 50\ mm$, resulta que $d'/h = 0,07$, por lo que, de forma conservadora, se puede utilizar el diagrama para $d' = 0,10 \cdot h$. Se debe realizar para un mínimo de tres combinaciones:
- Máximo axil y momento flector concomitante.
- Máximo momento flector y axil concomitante.
- Mínimo axil y momento flector concomitante.

En función de las leyes de esfuerzos obtenidas, las combinaciones resultan:
- $N_d = 418$ kN ; $M_d = 210$ kNm
- $N_d = 245$ kN ; $M_d = 446$ kNm
- $N_d = 140$ kN ; $M_d = 105$ kNm

Los axiles y momentos adimensionales valen:

- $v = \dfrac{N_d}{A_c \cdot f_{cd}} = \dfrac{418 \cdot 10^3}{500 \cdot 700 \cdot \frac{30}{1,5}} = 0,06$; $\mu = \dfrac{M_d}{A_c \cdot h \cdot f_{cd}} = \dfrac{210 \cdot 10^6}{500 \cdot 700 \cdot 700 \cdot \frac{30}{1,5}} = 0,04$

- $v = \dfrac{N_d}{A_c \cdot f_{cd}} = \dfrac{245 \cdot 10^3}{500 \cdot 700 \cdot \frac{30}{1,5}} = 0,04$; $\mu = \dfrac{M_d}{A_c \cdot h \cdot f_{cd}} = \dfrac{446 \cdot 10^6}{500 \cdot 700 \cdot 700 \cdot \frac{30}{1,5}} = 0,09$

- $v = \dfrac{N_d}{A_c \cdot f_{cd}} = \dfrac{140 \cdot 10^3}{500 \cdot 700 \cdot \frac{30}{1,5}} = 0,02$; $\mu = \dfrac{M_d}{A_c \cdot h \cdot f_{cd}} = \dfrac{105 \cdot 10^6}{500 \cdot 700 \cdot 700 \cdot \frac{30}{1,5}} = 0,02$

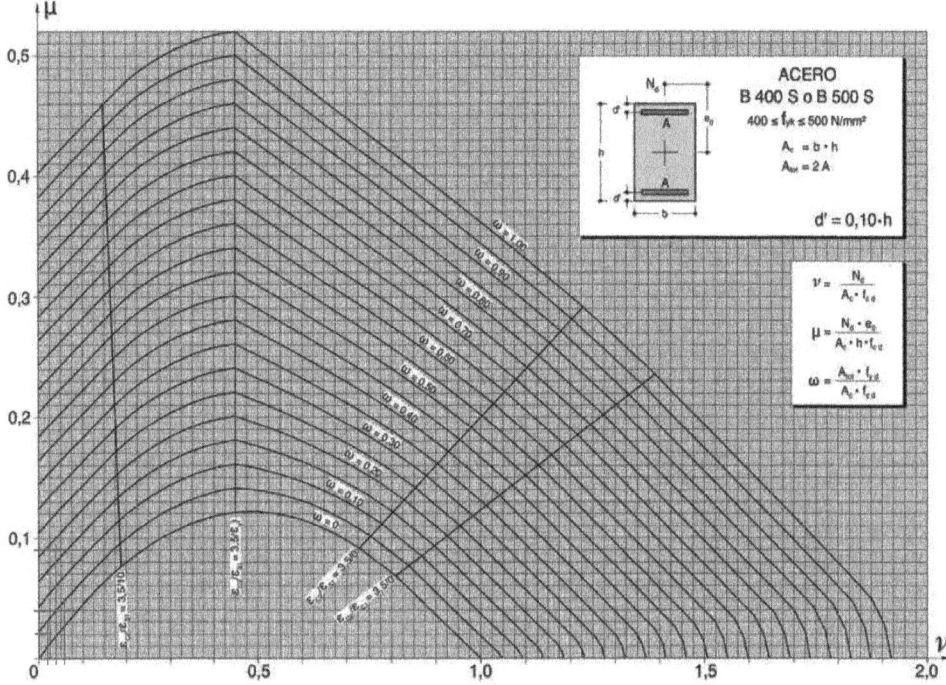

Una cuantía $\omega = 0,18$ (de forma aproximada) resiste las tres combinaciones anteriores. La rotura, en los tres casos, se produciría en el Dominio 2 (deformación del acero traccionado en rotura superior al 10 ‰).

$$\omega = \frac{A_{tot} \cdot f_{yd}}{A_c \cdot f_{cd}}$$

$$0,18 = \frac{A_{tot} \cdot 500/1,15}{500 \cdot 700 \cdot 30/1,5}$$

Resultando una armadura total de 2898 mm². La armadura a disponer en cada cara sería 1449 mm², que podría armarse mediante 5ϕ20 en cada cara (1570 mm² por cara). En la cara superior de la jácena también se proponían 5 barras, por lo que el montaje sería sencillo.

Finalmente, al no existir esfuerzos cortantes en el pilar, éste se armaría según la armadura mínima a cortante, que coincide en este caso con la calculada para la jácena al tener las mismas dimensiones, es decir, 0,483 mm^2/mm. Para la disposición de la armadura a cortante hay que tener en cuenta que esta también servirá para evitar el pandeo de la armadura comprimida de cálculo. Por tanto, se deberá disponer doble cerco para sujetar dos de las barras intermedias de la sección. Los cercos deben cumplir: $s_t \leq 15\phi = 15 \cdot 20 = 300$ mm (además del límite de 300 mm y la menor dimensión del elemento) y $\phi_t \geq 1/4\phi = 5$ mm. Por tanto, se puede disponer doble cerco (4 ramas) de 6 mm. Para la armadura mínima a cortante, anteriormente calculada, la separación máxima valdría:

$$s = \frac{A_{sw}}{0,44} = \frac{4 \cdot 28,3}{0,44} = 257 \, mm$$

La separación máxima de 30 cm entre cercos para evitar el pandeo de la armadura comprimida debe reducirse mediante un coeficiente de valor 0,6 (A19-§9.5.3(4)) en las secciones dispuestas a lo largo de una distancia menor o igual a la mayor dimensión de la sección del pilar, tanto encima como debajo de la viga o losa, y en las proximidades de las zonas de solape de armaduras, en el caso en el que el diámetro máximo de las barras longitudinales sea superior a 14 mm. En este caso, $30 \cdot 0,6 = 18$ cm, por lo que los cercos del pilar en la zona próxima a la viga (como la representada en el croquis de la unión) se dispondrían cada 18 cm.

Se elige, por tanto, 2cϕ6/18cm. Nótese que se han utilizado cercos ϕ6 en el armado del pilar y ϕ8 en el armado de la jácena. En caso de estimarse necesario se podrían unificar en un único diámetro, ajustando la separación de cercos como correspondiese.

Croquis jácena (Sección cercana al soporte):

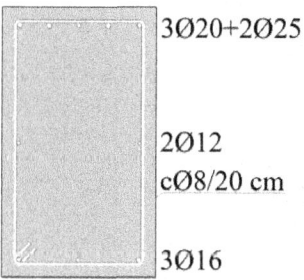

3Ø20+2Ø25

2Ø12
cØ8/20 cm

3Ø16

Armadura pasiva B 500 SD

Hormigón: HA-30/B/20/XS1

Recubrimiento nominal: 30 mm

Cemento CEM III/A

Croquis pilar:

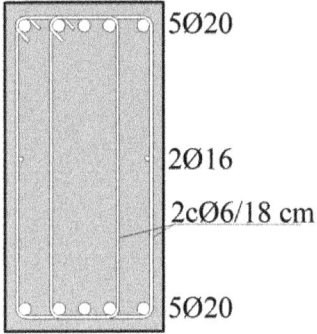

5Ø20

2Ø16

2cØ6/18 cm

5Ø20

Croquis unión:

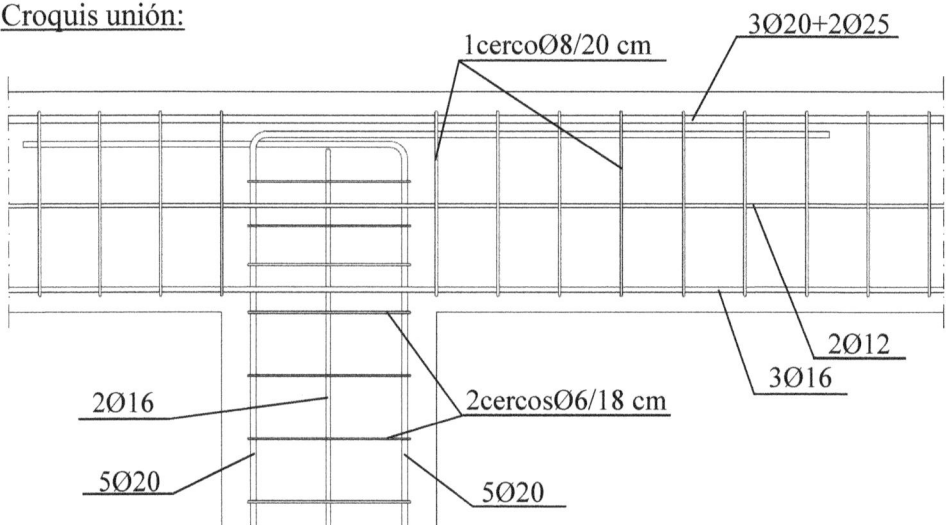

Para evitar una densidad excesiva de armadura, se ha decidido solapar la armadura del pilar con la armadura de la jácena en un segundo plano de armado. Nótese la disposición de cercos en el pilar en la conexión con la viga (nudo viga-columna). Estos cercos se disponen para resistir el esfuerzo cortante en el nudo, ya que confinan el hormigón y resisten fuerzas de tracción. Este detalle corresponde a una zona de discontinuidad (región D) que resulta importante especialmente en uniones con momentos descompensados, como es el caso de este ejercicio, y también ante acciones sísmicas, a pesar que este libro no alcanza este nivel de detalle. Un ejemplo de la necesidad de estos ceros se muestra en la Figura A19.J.2 del Código Estructural. Otro aspecto a considerar, y no contemplado en este ejercicio, es que la armadura transversal dispuesta en zona de solapes tener un área total A_{st} (suma de todas las ramas paralelas a la capa empalmada de la armadura), no inferior al área A_s de la barra solapada (A19-§8.7.4.1).

Modelización numérica mediante elementos finitos

Para mostrar gráficamente el comportamiento del nudo viga-columna, se ha realizado la modelización del pescante mediante el método de elementos finitos, usando el software ATENA. Se presenta aquí los resultados obtenidos del nudo. Solo se recoge el caso de la colocación de la carga situada en el extremo derecho del pescante, $Q_{d,2}$.

La primera imagen de este grupo muestra la discretización realizada del nudo. La imagen central representa las tensiones principales de compresión en el hormigón, es decir, la trayectoria de las bielas de compresión. De esta imagen puede observarse una biela de compresión diagonal en el interior del nudo, necesaria para que pueda darse el cambio de trayectoria de las fuerzas de tracción entre columna y viga. La figura de la derecha muestra el patrón de fisuración de nudo; estas fisuras se dan principalmente en el encuentro entre viga-nudo y columna-nudo debido a la flexión, pero también se dan en el interior del nudo a pesar de que éste ha sido armado en su interior con cerco. En esta última figura también puede apreciarse la distribución de tensiones en las armaduras: mientras que en los cercos de la columna o de las vigas no se aprecia que sufran tensiones importantes, los cercos del interior del nudo sí. Estos cercos son los que evitan la rotura a cortante del nudo.

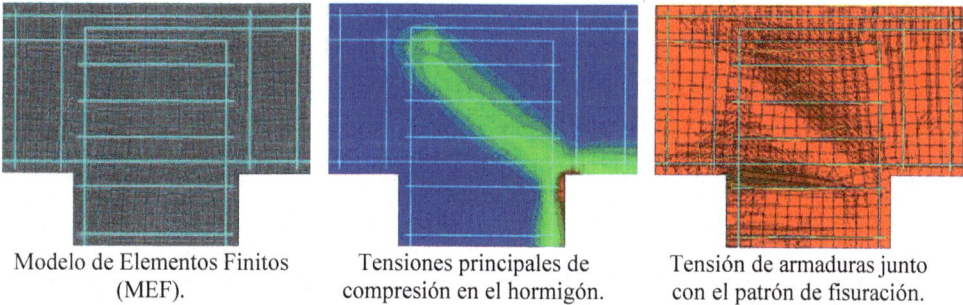

| Modelo de Elementos Finitos (MEF). | Tensiones principales de compresión en el hormigón. | Tensión de armaduras junto con el patrón de fisuración. |

Un modelo de bielas y tirantes también podría explicar de manera apropiada el comportamiento de este nudo, pero no es objeto de este ejercicio. Algunos ejemplos de este tipo de modelos se presentan en el Bloque 9 del libro.

6.7 Cálculo muro de contención en ménsula.

Dada la geometría del muro en ménsula, se pide:

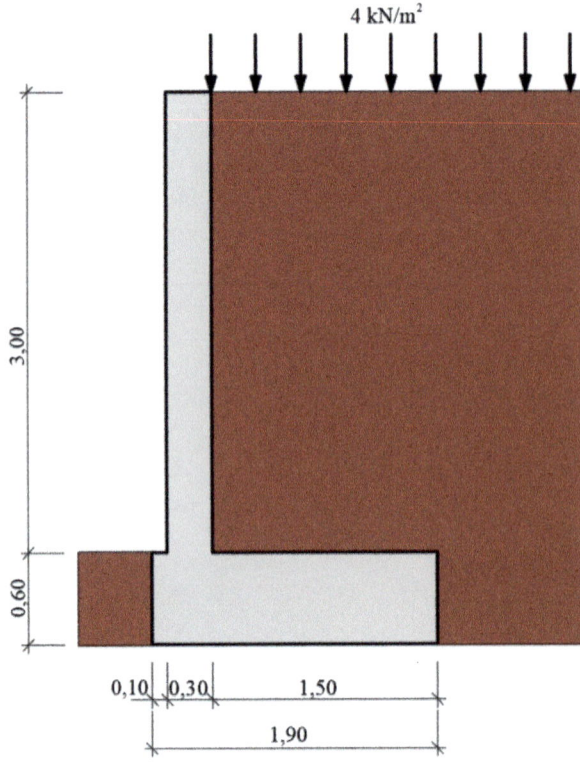

a) Seguridad frente a deslizamiento según el CTE
b) Seguridad frente a vuelco según el CTE
c) Seguridad frente a hundimiento según el CTE
d) Determinar el armado del fuste de muro según el CE
e) Verificar a cortante el fuste del muro

Se utilizará armadura pasiva B500S y hormigón HA-25. Tomar d'=5 cm.
Considerar como parámetros del terreno:
- Peso específico aparente: γ=20 kN/m³
- Cohesión: c=0
- Angulo de rozamiento interno: φ=30°
- Carga de hundimiento: q_{hund}=600 kPa ó kN/m²

Despreciar el rozamiento entre el suelo y el fuste del muro.

Determinación de los empujes

El primer paso para la resolución del problema es la determinación de los empujes activos, que vienen originados por la carga superficial sobre las tierras y el empuje activo del terreno.

Dado que se desprecia el rozamiento entre el terreno y el fuste del muro, la superficie del terreno es horizontal y el alzado del muro vertical, el coeficiente de empuje activo viene dado por:

$$K_a = tg^2\left(45 - \frac{\varphi}{2}\right) = tg^2\left(45 - \frac{30}{2}\right) = 0,333$$

El empuje unitario debido a al empuje de las tierras viene dado por:
$$e_{tierras} = K_a\gamma z = 0,333 \cdot 20 \cdot z = 6,666 \cdot z$$

Siendo 0 en coronación (z=0➜e=0) y máximo en la cara inferior de la zapata (z=3,6m➜e=23,98 kN/m^2)

El empuje unitario debido a la sobrecarga q en coronación viene dado por:
$$e_{sobrecarga} = K_a q = 0,333 \cdot 4 = 1,333 \text{ kN/m}^2$$

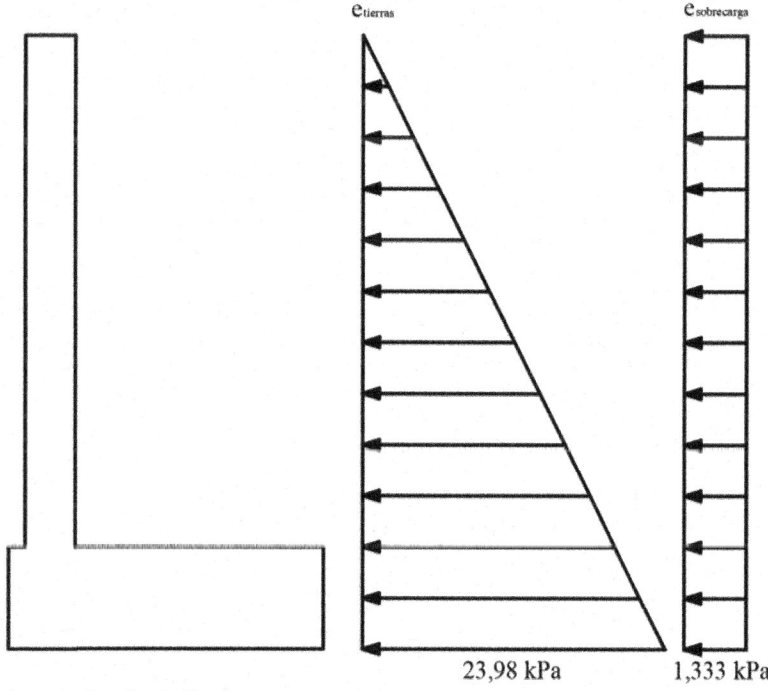

23,98 kPa   1,333 kPa

Aplicando el principio de superposición a los empujes unitarios y obteniendo los resultantes:

$$E_{tierras} = \frac{23,98 \cdot 3,6}{2} = 43,16 \, kN/m$$

Y la altura de la fuerza horizontal puntual es 3,6/3=1,2 m medidos desde la base de la zapata.

$$E_{sobrecarga} = 1,333 \cdot 3,6 = 4,8 \, kN/m$$

Y la altura de la fuerza horizontal puntual es 3,6/2=1,8 m medidos desde la base de la zapata.

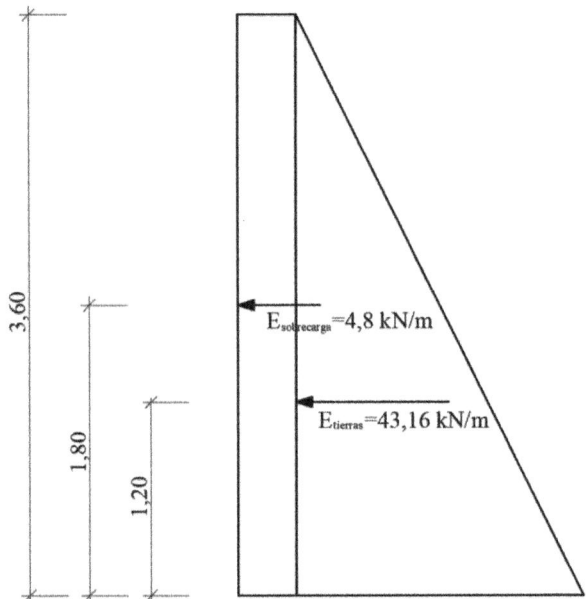

Se considera un problema de deformación plana, por lo que a partir de aquí se trabajará con valores por metro de muro, es decir, que los empujes totales pasan a ser:

$$E_{tierras} = 43,16 \frac{kN}{m} \cdot 1m = 43,16 \, kN$$

$$E_{sobrecarga} = 4,8 \frac{kN}{m} \cdot 1m = 4,8 \, kN$$

$$E_{total} = E_{tierras} + E_{sobrecarga} = 47,96 \, kN$$

a) Seguridad frente a deslizamiento según el CTE

Para verificar el deslizamiento, se ha de cumplir que las fuerzas estabilizadoras sean al menos 1,5 veces superiores a las desestabilizadoras (en situación persistente o transitoria).

Las fuerzas desestabilizadoras vienen dadas por la resultante de los empujes:
$$E_{total} = F_{desestabilizadora} = 47,96\ kN$$

Las fuerzas estabilizadoras vienen dadas por la fuerza de rozamiento entre la base del cimiento y el terreno (y por la fuerza de cohesión en caso de existir) y por el empuje pasivo frente a la puntera de la zapata.

Si bien en el apartado CTE-DB-SE-C-§4.2.3.1.4.a se puede adoptar el ángulo de rozamiento terreno-cimiento $\delta'=3/4\cdot\theta$, siendo θ el ángulo de rozamiento interno del terreno, para muros de contención sobre terrenos granulares debe dimensionarse según CTE-DB-SE-C-§6.3.3.2.3, donde el coeficiente de rozamiento efectivo θ^* viene dado por:
$$\theta^* = \frac{2}{3}\varphi' = \frac{2}{3}30 = 20^o$$

La fuerza de rozamiento vendrá dada en función de la fuerza normal a la superficie de deslizamiento y de la tangente del coeficiente de rozamiento, de forma que:
$$F_{roz} = N \cdot tg\theta^*$$

La fuerza N por metro de muro, se obtiene a partir de la descomposición en:
- Tráfico sobre talón: $N_{trafico} = 4\cdot1,5 = 6$ kN/m
- Peso tierras sobre talón: $N_{tierras} = 20\cdot3\cdot1,5 = 90$ kN/m
- Peso alzado muro: $N_{alzado} = 25\cdot3\cdot0,3 = 22,5$ kN/m
- Peso zapata: $N_{zapata} = 25\cdot1,9\cdot0,6 = 28,5$ kN/m

$$N = N_{trafico} + N_{tierras} + N_{alzado} + N_{zapata} = 147 \text{ kN/m}$$

$$F_{roz} = 147 \cdot tg20 = 47,76\ kN/m$$

El coeficiente de empuje pasivo viene dado por
$$K_p = cotg^2\left(45 - \frac{\varphi}{2}\right) = cotg^2\left(45 - \frac{30}{2}\right) = 3$$

El empuje pasivo frente a la puntera:
$$E_{pasivo} = \frac{3 \cdot 20 \cdot 0,6^2}{2} = 10,8\ kN/m$$

El CTE-DB-SE-C-§6.2.5, aplica una reducción al empuje pasivo de 0,6, por lo que:

$$E_{pasivo,d} = 0,6 \cdot 10,8 = 6,48 \ kN/m$$

Por tanto, el factor de seguridad frente a deslizamiento vendrá dado por:

$$FS_{deslizamiento} = \frac{F_{estabilizadora}}{F_{desestabilizadora}} = \frac{47,76 + 6,48}{47,96} = 1,13 < 1,5$$

Por lo que el muro no cumpliría con el coeficiente de seguridad frente a deslizamiento según CTE-DB-SE-C. Conviene verificar el coeficiente de seguridad en caso de que no exista carga de tráfico ya que interviene tanto como fuerza estabilizadora como desestabilizadora.

$$FS_{deslizamiento,\ sin\ traf} = \frac{45,8 + 6,48}{43,16} = 1,21 < 1,5$$

Como se puede comprobar, cuando no hay tráfico, la situación resulta algo más favorable que el caso anterior, pero sigue sin cumplir a deslizamiento.

b) Seguridad frente a vuelco según el CTE

Para verificar el vuelco, se ha de cumplir que los momentos estabilizadores minorados por 0,9 sean superiores a los desestabilizadores mayorados por 1,8 (en situación persistente o transitoria).

Tomando momentos respecto a la arista inferior de la puntera, se obtienen los siguientes momentos desestabilizadores debidos a los empujes de tierras y tráfico:

$$M_{desestabilizador} = 43,16 \cdot 1,20 + 4,8 \cdot 1,80 = 60,43 \ kN \cdot m/m$$

El momento estabilizador se obtendrá tomando momentos de todas las acciones que producen un momento que se opone al anterior (tráfico sobre el talón, peso tierras sobre talón, alzado muro y zapata):

$$M_{estabilizador} = 6 \cdot 1,15 + 90 \cdot 1,15 + 22,5 \cdot 0,25 + 28,5 \cdot 0,95$$
$$= 143,1 \ kN \cdot m/m$$

Por tanto, el factor de seguridad frente a vuelco vendrá dado por:

$$FS_{deslizamiento} = \frac{0,9 \cdot M_{estabilizador}}{1,8 \cdot M_{desestabilizador}} = \frac{128,79}{108,77} = 1,18 > 1$$

Por lo que el muro cumple a deslizamiento. Nótese que en este caso no se emplea el empuje pasivo (Comentarios tabla 2.1 CTE-DB-SE-C).

La expresión anterior es equivalente a comparar el cociente entre el momento estabilizador y el desestabilizador y exigir un coeficiente global superior a 1,8/0,9=2.

c) Seguridad frente a hundimiento según el CTE

Para verificar el hundimiento, se ha de cumplir que la tensión transmitida no supere un valor admisible, que para situación persistente o transitoria, viene dada por la carga de hundimiento minorada entre un factor de 3:

$$\sigma_{adm} = \frac{q_{hund}}{\gamma_R} = \frac{600}{3} = 200 \, kPa$$

El problema se resuelve considerando un reparto elástico de tensiones. Para determinar la distribución de tensiones bajo la zapata, primero hay que verificar si se producen "despegues" en la zapata, es decir, si la excentricidad e=M/N, queda fuera o no del núcleo central.

El primer paso es determinar el momento M_{base} y el axil N_{base} (característicos) en el centro de gravedad de la base de la zapata.

$$M_{base} = 6 \cdot (-0,20) + 90 \cdot (-0,20) + 22,5 \cdot 0,70 + 43,16 \cdot 1,20 + 4,8 \cdot 1,80 = 56,98 \, kN \cdot m/m$$

$$N_{base} = 147 \frac{kN}{m} \, (apartado \ a)$$

$$e = \frac{M_{base}}{N_{base}} = \frac{56,98}{147} = 0,388 \, m > \frac{a}{6} = \frac{1,9}{6} = 0,317 \, m$$

Por tanto, se producen despegues en la zapata (distribución de presiones triangular). La tensión máxima viene dada por:

$$\sigma_{max} = \frac{2 \cdot N_{base}}{3 \cdot b \left(\frac{a}{2} - e\right)} = \frac{2 \cdot 147 \, kN}{3 \cdot 1 \, m \left(\frac{1,9 \, m}{2} - 0,388 \, m\right)} = 174,38 \, kN/m^2$$
$$< \sigma_{adm} = 200 \, kPa$$

Por tanto, cumple a hundimiento.

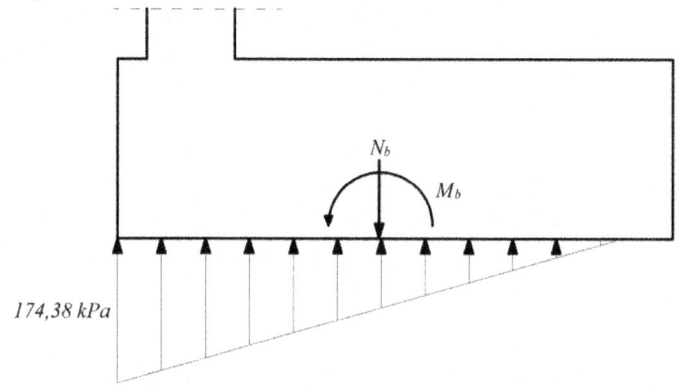

La zona x de la zapata comprimida es:

$$x = \frac{2 \cdot N_{base}}{\sigma_{max} \cdot b} = \frac{2 \cdot 147}{174,38 \cdot 1} = 1,686 \, m$$

Produciéndose despegue en 1,9-1,686=0,214 m.

d) Determinar el armado del fuste de muro según el CE

El empuje en el arranque del muro (conexión con cara superior de la zapata), viene dado por:

$$e_{tierras} = K_a \gamma z = 0,333 \cdot 20 \cdot z = 6,666 \cdot z$$

Para z=3,0m➜e=20,00 kN/m^2

El empuje unitario debido a la sobrecarga q en coronación viene dado por:

$$e_{sobrecarga} = K_a q = 0,333 \cdot 4 = 1,333 \text{ kN/m}^2$$

Aplicando el principio de superposición a los empujes unitarios y las fuerzas de empuje resultantes son:

$$E_{tierras} = \frac{20 \cdot 3 \cdot 1}{2} = 30 \, kN/m$$

siendo la altura de esta fuerza horizontal puntual 3/3=1 m medidos desde la cara superior de la zapata.

$$E_{sobrecarga} = 1,333 \cdot 3 \cdot 1 = 4 \, kN/m$$

donde la altura de la fuerza horizontal puntual es 3/2=1,5 m medidos desde la cara superior de la zapata.

El momento en el arranque del muro será por tanto:

M_k=30·1+4·1,5=36 $kN{\cdot}m$

Para comprobaciones estructurales y de forma simplificada (ya que se podrían adoptar los valores establecidos por el Código Estructual), el CTE-DB-SE-C Tabla 2.1, establece un coeficiente único global de mayoración para las acciones de 1,6, por tanto:

M_d=36·1,6=57,6 $kN{\cdot}m$

Nótese que esta simplificación está del lado de la seguridad, puesto que también se podría simplificar mayorando las acciones por el mayor de los coeficientes del Código Estructural (1,5 para acciones variables desfavorables), simplificación igual de conveniente para el desarrollo de cálculo y también del lado de la seguridad.

Para determinar la armadura necesaria, se puede despreciar el axil debido al peso propio del muro y realizar el dimensionado a flexión simple, quedando así del lado de la seguridad.

En primer lugar, es necesario obtener el momento límite, para conocer si se precisa o no disponer armadura en la cara comprimida del muro.

$$U_0 = f_{cd} \cdot b \cdot d = \frac{25}{1,5} \cdot 1000 \cdot (300 - 50) = 4166,66 \ kN$$

$$M_{lim} = 0,375 \cdot U_0 \cdot d = 0,375 \cdot 4166,66 \cdot 0,25 = 390,63 \ kN \cdot m$$

$M_d = 57,6 \ kNm < M_{lim} = 390,63 \ kNm$, por lo que no es necesaria armadura de compresión. La armadura a tracción plastificará, al tratarse de una rotura dúctil:

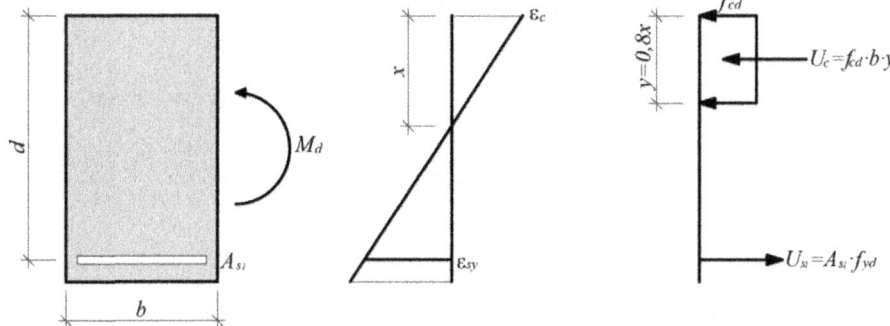

Planteando las dos ecuaciones de equilibrio entre esfuerzos y tensiones. Para el equilibrio de momentos tomamos de referencia un punto situado sobre la armadura traccionada:

$$0 = f_{cd} \cdot b \cdot y - A_{s1} f_{yd}$$

$$M_d = f_{cd} \cdot b \cdot y \left(d - \frac{y}{2} \right)$$

De la segunda ecuación podemos despejar y, valor que introduciremos en la primera ecuación para obtener A_{s1}:

$$57,6 \cdot 10^6 = \frac{25}{1,5} \cdot 1000 \cdot y \left(250 - \frac{y}{2} \right)$$

Obteniendo dos soluciones:

$$y = 485,77 \ mm$$
$$y = 14,23 \ mm$$

Como sabemos que se trata de una rotura dúctil, la primera solución no es válida al dar un valor mayor a y_{lim}, resultando por tanto $y = 14,23 \ mm$.

El área de la armadura a tracción deberá ser mayor o igual a:

$$A_{s1} f_{yd} = f_{cd} \cdot b \cdot y = \frac{25}{1,5} \cdot 1000 \cdot 14,23 = 237166,67 \ N$$

$$A_{s1} = \frac{237166,67}{f_{yd}} = \frac{237166,67}{500/1,15} = 545 \; mm^2$$

Antes de obtener la armadura comercial necesaria, se determinarán las cuantías mínimas. La armadura mínima mecánica a disponer en el paramento traccionado se define en el Anejo 19-§9.2 del Código Estructural:

$$A_{s,min} = \frac{W}{z} \frac{f_{ctm,fl}}{f_{yd}}$$

La resistencia media a flexotracción del hormigón, $f_{ctm,fl}$, vale (Anejo 19-§3.1.8 del Código Estructural:

$$f_{ct,m} = 0,30 \cdot f_{ck}^{2/3} = 0,30 \cdot 25^{2/3} = 2,56 \; MPa$$

$$f_{ct,m,fl} = max\left\{\left(1,6 - \frac{h}{1000}\right)f_{ct,m}; f_{ct,m}\right\} = max\{1,3 \cdot 2,56; 2,56\} = 3,33 \; MPa$$

En el caso particular de la sección rectangular de este problema, resulta:

$$A_{s,min} = \frac{b \cdot h}{4,8}\frac{f_{ctm,fl}}{f_{yd}} = \frac{1000 \cdot 300}{4,8}\frac{3,33}{500/1,15} = 479 \; mm^2$$

Adicionalmente, tal y como establece el Código Estructual, hay que disponer la cuantía geométrica mínima, que para el caso de muros son:

Cuantía mínima armadura vertical:

$$A_{s,min,vert} = 0,002 \cdot A_c = 0,002 \cdot 300 \cdot 1000 = 600 \; mm^2$$

Esta armadura se reparte en ambas caras, disponiendo un 60% en la traccionada, de forma que:

$$A_{s,min,vert,tracc} = 0,6 \cdot 600 = 360 \; mm^2$$
$$A_{s,min,vert,compr} = 0,4 \cdot 600 = 240 \; mm^2$$

Además, se dispondrá en cada cara, el 50% de la necesaria por cálculo:

$$A_{s,min,vert,tracc} = A_{s,min,vert,compr} = 0,5 \cdot 545 = 273 \; mm^2$$

Cuantía mínima armadura horizontal:

$$A_{s,min,horiz} = 0,0032 \cdot A_c = 0,0032 \cdot 300 \cdot 1000 = 960 \; mm^2$$

Esta armadura se reparte en ambas caras al 50%. Si se dispusieran juntas de contracción a menos de 7,5 m, la cuantía se podría disminuir a $0,002 \cdot A_c$. En este caso no se consideran.

$$A_{s,min,horiz,tracc} = A_{s,min,horiz,compr} = 0,5 \cdot 960 = 480 \; mm^2$$

A continuación, se tabulan los datos de acero obtenidos para el trasdós (cara traccionada) y para el intradós (cara comprimida).

TRASDÓS [mm²]				
Arm. vert. flexión	Arm. vert. cuant. mec.	Arm. vert. cuant. geom.	Arm. vert. cuant. geom.	Arm. horiz. Cuant. geom.
545	479	360	273	**480**

INTRADÓS [mm²]				
Arm. vert. flexión	Arm. vert. cuant. mec.	Arm. vert. cuant. geom.	Arm. vert. cuant. geom.	Arm. horiz. Cuant. geom.
---	---	240	**273**	**480**

Por tanto se adoptan:
- Armadura vertical trasdós 545 mm² ➜ $\phi 12/20$ cm (565 mm²)
- Armadura horizontal trasdós 480 mm² ➜ $\phi 10/15$ cm (524 mm²)
- Armadura vertical intradós 273 mm² ➜ $\phi 10/25$ cm (314 mm²)
- Armadura horizontal intradós 480 mm² ➜ $\phi 10/15$ cm (524 mm²)

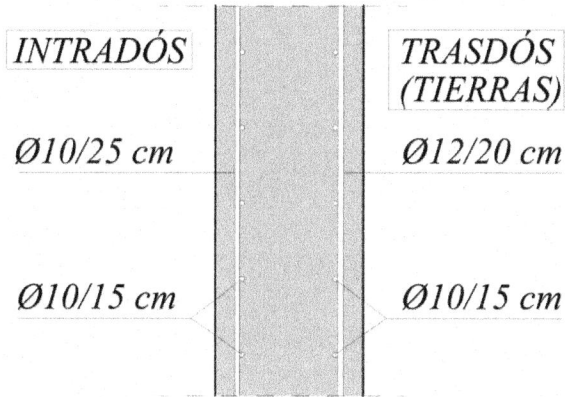

INTRADÓS

TRASDÓS (TIERRAS)

Ø10/25 cm

Ø12/20 cm

Ø10/15 cm

Ø10/15 cm

e) Verificar a cortante el fuste del muro

El cortante máximo de cáluclo se produce en el arranque del muro, con un valor de:
$V_k - 30 + 4 - 34$ kN
$V_{Ed} = 34 \cdot 1,6 = 54,4$ kN

Se empleará la formulación de elemento sin armadura a cortante.

Se comprueba la resistencia a compresión del alma. Debe cumplirse:
$$V_{Ed} \leq V_{Rd,max} = 0,5 b_w d \upsilon f_{cd}$$

El coeficiente de reducción de la resistencia del hormigón fisurado por el efecto del cortante vale:
$$\upsilon = 0,6 \left[1 - \frac{f_{ck}}{250}\right] = 0,6 \left[1 - \frac{25}{250}\right] = 0,54$$

163

Por tanto:

$$V_{Rd,max} = 0,5 \cdot 1000 \cdot 250 \cdot 0,54 \cdot \frac{25}{1,5} = 1125 \ kN$$

$$V_{Ed} = 54,4 \ kN < V_{Rd,max} = 1125 \ kN$$

por lo que se comprueba que se resiste el esfuerzo cortante de agotamiento por compresión oblicua en el alma.

Para verificar la comprobación del agotamiento por tracción del alma, es necesario conocer si la sección está fisurada o no.

El momento de fisuración viene dado por:

$$M_{fis} = W \cdot f_{ct,d} = \frac{1}{6} bh^2 \frac{f_{ct,k}}{\gamma_c} = \frac{1}{6} bh^2 \frac{0,21 \sqrt[3]{f_{ck}^2}}{\gamma_c}$$

$$M_{fis} = \frac{1}{6} \cdot 1000 \cdot 300^2 \frac{0,21 \sqrt[3]{25^2}}{1,5} = 17,95 \ kNm < M_d = 57,6 \ kNm$$

Por tanto, la sección está fisurada y la formulación para evaluar el agotamiento de la tracción en el alma, viene dada por:

$$V_{Ed,2} \leq V_{Rd,c} = \left[C_{Rd,c} k (100 \rho_l f_{ck})^{1/3} + k_1 \sigma_{cp} \right] b_w d$$

Con un mínimo de

$$V_{Rd,c,min} = \left[v_{min} + k_1 \sigma_{cp} \right] b_w d$$

Nótese que es conveniente realizar esta comprobación aunque no se supere el momento de fisuración si el proceso constructivo implica una junta de hormigonado en la entrega zapata-fuste del muro.

En este caso, el cortante de cálculo $V_{Ed,2}$ está situado a una distancia de un canto útil d del arranque del muro. Y se repiten los cálculos de los empujes hasta la sección de análisis para deducir los esfuerzos cortantes:

$$E_{tierras} = \frac{20 \cdot (3 - 0,25) \cdot 1}{2} = 27,5 \ kN/m$$

$$E_{sobrecarga} = 1,333 \cdot (3 - 0,25) \cdot 1 = 3,67 \ kN/m$$

$$V_{Ed,2} = 1,6 \cdot (27,5 + 3,67) = 49,87 \ kN$$

$$C_{Rd,c} = \frac{0,18}{\gamma_c} = \frac{0,18}{1,5} = 0,12$$

$$k = 1 + \sqrt{\frac{200}{d}} = 1 + \sqrt{\frac{200}{250}} = 1,89 \leq 2$$

$$\rho_l = \frac{A_{sl}}{b_w d} = \frac{565}{1000 \cdot 250} = 0,00226 \leq 0,02$$

Despreciando las tensiones debidas al peso propio del muro, se obtiene:

$$V_{Ed,2} \leq V_{Rd,c} = \left[0{,}12 \cdot 1{,}89(100 \cdot 0{,}00226 \cdot 25)^{1/3}\right]1000 \cdot 250 = 101 \text{ kN}$$

Con una resistencia mínima de:

$$V_{Rd,c,min} = 0{,}455 \cdot 1000 \cdot 250 = 114 \, kN$$

$$v_{min} = 0{,}035 \cdot k^{3/2} \cdot f_{ck}^{1/2} = 0{,}035 \cdot 1{,}89^{3/2} \cdot 25^{1/2} = 0{,}455$$

Como $V_{Ed,2} = 49{,}87 \, kN \leq V_{Rd,c} = 114 \, kN$, no es necesaria armadura a cortante.

6.8 Punzonamiento en losa de hormigón sin armadura de punzonamiento.

El forjado de un edificio de viviendas se resuelve con una losa maciza de hormigón armado de 30 cm de canto.

Se desea verificar el punzonamiento sobre pilar central, cuya sección transversal es de 40x40 cm. El esfuerzo axil de cálculo que transmite la losa al pilar es de 806 kN, y se desprecian los momentos flectores.

En toda la losa se dispone un armado base superior e inferior #ø12/15 cm. Sobre el pilar central se dispone un refuerzo adicional en la cara superior de la losa de #ø20/15 cm. Considere el recubrimiento mecánico del armado longitudinal c_l'=30 mm y el recubrimiento mecánico armado transversal c_t'=40 mm. Puede considerar hormigón HA-30 y acero B500SD.

El Código Estructural establece que debe comprobarse la resistencia a punzonamiento en la cara del pilar y en el perímetro crítico u_1 (A19-§6.4.1). Dicho perímetro debe tomarse situado a distancia $2d$ a partir del área cargada (los bordes del pilar), dispuesto de forma que su longitud sea mínima, tal y como se establece en la siguiente imagen extraída de la Figura A19.6.13 de la normativa:

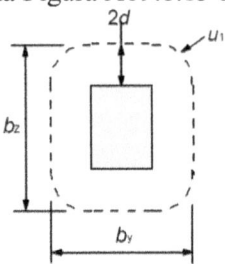

Además, se supondrá una losa de canto útil constante que se establece mediante:

$$d_{eff} = \frac{d_y + d_z}{2}$$

donde d_y y d_z son los cantos útiles de las armaduras en dos direcciones perpendiculares, resultado de restar el recubrimiento mecánico al canto del forjado.

Con los datos dados en el enunciado:
$$d_{eff} = \frac{d_y + d_z}{2} = \frac{270 + 260}{2} = 265 \ mm$$

Además, siendo el pilar cuadrado de 400 mm de arista, b, el perímetro crítico vale:
$$u_1 = 4b + 2\pi(2d) = 4 \cdot 400 + 2\pi \cdot 530 = 4930 \ mm$$

La armadura de punzonamiento no será necesaria si (A19-§6.4.3):
$$v_{Ed} \leq v_{Rd,c}$$

donde $v_{Rd,c}$ es el valor de cálculo de la resistencia a punzonamiento de una losa sin armadura de punzonamiento en la sección crítica considerada y v_{Ed} es la tensión tangencial máxima de punzonamiento solicitante.

Además, debe comprobarse que no se supera el valor máximo de la resistencia a punzonamiento en el perímetro del pilar (A19-§6.4.3):
$$v_{Ed} \leq v_{Rd,max}$$

Se procede a realizar las comprobaciones anteriores, empezando por la obtención de la tensión solicitante, v_{Ed} (A19-§6.4.3). Nótese que, a pesar de que en la normativa se emplea la misma terminología en ambas expresiones, esta tensión será diferente para la comprobación en el perímetro crítico, u_1, que en el caso de la comprobación del valor máximo de la resistencia alrededor del pilar (u_0):
$$v_{Ed} = \beta \frac{V_{Ed}}{u_i d}$$

donde β es un coeficiente que considera el incremento del valor medio de las tensiones tangenciales debido al momento flector que se transmite entre la losa y el forjado. En general, β se establece mediante la siguiente fórmula:
$$\beta = 1 + k \frac{M_{Ed}}{V_{Ed}} \cdot \frac{u_1}{W_1}$$

por lo que en caso de momento flector nulo ($M_{Ed} = 0$) resultaría $\beta = 1$. Sin embargo, para evitar poder quedar del lado de la inseguridad pese a que el momento flector sea muy reducido, se opta por considerar $\beta = 1,15$. Este valor corresponde al recomendado para soportes interiores en estructuras donde la estabilidad lateral no dependa de que las losas y los pilares trabajen como pórticos, y las luces de los vanos adyacentes no difieran más de un 25% (A19-§6.4.3). Por tanto, la tensión tangencial máxima en el perímetro crítico vale:
$$v_{Ed} = \beta \frac{V_{Ed}}{u_1 d} = 1,15 \frac{806 \cdot 1000}{4930 \cdot 265} = 0,71 \ N/mm^2$$

El valor de cálculo de la resistencia a punzonamiento en el perímetro crítico u_1 vale, en el caso de una losa de hormigón armado sin esfuerzos axiles de compresión o tracción en la losa (A19-§6.4.4):

$$v_{Rd,c} = \frac{0,18}{\gamma_c} k(100\rho_l f_{ck})^{1/3} \geq v_{min}$$

donde:

$$k = 1 + \sqrt{\frac{200}{d}} \leq 2,0 \quad \text{con } d \text{ en } mm$$

$$\rho_l = \sqrt{\rho_{ly} \cdot \rho_{lz}} \leq 0,02$$

$$v_{min} = 0,035 \, k^{3/2} \cdot f_{ck}{}^{1/2}$$

y ρ_{ly}, ρ_{lz} son las cuantías de armadura traccionadas adherentes en dos direcciones perpendiculares. En cada dirección, la cuantía a considerar es la dispuesta en un ancho igual a la dimensión del pilar sumándole tres veces el canto útil de la losa, $3d$, a cada lado. Para la realización de este ejercicio se supone que la cuantía de armadura definida en el enunciado se mantiene constante en esta anchura, por lo que basta obtener la cuantía por metro de ancho, $b = 1000$ mm:

$$\rho_{ly} = \frac{A_s}{bd} = \frac{6,667 \cdot 113,1 + 6,667 \cdot 314}{1000 \cdot 270} = 0,01055$$

$$\rho_{lz} = \frac{A_s}{bd} = \frac{6,667 \cdot 113,1 + 6,667 \cdot 314}{1000 \cdot 260} = 0,01095$$

$$\rho_l = \sqrt{\rho_{ly} \cdot \rho_{lz}} = 0,01075$$

Además:

$$k = 1 + \sqrt{\frac{200}{d}} = 1 + \sqrt{\frac{200}{265}} = 1,869 \leq 2,0$$

$$v_{min} = 0,035 \, k^{3/2} \cdot f_{ck}^{\frac{1}{2}} = 0,035 \cdot 1,869^{\frac{3}{2}} \cdot 30^{\frac{1}{2}} = 0,49 \, N/mm^2$$

Por lo que resulta:

$$v_{Rd,c} = \frac{0,18}{1,5} 1,869(100 \cdot 0,01075 \cdot 30)^{1/3} = 0,714 \frac{N}{mm^2} \geq 0,49 \, N/mm^2$$

Por tanto, se verifica que $v_{Ed} = 0,71 \leq v_{Rd,c} = 0,714 \, N/mm^2$, por lo que no es necesario disponer de armadura a punzonamiento.

Finalmente se debe comprobar la resistencia máxima en el perímetro del pilar (A19-§6.4.5). En este caso el perímetro de comprobación es el del pilar $u_0 = 4 \cdot 400 = 1600$ mm, por lo que se obtiene:

$$v_{Ed} = \beta \frac{V_{Ed}}{u_0 d} = 1,15 \frac{806 \cdot 1000}{1600 \cdot 265} = 2,19 \, N/mm^2$$

$$v_{Rd,max} = 0,4 v f_{cd} = 0,4 \cdot 0,6 \left[1 - \frac{f_{ck}}{250}\right] f_{cd} = 4,22 \, N/mm^2$$

Por tanto, también se cumple la comprobación de la resistencia máxima en el perímetro del pilar, ya que $v_{Ed} = 2,19 \leq v_{Rd,max} = 4,22 \, N/mm^2$.

6.9 Punzonamiento en losa de hormigón con armadura de punzonamiento.

El forjado de un edificio de viviendas se resuelve con una losa maciza de hormigón armado de 30 cm de canto.

Se desea verificar el punzonamiento sobre uno de los pilares de borde, cuya sección transversal es de 40x40 cm. El esfuerzo axil de cálculo que el forjado transmite al pilar es de 375 kN y el momento flector de -50 kNm.

En toda la losa se dispone un armado base superior e inferior #ϕ12/15 cm. Considere el recubrimiento mecánico armado longitudinal c_l'=30 mm y el recubrimiento mecánico armado transversal c_t'=40 mm. Hormigón HA-30 y acero B500SD.

Se trata en este caso de un pilar de borde, por lo que en general el perímetro crítico viene definido por la figura a la izquierda (A19-§6.4.2):

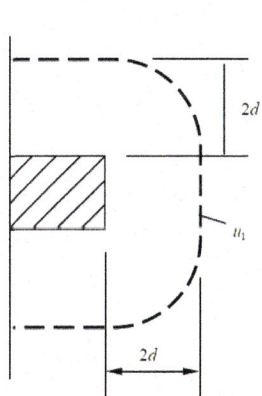
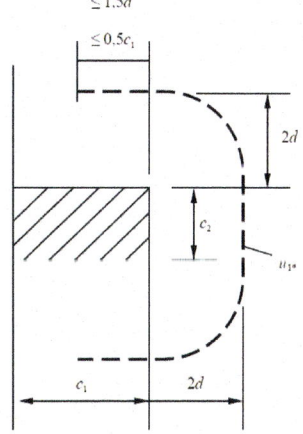

Sin embargo, en A19-§6.4.3 se propone una simplificación para las uniones de pilares de borde. Ésta se aplica cuando existe una excentricidad perpendicular al borde de la losa, provocada por un momento alrededor de un eje paralelo a dicho borde y dirigida hacia el interior de la estructura y no hay excentricidad paralela al borde. Este es el caso de este ejemplo, en el cual, por efecto de la simetría, la excentridad paralela al borde sería poco significativa. Por tanto, se puede considerar que el esfuerzo de punzonamiento puede considerarse como uniformemente distribuido a lo largo del perímetro crítico u_{1^*}, tal y como se indica en la figura anterior a la derecha.

El canto útil de la losa se determinaría como en el ejercicio anterior, resultado $d = 265$ mm. El perímetro crítico valdría, siendo el pilar cuadrado de 400 mm de arista, b:

$$u_{1^*} = b + 2 \cdot \min(0{,}5b; 1{,}5d) + \pi(2d) = 400 + 2 \cdot 200 + \pi \cdot 530 = 2465 \ mm$$

La armadura de punzonamiento no será necesaria si (A19-§6.4.3):

$$v_{Ed} \leq v_{Rd,c}$$

donde $v_{Rd,c}$ es el valor de cálculo de la resistencia a punzonamiento de una losa sin armadura de punzonamiento en la sección crítica considerada y v_{Ed} es la tensión tangencial máxima de punzonamiento solicitante.

Además, debe comprobarse que no se supera el valor máximo de la resistencia a punzonamiento en el perímetro del pilar (A19-§6.4.3):

$$v_{Ed} \leq v_{Rd,max}$$

Se procede a realizar las comprobaciones anteriores, empezando por la obtención de la tensión solicitante (A19-§6.4.3). Nótese que ésta será diferente para la comprobación en el perímetro crítico, u_{1^*}, que en el caso de la comprobación del valor máximo de la resistencia alrededor del pilar (u_0), que se realizará más adelante. Utilizando ahora la simplificación anteriormente mencionada, el esfuerzo de punzonamiento puede considerarse como uniformemente distribuido a lo largo del perímetro crítico u_{1^*}, por lo que resulta:

$$v_{Ed} = \beta \frac{V_{Ed}}{u_{1^*}d} = 1\frac{375000}{2465 \cdot 265} = 0{,}57 \ N/mm^2$$

El perímetro crítico completo hasta el borde de la losa, u_1, sería mayor, igual a 2865 mm. El procedimiento que propone el Código Estructural, utilizar el perímetro reducido u_{1^*} es equivalente a utilizar el perímetro completo pero sin considerar la tensión uniformemente repartida en él. El valor de β viene dado, en este caso, por el cociente entre perímetros críticos:

$$\beta = \frac{u_1}{u_{1^*}} = \frac{2865}{2465} = 1{,}16$$

Se continua la resolución del ejercicio considerando el perímetro reducido, u_{1^*}. Posteriormente, se utilizará el valor de β obtenido para simplificar el problema para la comprobación del punzonamiento máximo en la cara del pilar, así como para la comprobación en el perímetro crítico más allá de la armadura de punzonamiento.

Por tanto, el valor de cálculo de la resistencia a punzonamiento en el perímetro crítico u_{1^*} vale, en el caso de una losa de hormigón armado sin esfuerzos axiles de compresión o tracción en la losa (A19-§6.4.4):

$$v_{Rd,c} = \frac{0,18}{\gamma_c} k (100 \rho_l f_{ck})^{1/3} \geq v_{min}$$

donde:

$$k = 1 + \sqrt{\frac{200}{d}} \leq 2,0 \quad \text{con } d \text{ en } mm$$

$$\rho_l = \sqrt{\rho_{ly} \cdot \rho_{lz}} \leq 0,02$$

$$v_{min} = 0,035 \, k^{3/2} \cdot f_{ck}{}^{1/2}$$

y ρ_{ly}, ρ_{lz} son las cuantías de armadura traccionadas adherentes en dos direcciones perpendiculares. En cada dirección, la cuantía a considerar es la existente en un ancho igual a la dimensión del pilar sumándole tres veces el canto útil de la losa, $3d$, a cada lado. Del mismo modo que en el ejercicio anterior, al tratarse de una armadura base constante, resulta:

$$\rho_{ly} = \frac{A_s}{bd} = \frac{6,667 \cdot 113,1}{1000 \cdot 270} = 0,00279$$

$$\rho_{lz} = \frac{A_s}{bd} = \frac{6,667 \cdot 113,1}{1000 \cdot 260} = 0,0029$$

$$\rho_l = \sqrt{\rho_{ly} \cdot \rho_{lz}} = 0,0028$$

Además:

$$k = 1 + \sqrt{\frac{200}{d}} = 1 + \sqrt{\frac{200}{265}} = 1,869 \leq 2,0$$

$$v_{min} = 0,035 \, k^{3/2} \cdot f_{ck}{}^{\frac{1}{2}} = 0,035 \cdot 1,869^{\frac{3}{2}} \cdot 30^{\frac{1}{2}} = 0,49 \, N/mm^2$$

Por lo que resulta:

$$v_{Rd,c} = \frac{0,18}{1,5} 1,869 (100 \cdot 0,0028 \cdot 30)^{1/3} = 0,46 \frac{N}{mm^2} \geq 0,49 \, N/mm^2$$

Por tanto, dado que la tensión solicitante $v_{Ed} = 0,57 \, N/mm^2$ es mayor a la resistencia $v_{Rd,c} = 0,49 \, N/mm^2$, la losa no cumple con los requisitos de resistencia sin armadura de punzonamiento. Debido a la poca diferencia entre ambos valores, una opción válida para no tener que incluir armadura de punzonamiento podría ser aumentar la armadura traccionada en la losa. De este modo, al aumentar ρ_l, podría llegar a cumplirse la comprobación. Sin embargo, este problema se resolverá manteniendo constante la armadura a flexión de la losa y disponiendo armadura de punzonamiento. Antes de ello, se debe comprobar la resistencia máxima en el perímetro del pilar. Si esta comprobación no se cumpliera, no serviría de nada colocar armadura de punzonamiento. En el caso de un pilar de borde, el perímetro u_0 viene dado por (A19-§6.4.5):

$$u_0 = c_2 + 3d \leq c_2 + 2c_1$$

siendo las distancias c_1 y c_2 las aristas del pilar, en dirección perpendicular y paralela al borde respectivamente, tal y como se puede ver al inicio de la resolución de este problema. Por tanto:

$$u_0 = 400 + 3 \cdot 265 = 1195 \ mm \leq 400 + 2 \cdot 400 = 1200 \ mm$$

Por lo que resulta:

$$v_{Ed} = \beta \frac{V_{Ed}}{u_0 d} = 1{,}16 \frac{375 \cdot 1000}{1195 \cdot 265} = 1{,}37 \ N/mm^2$$

$$v_{Rd,max} = 0{,}4 v f_{cd} = 0{,}4 \cdot 0{,}6 \left[1 - \frac{f_{ck}}{250}\right] f_{cd} = 4{,}22 \ N/mm^2$$

Se cumple la comprobación de la resistencia máxima en el perímetro del pilar. Nótese que se ha considerado, en este caso, un valor $\beta = 1{,}16$, es decir, el anteriormente obtenido a partir de la utilización del perímetro crítico reducido. El margen de seguridad en la comprobación del perímetro del pilar es muy elevado, por lo que no es necesario afinar en el cálculo del valor de β. En cualquier caso, con el momento flector solicitante indicado en el enunciado, se podría obtener el valor exacto, que resultaría inferior al considerado.

Al requerirse armadura de punzonamiento, esta se calculará de acuerdo con la siguiente expresión (A19-§6.4.5):

$$v_{Rd,cs} = 0{,}75 v_{Rd,c} + 1{,}5(d/s_r) A_{sw} f_{ywd,ef}(1/(u_1 d)) sen\alpha \leq k_{máx} \cdot v_{Rd,c}$$

donde:

A_{sw} es el área total de armadura de punzonamiento en un perímetro concéntrico al pilar $[mm^2]$

s_r es la distancia en la dirección radial entre dos perímetros concéntricos de armadura de punzonamiento $[mm]$

$f_{ywd,ef}$ es la resistencia de cálculo efectiva de la armadura de punzonamiento de acuerdo con $f_{ywd,ef} = 250 + 0{,}25d \leq f_{ywd}[N/mm^2]$. En este ejercicio, $f_{ywd,ef} = 250 + 0{,}25 \cdot 265 = 316 \ N/mm^2$

d es la media de los cantos útiles en las direcciones ortogonales $[mm]$

α es el ángulo entre la armadura de punzonamiento y el plano de la losa, igual a 90° para armadura vertical ($sen\alpha = 1$)

$v_{Rd,c}$ es la resistencia de la losa sin armadura de punzonamiento

$k_{máx}$ es un factor que limita la capacidad máxima que puede alcanzarse mediante la aplicación de la armadura de punzonamiento, cuyo valor es 1,5 en caso de utilizar cercos convencionales.

El valor máximo de la resistencia utilizando armadura a punzonamiento convencional (cercos), es igual a $k_{máx} \cdot v_{Rd,c} = 1,5 \cdot 0,49 = 0,73 \, N/mm^2$. Al ser la solicitación $v_{Ed} = 0,57 \, N/mm^2$, inferior a la anterior, se cumple con la comprobación. En caso de no haber sido así, sería posible considerar refuerzos a punzonamiento tipo pernos sobre raíles (*studs* en inglés), y se adoptaría el valor de k_{max} definido en su correspondiente *Evaluación Técnica Europea*.

Para dimensionar se impone que $v_{Ed} = v_{Rd,cs}$, despejándose el valor de A_{sw}/s_r:
$$0,57 = 0,75 \cdot 0,49 + 1,5(265/s_r)A_{sw}316(1/(2465 \cdot 265)) \cdot 1$$
$$\frac{A_{sw}}{s_r} = 1,05 \, mm^2/mm$$

La separación máxima entre cercos vale, según A19-§9.4.3, $0,75d = 198,7$ mm, por lo que se propone disponer los perímetros de armadura a punzonamiento con una separación de 15 cm. Por tanto:
$$\frac{A_{sw}}{150} = 1,05\frac{mm^2}{mm} \quad \rightarrow \quad A_{sw} = 158 \, mm^2$$

Lo que equivale a $5,6 \approx 6$ armaduras de diámetro 6 mm en cada perímetro. En caso de querer utilizar armaduras de 8 mm de diámetro, el número necesario por perímetro sería de 3,14 (que habría que aproximar a 4). El Código Estructural no define claramente si todo el armado a punzonamiento alrededor de un perímetro es efectivo en el caso de pilares de borde o esquina. Resulta razonable, y del lado de la seguridad, considerar que el armado efectivo es únicamente aquel que se encuentra dentro del perímetro u_{1*}, es decir, sin considerar las armaduras más cercanas al borde de la losa. En este libro se opta por considerar esta segunda opción, que es la que se proponía en la Figura 46.5.a de la Instrucción EHE-08, que se reproduce a continuación:

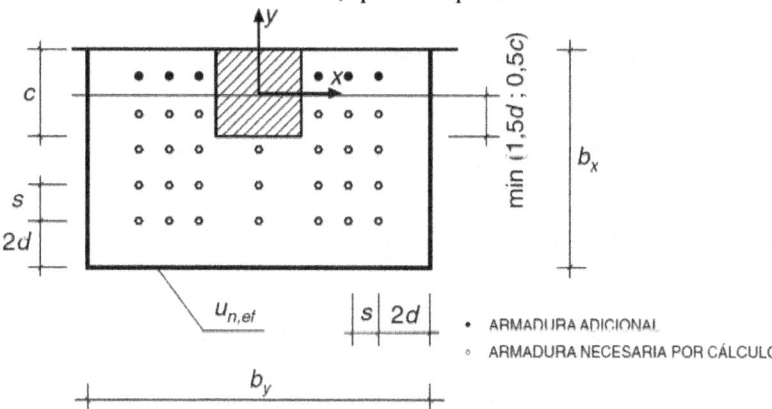

Por tanto, en caso de optar por 4 armaduras $\phi 8$ mm de diámetro por perímetro de armadura (las armaduras requeridas por el cálculo), habría que añadir 2 armaduras $\phi 8$ más a punzonamiento que sería "armadura adicional" y completarían el perímetro de armado hasta el borde de la losa. De este modo se propone armar el perímetro del pilar con 6ϕ8 a punzonamiento, lo que equivaldría tradicionalmente a tres cercos de ϕ8 en forma de cruceta (en pilar de borde).

La distancia entre la cara del soporte y la armadura de cortante más cercana tenida en cuenta en el cálculo, no debe superar $0,5d$ (A19-§9.4.3) y debe ser mayor que $0,3d$, tal y como se muestra en la Figura A19.9.10 del Código Estructural, que se reproduce a continuación:

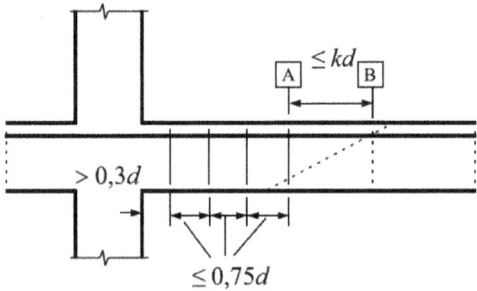

A Perímetro exterior en el que se requiere armadura de punzonamiento

B Primer perímetro crítico que no necesita armadura de punzonamiento

Para este caso, el primer cerco debería estar a una distancia entre 79,5 y 132,5 mm, por lo que opta por disponerlos a 10 cm de la cara del pilar. La separación radial entre los siguientes cercos sería de 15 cm (s_r), como ya se ha definido previamente.

El Código Estructural también establece un área mínima a punzonamiento (área de una rama de cerco) que viene definida por la siguiente expresión (A19-§9.4.3):

$$A_{sw,min} \cdot (1,5 \cdot sen\,\alpha + \cos\alpha)/(s_r \cdot s_t) \geq 0,08\sqrt{f_{ck}}/f_{yk}$$

siendo α el ángulo de inclinación de la armadura de punzonamiento, que se toma igual a 90° (armadura vertical).

Se considera el ancho de los cercos igual a 30 cm ($s_t = 300$ mm), por lo que para una rama ϕ8:

$$50,27 \cdot (1,5 \cdot 1 + 0)/(150 \cdot 300) \geq 0,08\sqrt{30}/500$$
$$0,00176 \geq 0,00088$$

Se cumple la comprobación del área mínima de la rama de un cerco.

Se propone disponer 4 cercos en cada lado de la cruceta (cruceta de 3 ramas al ser un pilar de borde), para sobrepasar el perímetro crítico situado a $2d$ de la cara del soporte, por lo que el croquis de armado resultaría:

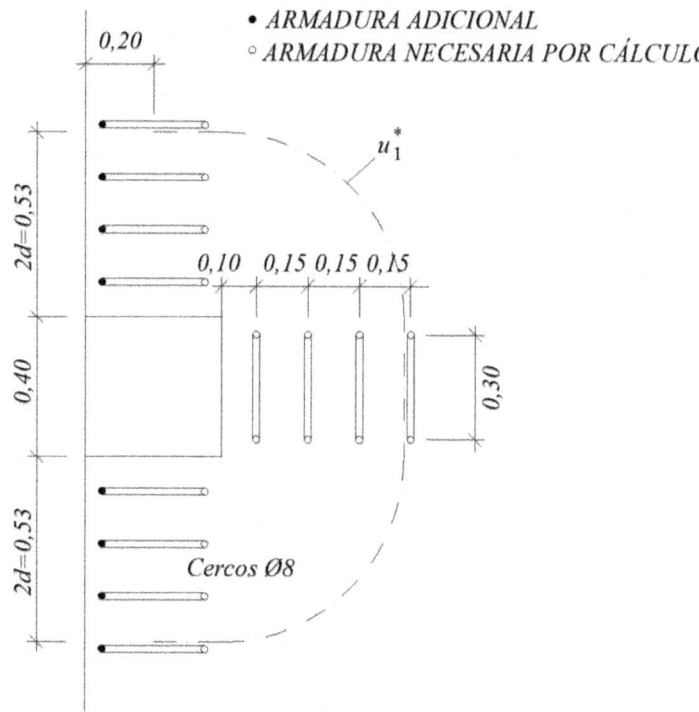

El perímetro crítico más allá de la armadura de punzonamiento, u_{out}, se sitúa a $1,5d$ del último perímetro de la armadura A19-§6.4.5. Es preciso descontar el perímetro cuando la distancia tangencial entre ramas de armadura de punzonamiento es superior a $2d$, obteniéndose $u_{out,ef}$. Se obtiene un valor del perímetro exterior igual a 3320 mm.

Este es adecuado si se verifica que:
$$u_{out,ef} \geq \beta V_{Ed}/(v_{Rd,c}d)$$
$$u_{out,ef} \geq 1,16 \frac{375 \cdot 1000}{0,49 \cdot 265} = 3350 \; mm$$

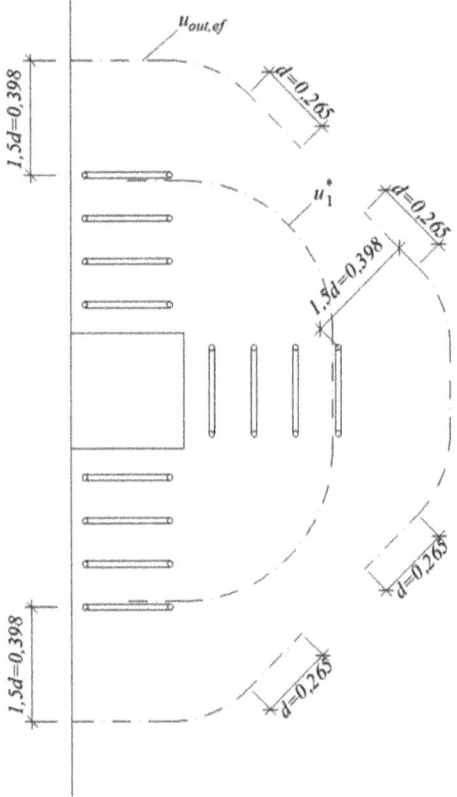

El perímetro exterior a la zona de armadura a punzonamiento es inferior al necesario, por lo que la disposición de armado no es correcta. Nótese que al eliminar del perímetro critico la zona alejada de las ramas (en caso de separación tangencial de armaduras superior a $2d$), disponer más perímetros de cercos no haría aumentar el perímetro exterior, al contrario de lo que pasaba al aplicar la Instrucción EHE-08.

El esquema de armado anteriormente propuesto es el que habitualmente se ha utilizado en España. Sin embargo, en A19-§9.4.3 es establece que "la separación de las ramas de los cercos a lo largo de un perímetro no debe superar el valor $1,5d$ dentro del perímetro crítico ($2d$ a partir del área cargada)". En España, esta cláusula se ha interpretado, en ocasiones, como que la separación entre ramas "de un mismo cerco" no pueden ser superiores a $1,5d$, es decir, 397,5 mm en este ejercicio. La armadura dispuesta en cruceta de la figura anterior cumpliría este criterio. En cambio, en otros países se ha interpretado que la distancia de cualquier armadura a punzonamiento situada en un perímetro, y dentro del perímetro crítico, debe ser menor que $1,5d$, o 397,5 mm.

En el croquis anterior, la distancia entre las ramas verticales de los cercos del perímetro más alejado del borde del pilar (y dentro de $2d$) es igual a 643,5 mm, muy superior al máximo permitido. De hecho, de forma conceptual, disponiendo la armadura en la tradicional forma de cruceta, las armaduras más alejadas (a una distancia cercana a $2d$) nunca pueden estar a una distancia menor a $1,5d$ de la armadura del otro segmento de la cruceta. En ese caso, se debería disponer una armadura a punzonamiento como la que se indica en las siguientes figuras (entre otras posibilidades que, en cualquier caso, implican una cuantía de armadura superior a la habitualmente utilizada).

Se plantean dos propuestas de armado, la izquierda supone la utilización de un número mayor de ramas a cortante a cambio de una mayor regularidad en el montaje. La propuesta de la derecha sería muy complicada en obra, sino imposible, pero presenta un armado más próximo al estricto ($27\phi8 \approx 1357$ mm^2 a punzonamiento en la figura de la derecha frente a $56\phi6 \approx 1583$ mm^2 en la izquierda; el armado en cruceta de la página anterior presentaba un total de $24\phi8 \approx 1206$ mm^2 si bien se trata de un armado no válido en el Código Estructural). Nótese que el armado de la izquierda permitiría utilizar armaduras $\phi6$ (el primer perímetro tendría 10 ramas totales). El perímetro exterior a la zona de armadura a punzonamiento sería correcto en ambos casos.

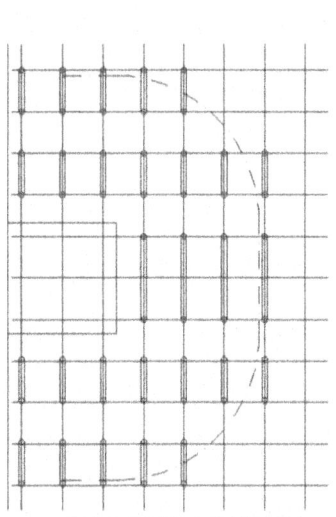

ARMADO LOSA #Ø12/15 CM

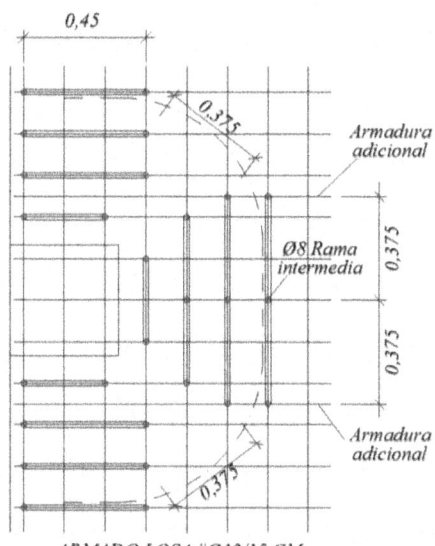

ARMADO LOSA #Ø12/15 CM

Finalmente, cabe mencionar que, para evitar la complejidad del montaje de la armadura anterior, el Código Estructural permite utilizar pernos sobre raíles (entre diferentes tipos de armados, por ejemplo, ramas independientes), lo que permitiría una disposición en abanico.

177

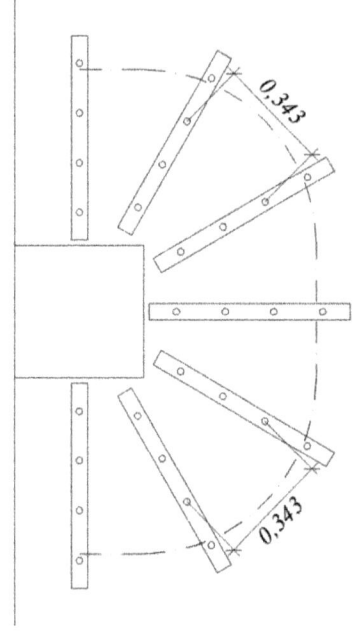

Bloque temático 7. ELU de torsión.

7.1 Cálculo y disposición de armaduras en una marquesina de hormigón armado.

Una marquesina de hormigón armado de un edificio convencional está constituida por una viga rectangular de 0,40 x 0,60 m y una losa de 0,20 m de espesor que vuela lateralmente 1,60 m como se indica en la figura adjunta. La viga, de 8 m de longitud, se encuentra biapoyada a flexión y empotrada a torsión en sus extremos. Las acciones a considerar, además del peso propio, son una sobrecarga variable de 4 kN/m² extendida en cualquier posición sobre la marquesina.

Las características de los materiales son:
- **Hormigón: HA-30/F/20/XC4 (cemento CEM II)**
- **Acero: B 400 S**

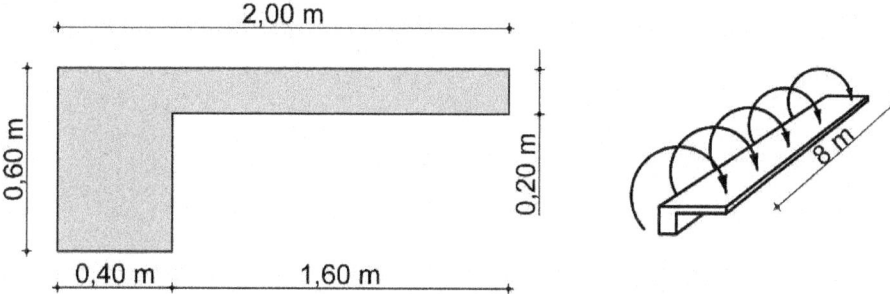

-

Se pide dimensionar la armadura de la marquesina.

Nota: este ejercicio es una adaptación del ejercicio II-8 del libro "Hormigón armado y pretensado. Ejercicios" de A.R. Marí, A. Aguado, L. Agulló, F. Martínez y D. Cobo publicado por Edicions UPC en 1999.

De forma simplificada, se puede considerar que la marquesina se comporta como una viga biapoyada a flexión y biempotrada a torsión de 8 metros de luz y de sección rectangular de 0,40 m x 0,60 m. La torsión será debida a los esfuerzos introducidos en la viga rectangular por las cargas situadas en el voladizo transversal. Por otro lado, el voladizo se podrá considerar como una losa empotrada en la viga rectangular, con una sección por metro lineal de losa de 1,0 m x 0,20 m. Por tanto, las comprobaciones a realizar son:
- a) ELU de flexión en la viga rectangular.
- b) ELU de cortante en la viga rectangular.
- c) ELU de torsión en la viga rectangular.
- d) ELU de flexión transversal en el voladizo, considerado como una losa.
- e) ELU de cortante en el voladizo, considerado como una losa.

El recubrimiento nominal será la suma de un recubrimiento mínimo más el margen de recubrimiento (Título 2-§43.4.1):

$$c_{nom} = c_{min} + \Delta c_{dev}$$

El recubrimiento mínimo, para la clase de exposición XC4, vida útil de 50 años y cemento distinto de CEM I (ya que tendrán un menor impacto ecológico) es igual a 25 mm (Tabla 44.2.1.1a). El margen de recubrimiento es igual a 10 mm para elementos ejecutados in situ con nivel normal de control de ejecución (§43.4.1), por tanto:

$$c_{nom} = 25 + 10 = 35 \ mm$$

Para obtener el recubrimiento mecánico a negativos será necesario estimar el diámetro de los cercos, ya que el diámetro de las barras a flexión es conocido. Por ejemplo:

$$c_{mec} = c_{nom} + \emptyset_{cerco} + \frac{1}{2}\emptyset_{arm.long.} \approx 35 + 6 + \frac{20}{2} = 51 \ mm \approx 50 \ mm$$

El valor obtenido es el que, por defecto, se ha considerado a lo largo de este libro. En caso de que al final de la resolución se obtuvieran valores de los diámetros de las barras muy diferentes, se debería modificar el recubrimiento mecánico arriba predimensionado para llevar a cabo un recálculo.

Se calculan ahora los esfuerzos en la viga de hormigón. Para obtener los esfuerzos para dimensionar a flexión y cortante, se obtendrán los máximos poniendo la máxima carga en toda la superficie superior de la marquesina:

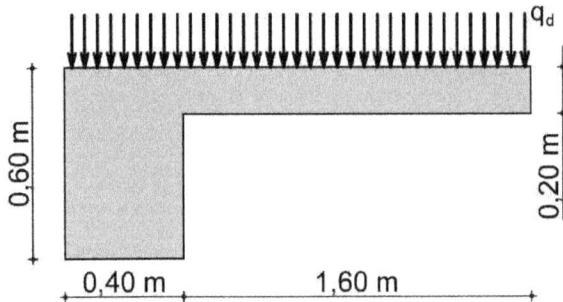

Por tanto, las cargas actuantes sobre la viga rectangular son:
Peso propio marquesina: $g = A_c \cdot \gamma_c = (0,6 \cdot 0,4 + 1,6 \cdot 0,2) \cdot 25 \ kN/m^3 = 14 \ kN/m$
Sobrecarga de uso: $q = 4 \ kN/m^2 \cdot 2,0 \ m = 8 \ kN/m$

Por lo que las cargas mayoradas valen:
$g_d = g \cdot \gamma_g = 14 \cdot 1,35 = 18,9 \ kN/m$
$q_d = q \cdot \gamma_q = 8 \cdot 1,50 = 12,0 \ kN/m$

Las leyes de momentos flectores y cortantes se representan a continuación:

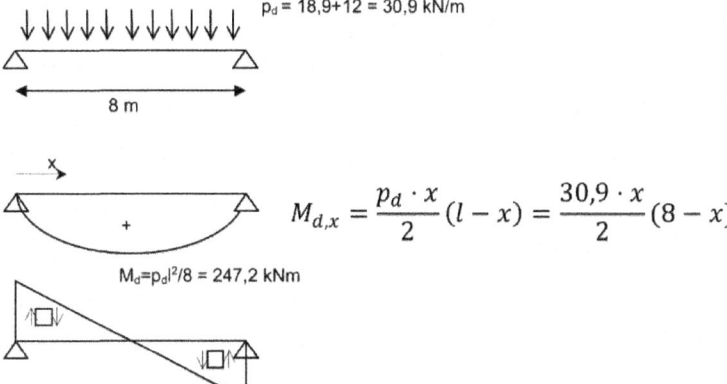

$$M_{d,x} = \frac{p_d \cdot x}{2}(l - x) = \frac{30,9 \cdot x}{2}(8 - x)$$

Para obtener los momentos torsores máximos, es preciso disponer la sobrecarga de uso únicamente a la derecha del centro de gravedad de la viga rectangular, ya que la carga que estuviera a la izquierda reduciría los momentos torsores. A nivel del peso propio, únicamente el peso propio de la losa en voladizo introduce momentos torsores. En el siguiente esquema se resume esta información:

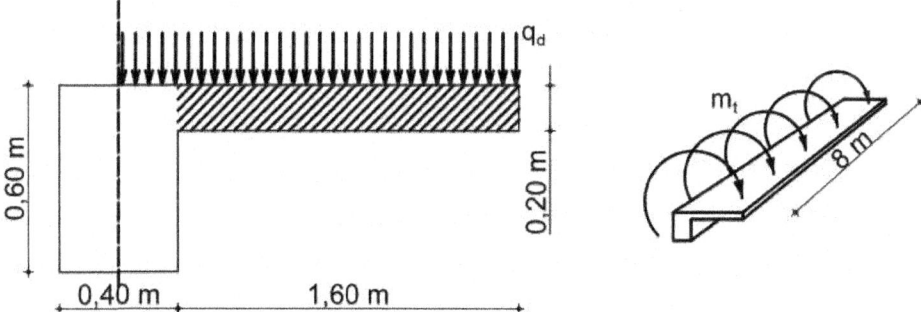

Las cargas actuantes sobre el voladizo son:

Peso propio: $g = A_c \cdot \gamma_c = (0,2 \cdot 1,0) \cdot 25$ kN/m^3 = 5 kN/m

Sobrecarga de uso: $q = 4$ kN/m^2 · 1,0 m = 4 kN/m

Por lo que las cargas mayoradas valen:

$g_d = g \cdot \gamma_g = 5 \cdot 1,35 = 6,75$ kN/m

$q_d = q \cdot \gamma_q = 4 \cdot 1,50 = 6,0$ kN/m

Por tanto, el momento torsor por unidad de longitud de la viga que introduce la carga q_d y el peso propio del voladizo (g_d) es igual a:

$$m_t = 6,75\frac{kN}{m} \cdot 1,6\ m \cdot (0,2 + 0,8)\ m + 6\frac{kN}{m} \cdot 1,8\ m \cdot \frac{1,8}{2}m = 20,52\ kNm$$

Teniendo en cuenta que la viga se encuentra biempotrada a torsión, la ley de esfuerzos para el cálculo del ELU de torsión vale:

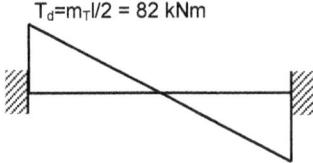

$T_d = m_T l / 2 = 82$ kNm

a) ELU de flexión en la viga rectangular.
El momento de cálculo en la sección de centro luz vale $M_d = 247,2\ kNm$.

El momento límite para la sección valdría:
$$U_0 = f_{cd} \cdot b \cdot d = \frac{30}{1,5} 400 \cdot 550 = 4400\ kN$$
$$M_{lim} = 0,375 \cdot U_0 \cdot d = 0,375 \cdot 4400 \cdot 0,55 = 907\ \text{kNm}$$

Por tanto, al ser el momento solicitante inferior al momento límite, no es necesario disponer armadura a compresión. La armadura traccionada viene dada por:
$$U_{s1} = U_0 \left(1 - \sqrt{1 - \frac{2M_d}{U_0 d}}\right) = 4400 \left(1 - \sqrt{1 - \frac{2 \cdot 247,2}{4400 \cdot 0,55}}\right) = 475,1\ kN$$
$$A_{s1} = \frac{U_{s1}}{f_{yd}} = \frac{475,1 \cdot 10^3}{400/1,15} = 1366\ mm^2$$

La armadura mínima a flexión en una viga (A19-§9.2) viene dada por:
$$A_{s,min} = \frac{W}{z} \frac{f_{ctm,fl}}{f_{yd}}$$
La resistencia media a flexotracción del hormigón, $f_{ctm,fl}$, vale (A19-§3.1.8 del Código Estructural):
$$f_{ct,m} = 0,30 \cdot f_{ck}^{2/3} = 0,30 \cdot 30^{2/3} = 2,9\ MPa$$
$$f_{ct,m,fl} = max\left\{\left(1,6 - \frac{h}{1000}\right) f_{ct,m}; f_{ct,m}\right\} = max\{1 \cdot 2,9; 2,9\} = 2,9\ MPa$$

En el caso particular de la sección rectangular de este problema, resulta:
$$A_{s,min} = \frac{b \cdot h}{4,8} \frac{f_{ctm,fl}}{f_{yd}} = \frac{400 \cdot 600}{4,8} \frac{2,9}{400/1,15} = 417\ mm^2$$

Por tanto, en la cara traccionada se deberá disponer una armadura mínima cerca de los apoyos de valor superior a 417 mm². En la zona central, se dispondrá una armadura de refuerzo hasta alcanzar los 1366 mm². No se dispone todavía esta armadura a la espera de obtener el armado longitudinal necesario por torsión.

b) ELU de cortante en la viga rectangular.

Se desconocen las dimensiones del apoyo de la viga, por lo que para la comprobación de las bielas se considerará el esfuerzo cortante en el eje del apoyo (V'_{Ed}) y el cortante de cálculo a un canto útil del borde del pilar (V_{Ed}) se considerará a una distancia d del eje del apoyo:

$$V'_{Ed} = \frac{p_d \cdot l}{2} = 124 \ kN$$

$$V_{Ed} = \frac{p_d \cdot l}{2} - p_d d = 123,6 - 30,9 \cdot 0,55 = 107 \ kN$$

Se comprueba en primer lugar el esfuerzo cortante de agotamiento por compresión oblicua en el alma (cortante máximo). Debe cumplirse:

$$V'_{Ed} \leq V_{Rd,max} = \alpha_{cw} b_w z v_1 f_{cd} / (\cot\theta + \tan\theta)$$

El coeficiente α_{cw} tiene en cuenta el estado de tensiones en el hormigón, y vale 1 para estructuras de hormigón armado sin axil de compresión. El coeficiente de reducción de la resistencia del hormigón fisurado por el efecto del cortante, v_1, es igual a:

$$v_1 = 0,6 \left[1 - \frac{f_{ck}}{250} \right] = 0,6 \left[1 - \frac{30}{250} \right] = 0,528$$

El ángulo θ está limitado por el intervalo $0,5 \leq \cot\theta \leq 2$ en el Código Estructural. Es importante destacar que el articulado del Eurocódigo 2 permite alcanzar $\cot\theta = 2,5$ obteniéndose consecuentemente menores cuantías de armadura a cortante. En caso de que la viga experimente cortante y torsión, el ángulo θ elegido deberá ser el mismo para los dos Estados Límite Últimos. En cortante, aumentar el valor de $\cot\theta$ (o lo que es lo mismo, disminuir el valor del ángulo θ) supone obtener una menor cuantía de cercos, siempre y cuando se resista el cortante máximo. En torsión, aumentar el valor de $\cot\theta$ supone también obtener una menor cuantía de cercos pero una mayor cuantía de armadura longitudinal repartida en el perímetro de la viga. El armado óptimo podría encontrarse para un determinado valor de $\cot\theta$. En este problema se resolverá considerando $\cot\theta = 1$, para evitar disponer de una armadura longitudinal elevada en el perímetro. Por tanto:

$$V_{Rd,max} = 1 \cdot 400 \cdot 0,9 \cdot 550 \cdot 0,528 \frac{30}{1,5} / (1+1) = 1045 \ kN$$

$$V'_{Ed} = 124 \ kN \leq V_{Rd,max} = 1045 \ kN$$

por lo que se comprueba que se resiste sobradamente el esfuerzo cortante de agotamiento por compresión oblicua en el alma.

Para dimensionar la armadura a cortante es preciso imponer que el esfuerzo cortante de agotamiento por tracción en el alma sea igual o superior al esfuerzo cortante solicitante V_{rd}:

$$V_{Ed} \leq V_{Rd,s} = \frac{A_{sw}}{s} z f_{ywd} \cot\theta$$

donde z es el brazo mecánico de las fuerzas internas correspondiente al momento flector en el elemento considerado. En general, en elementos de hormigón armado sin esfuerzo axil, se emplea habitualmente el valor de $z = 0,9d$.

Se tomará $\cot\theta = 1$ como se ha comentado anteriormente para resolver el problema y obtener cuantías equilibradas de armadura transversal y longitudinal. Por tanto:

$$V_{Ed} = 107\ kN = V_{Rd,s} = \frac{A_{sw}}{s} z f_{ywd} \cot\theta = \frac{A_{sw}}{s} 0,9 \cdot 550 \cdot \frac{400}{1,15} \cdot 1$$

$$\frac{A_{sw}}{s} = 0,621\ mm^2/mm$$

Se comprueba ahora la armadura mínima a cortante (A19-§9.2.2), considerando cercos verticales ($\alpha = 90°$):

$$\frac{A_{sw,min}}{s} = \frac{0,08\sqrt{f_{ck}}}{f_{yk}} b_w sen\alpha = \frac{0,08\sqrt{30}}{400} 400 \cdot 1 = 0,438\ mm^2/mm$$

La separación entre cercos $\phi 8$ para cubrir la armadura mínima resulta:

$$s = \frac{A_{sw}}{0,35} = \frac{2 \cdot 50,3}{0,438} = 230\ mm$$

Esta disposición del armado cumpliría con el espaciamiento máximo de los cercos, igual a $0,75 \cdot d = 412$ mm (A19-§9.2.2). En cualquier caso, se debe calcular el ELU de torsión antes de decidir una propuesta de armado.

c) ELU de torsión en la viga rectangular.
Se trata de un caso de torsión de equilibro, por lo que el momento torsor debe ser obligatoriamente resistido. El momento torsor de cálculo máximo que solicita la marquesina vale 82 kN·m. En el Código Estructural, el procedimiento de cálculo está recogido en A19-§6.3 y equivalre a realizar tres comprobaciones: momento torsor de agotamiento por compresión del hormigón, momento torsor de agotamiento de las armaduras transversales y momento torsor de agotamiento de las armaduras longitudinales.

La resistencia a torsión de las secciones se calcula utilizando una sección cerrada de pared delgada, convirtiendo así a efectos de cálculo la sección en una sección hueca. El espesor eficaz de la pared de la sección de cálculo, viene dado por:

$$t_{ef} = \frac{A}{u} = \frac{400 \cdot 600}{2(400+600)} = 120\ mm$$

El espesor eficaz debe cumplir $t_{ef} \geq 2c$ y $t_{ef} \leq t_0$, siendo c el recubrimiento mecánico y h_0 el espesor real de la pared de una sección hueca. Al tratarse de una sección maciza únicamente aplica la primera restricción, que se cumple al ser el recubrimiento mecánico $c \approx 50\ mm$.

El área encerrada por la línea media del espesor eficaz, A_k, vale para una sección cuadrada:

$$A_k = (a - t_{ef})(b - t_{ef}) = (400 - 120)(600 - 120) = 134.400\ mm^2$$

El perímetro de la línea media del espesor eficaz, u_k, en el caso de sección rectangular vale:

$$u_k = [(a - t_{ef}) + (b - t_{ef})] \cdot 2 = [(400-120) + (600-120)] \cdot 2 =$$
$$= [280 + 480] \cdot 2 = 1520\ mm$$

Una vez obtenidas estas características esenciales de la sección hueca eficaz de cálculo, se puede continuar con el cálculo. La tensión tangencial en la pared de una sección sometida a un momento torsión puro se puede calcular mediante (A19-§6.3.2):

$$\tau_{t,i} t_{ef,i} = \frac{T_{Ed}}{2A_k} = \frac{82 \cdot 10^6}{2 \cdot 134400} = 305\ N/mm$$

El esfuerzo cortante $V_{Ed,i}$ en una pared i debido a la torsión se establece mediante la siguiente expresión:

$$V_{Ed,i} = \tau_{t,i} t_{ef,i} z_i$$

donde z_i es la longitud de la cara de la pared i, definida por la distancia entre los puntos de intersección con las paredes adyacentes. Estas longitudes se han encontrado al calcular el perímetro uk, y valen: $z_{sup/inf} = 280$ mm y $z_{lateral} = 480$ mm. Por tanto:

$$V_{Ed,sup/inf} = \tau_{t,i} t_{ef,i} z_i = 305 \cdot 280 = 85400\ N$$

$$V_{Ed,lateral} = \tau_{t,i} t_{ef,i} z_i = 305 \cdot 480 = 146400\ N$$

La armadura transversal (cercos cerrados) necesaria se obtiene ahora suponiendo el cortante anterior aplicado en cada pared hueca y obteniendo la armadura necesaria a cortante.

$$V_{Ed,i} = V_{Rd,s,i} = \frac{A_{sw}}{s} z_i f_{ywd} \cot\theta$$

Para los paramentos laterales:

$$146400 = \frac{A_{sw}}{s} 480 \cdot \frac{400}{1,15} 1 \quad \rightarrow \quad \frac{A_{sw}}{s} = 0,877\ mm^2/mm$$

Se obtendría la misma cuantía para el paramento superior/inferior.

La armadura de cálculo de cortante y la armadura transversal de cálculo a torsión se deben sumar, teniendo en cuenta que la armadura a cortante obtenida en el cálculo se refiere a todas las ramas que "suben" las tensiones tangenciales, mientras que la armadura a torsión únicamente se refiere a la rama perimetral de la sección. Por tanto:

$$\frac{A_t}{s_t} = 0,877 + \frac{0,621}{2} = 1,1875 \frac{mm^2}{mm}$$

Suponiendo cercos $\phi 8$:

$$\frac{A_t}{s_t} = \frac{50,3}{s_t} = 1,1875 \frac{mm^2}{mm}$$
$$s_t = 42 \ mm$$

Suponiendo cercos $\phi 10$:

$$\frac{A_t}{s_t} = \frac{78,5}{s_t} = 1,1875 \frac{mm^2}{mm}$$
$$s_t = 66 \ mm$$

Suponiendo cercos $\phi 12$:

$$\frac{A_t}{s_t} = \frac{113}{s_t} = 1,1875 \frac{mm^2}{mm}$$
$$s_t = 95 \ mm$$

La separación longitudinal entre cercos de torsión (A19-§9.2.3) no excederá de:

$$s_t \leq \frac{u}{8} = \frac{2000}{8} = 250 \ mm$$
$$s_t \leq 0,75d = 0,75 \cdot 550 = 412 \ mm$$
$$s_t \leq menor \ dimensión = 400 \ mm$$

Se disponen, por tanto, 1 cerco $\phi 12/9$ cm. En la zona central de la viga sería posible disponer un armado inferior a torsión, que cumpliera la cuantía de armado mínimo a cortante y la separación máxima de armaduras. Por tanto, se podría poner en la zona central un armado 1c$\phi 8/23$ cm (cuantía superior a la armadura mínima a cortante). Para conocer dónde es suficiente disponer este armado, se deberá ir calculando en diferentes secciones para distintas combinaciones de cortante-torsor. No se realiza, por brevedad, este cálculo en la resolución del ejercicio.

El área requerida de armadura longitudinal de torsión ΣA_{sl} puede calcularse mediante la expresión (A19-§6.3.2):

$$\frac{\Sigma A_{sl} f_{yd}}{u_k} = \frac{T_{Ed}}{2A_k} \cot\theta$$

Por tanto:

$$\frac{\Sigma A_{sl} 400/1,15}{u_k} = \frac{82 \cdot 10^6}{2 \cdot 134400} 1 \quad \rightarrow \quad \frac{\Sigma A_{sl}}{u_k} = 0,877 \ mm^2/mm$$

Nótese que las cuantías $\frac{A_{sw}}{s}$ y $\frac{\Sigma A_{sl}}{u_k}$ han dado el mismo valor númerico, al haber considerado $\cot\theta = 1$. En caso de haber utilizado un valor mayor, se habría reducido el primer valor y por tanto se dispondrían menos cercos, pero se obtendría una mayor área de armadura lateral.

Además, el Código Estructural establece que en cordones comprimidos, se puede reducir la armadura longitudinal de forma proporcional a la fuerza de compresión disponible. En cordones traccionados la armadura longitudinal de torsión deberá añadirse a las otras armaduras. La armadura longitudinal tendrá que distribuirse a lo largo de la longitud z_i, pero para pequeñas secciones puede concentrarse en los extremos de su longitud.

Por tanto, en cada lado del perímetro u_k (280 mm y 480 mm) se deberá disponer un armado de:

$$A_{l,lateral} = 0,877 \cdot 480 = 421 \ mm^2$$
$$A_{l,sup/inf} = 0,877 \cdot 280 = 246 \ mm^2$$

En la cara traccionada (paramento inferior de la viga), será necesario disponer 246 mm^2 de armadura a torsión. En cualquier caso, la armadura mínima de flexión (417 mm^2) cubriría esta cuantía. En la zona central, el torsor se anula, por lo que la armadura obtenida a flexión sería suficiente (1366 mm^2). Habría muchas formas de disponer este armado, por ejemplo se podría pensar en 2ϕ20+1ϕ16 como armadura base (829 mm^2) y añadir 2ϕ20 como armadura de refuerzo (628 mm^2, armadura total base más refuerzo igual a 1457 mm^2).

En la cara comprimida, se pueden disponer 3ϕ12 en toda la viga, cuantía superior a la necesaria por torsión. En las caras laterales, 2ϕ16 (401 mm^2) en cada cara podrían cubrir la armadura necesaria a torsión, ya que aunque es ligeramente inferior a la obtenida de cálculo, la armadura dispuesta en la cara superior e inferior son claramente mayores y el redondo de esquina es compartido entre paramentos adyacentes.

La resistencia máxima de un elemento sometido a torsión y cortante está limitada por la capacidad de las bielas de compresión. Para no exceder esta resistencia se tendrá que satisfacer la siguiente condición:

$$T_{Ed}/T_{Rd,max} + V_{Ed}/V_{Rd,max} \le 1,0$$

donde T_{Ed} es el momento torsor de cálculo, V_{Ed} es el esfuerzo cortante de cálculo, $T_{Rd,max}$ y $V_{Rd,max}$ las resistencias máximas a torsión y cortante, respectivamente. Anteriormente se ha obtenido $V_{Rd,max} = 1045$ kN, por lo que se calcula ahora $T_{Rd,\ max}$ mediante la siguiente expresión:

$$T_{Rd,max} = 2v\alpha_{cw}f_{cd}A_k t_{ef,i} \operatorname{sen} \theta \cos \theta$$
$$T_{Rd,max} = 2 \cdot 0,528 \cdot 1 \cdot \frac{30}{1,5} 134400 \cdot 120 \operatorname{sen} 45° \cos 45° = 170,3 \ kN$$

Por tanto:

$$82/170,3 + 124/1045 = 0,6 \le 1,0$$

d) ELU de flexión transversal en el voladizo, considerado como una losa.
Es necesario calcular los esfuerzos en el voladizo, y para ello las cargas. La sección de cálculo del voladizo será una sección rectangular de 1 m de ancho y 0,20 m de canto. Las cargas mayoradas que actúan han sido calculadas en el apartado anterior:

$g_d = g \cdot \gamma_g = 5 \cdot 1,35 = 6,75$ kN/m
$q_d = q \cdot \gamma_q = 4 \cdot 1,50 = 6,0$ kN/m

Las leyes de esfuerzos valen:

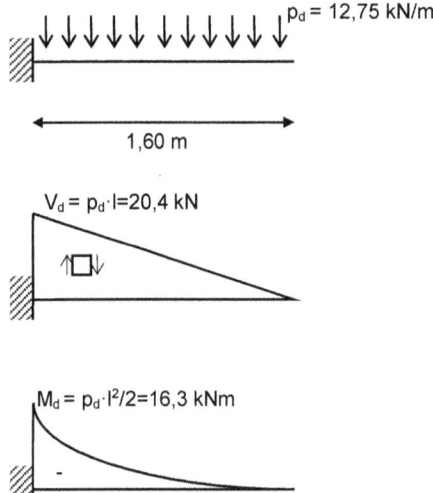

Se calcula ahora la armadura necesaria a flexión transversal:

$$U_0 = f_{cd} \cdot b \cdot d = \frac{30}{1,5} 1000 \cdot 150 = 3000 \ kN$$

$$M_{lim} = 0,375 \cdot U_0 \cdot d = 0,375 \cdot 3000 \cdot 0,15 = 168,75 \ kN \cdot m$$

$$U_{s1} = U_0 \left(1 - \sqrt{1 - \frac{2M_d}{U_0 d}}\right) = 3000 \left(1 - \sqrt{1 - \frac{2 \cdot 16,3}{3000 \cdot 0,15}}\right) = 111 \ kN$$

$$A_{s1} = \frac{U_{s1}}{f_{yd}} = \frac{111 \cdot 10^3}{400/1,15} = 319 \ mm^2$$

La armadura mínima mecánica a disponer en el paramento traccionado vale, considerando el caso particular de viga rectangular y hormigón convencional:

$$A_{s,min} = \frac{b \cdot h}{4,8} \frac{f_{ctm,fl}}{f_{yd}} = \frac{1000 \cdot 200}{4,8} \frac{2,9}{400/1,15} = 347 \ mm^2$$

El Código Estructural no proporciona una cuantía mínima geométrica en losas para la armadura en la dirección ortogonal o en la cara comprimida. Se considera de buena práctica disponer un 1 por mil de armadura, tal y como poponía la derogada Instrucción EHE-08:

$$A_{s,\min geom\ EHE-08\ por\ cara} \geq \frac{1,0}{1000} A_c = \frac{1,0}{1000} 200 \cdot 1000 = 200\ mm^2$$

Fíjese que la armadura mínima mecánica se debe disponer en el paramento traccionado, la parte superior del voladizo en este ejercicio, mientras que la armadura mínima geométrica obtenida se pondría en la dirección perpendicular y en el paramento comprimido.

Por tanto, se adoptará la armadura mínima mecánica como armadura a tracción en el voladizo (347 mm^2/m). Esta armadura puede disponerse como 5ϕ10/m (392 mm^2/m).

En la cara inferior del voladizo, es suficiente disponer la armadura mínima geométrica de 200 mm^2, por ejemplo como 5ϕ8/m (251 mm^2/m). En la dirección transversal del voladizo (dirección longitudinal de la viga), también sería necesario disponer el mismo armado 5ϕ8/m.

e) ELU de cortante en el voladizo, considerado como una losa.
Finalmente es preciso comprobar que el voladizo sea capaz de resistir el esfuerzo cortante. El cortante último resistido por metro de ancho de la losa viene dado por la ecuación (A19-§6.2.2):

$$V_{Rd,c} = \left[\frac{0,18}{\gamma_c} k (100\rho_l f_{ck})^{1/3} + 0,15\sigma_{cp}\right] b_w d$$

con un valor mínimo de:

$$V_{Rd,c} = \left(0,035 k^{3/2} \cdot f_{ck}^{1/2}\right) b_w d$$

donde, para este ejercicio:

$$\xi = 1 + \sqrt{\frac{200}{d}} = 1 + \sqrt{\frac{200}{150}} = 2,15 \leq 2,0$$

$$\rho_l = \frac{A_s + A_p}{b_0 d} = \frac{392}{1000 \cdot 150} = 0,00261 \leq 0,02$$

$$\sigma_{cp} = \frac{N_{Ed}}{A_c} = 0$$

$$V_{Rd,c} = \left[\frac{0,18}{1,5} 2 (100 \cdot 0,00261 \cdot 30)^{1/3} + 0\right] 1000 \cdot 150 = 71,5\ kN$$

$$V_{Rd,c\ min} = \left(0,035 \cdot 2^{3/2} \cdot 30^{1/2}\right) 1000 \cdot 150 = 81,3\ kN$$

Por tanto, al ser $V_d = 20\ kN < V_{Rd,c\ min} = 81,3$ kN, el voladizo resiste el esfuerzo cortante transversal.

Croquis de armado
Sección centro luz

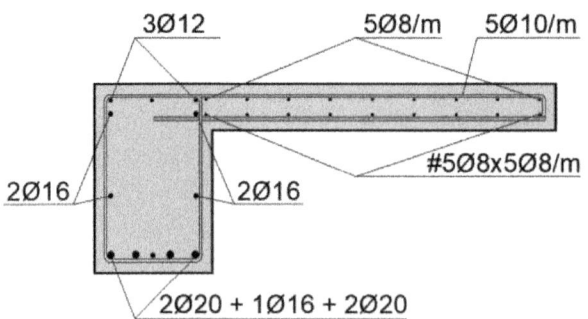

HA-30/F/20/XC4
B 400 S

Cemento tipo CEM II

r_{nom}= 35 mm

Sección apoyos

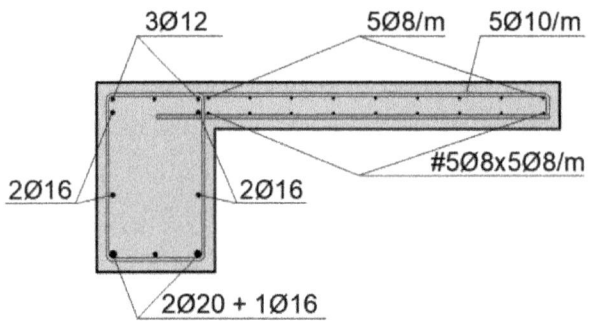

HA-30/F/20/XC4
B 400 S

Cemento tipo CEM II

r_{nom}= 35 mm

7.2 Disposición de armaduras en una viga sometida a flexión, cortante y torsión.

Sobre una sección rectangular de 35 cm de ancho y 55 cm de canto actúan un esfuerzo flector negativo, un esfuerzo cortante y un esfuerzo torsor. Realizados los cálculos pertinentes, las cuantías de armadura necesarias (incluyendo las armaduras mínimas) para el dimensionamiento de la sección en rotura son las siguientes:

Por flexión: **Armadura de compresión: 0 mm^2**
Armadura de tracción: 500 mm^2
Por cortante: **Armadura transversal: 0,500 mm^2/mm**
Por torsión: **Armadura longitudinal: 0,4 mm^2/mm**
Armadura transversal: 0,4 mm^2/mm

Dibujar un croquis del armado de la sección en cuestión.

Croquis del armado
De forma esquemática, la armadura se dispondrá según el siguiente croquis:

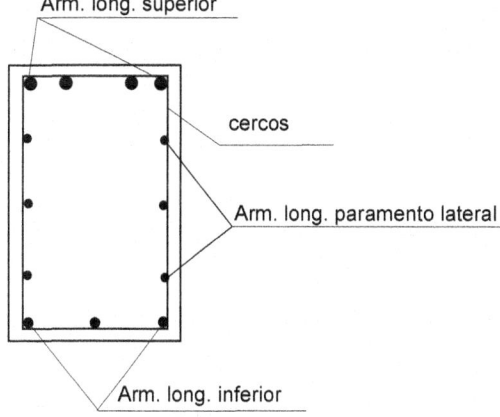

La armadura longitudinal superior se determina a partir de la suma de la armadura traccionada a flexión (momento flector negativo según el enunciado) y la armadura traccionada longitudinal a torsión.

La armadura inferior tendrá que resistir las tensiones producidas por la flexión y el torsor. En este caso, la flexión producirá compresiones y la torsión tracciones, por lo que sería posible compensar ambas tensiones en caso de ser los esfuerzos que los producen concomitantes.

La armadura longitudinal de los paramentos laterales resistirá las tracciones generadas por el esfuerzo torsor.

Finalmente, la armadura transversal (cercos) deberá resistir tanto el esfuerzo cortante como el momento torsor.

Nótese que las cuantías de cálculo de las armaduras longitudinales y transversales a torsión son idénticas (0,4 mm²/mm). Ello se debe a que se ha considerado cotg $\theta = 1$ en el cálculo. En caso de considerar otro valor posible, por ejemplo cotg $\theta = 2$, supondría obtener resultados distintos (disminuyendo, en ese caso, la cuantía de armadura transversal y aumentado la de armadura longitudinal).

Armadura superior
Es necesario calcular el armado longitudinal a torsión en los distintos paramentos. La cuantía viene definida en el enunciado, y vale 0,40 mm²/mm. Esta cuantía se distribuye a lo largo del perímetro de la línea media del espesor eficaz, u_k, por lo que será necesario calcular dicho perímetro.

La resistencia a torsión de las secciones se calcula utilizando una sección cerrada de pared delgada, convirtiendo así a efectos de cálculo la sección en una sección hueca. El espesor eficaz de la pared de la sección de cálculo, viene dado por:

$$t_{ef} = \frac{A}{u} = \frac{350 \cdot 550}{2(350+550)} = \frac{192500}{1800} = 106,94 \; mm \approx 107 \; mm$$

El espesor eficaz debe cumplir $t_{ef} \geq 2c$ y $t_{ef} \leq t_0$, siendo c el recubrimiento mecánico y t_0 el espesor real de la pared de una sección hueca. Al tratarse de una sección maciza únicamente aplica la primera restricción, que se cumple al ser el recubrimiento mecánico $c \approx 50 \; mm$.

El perímetro de la línea media del espesor eficaz, u_k, en el caso de sección rectangular vale:

$$u_k = \left[(a - t_{ef}) + (b - t_{ef}) \right] \cdot 2 = [(350 - 107) + (550 - 107)]2 =$$
$$= [243 + 443]2 = 1372 \; mm$$

Por tanto, es necesario disponer una armadura total traccionada en el perímetro de la viga rectangular igual a:

$$A_{long,torsión} = 0,40 \frac{mm^2}{mm} \cdot 1372 \; mm = 549 \; mm^2$$

En concreto, el armado necesario en cada paramento valdrá:

$$A_{long,torsión,paramento \; vertical} = 0,40 \frac{mm^2}{mm} \cdot (443 \; mm) = 177 \; mm^2$$
$$A_{long,torsión,sup/inf} = 0,40 \frac{mm^2}{mm} \cdot (243 \; mm) = 97 \; mm^2$$

Por tanto, la armadura superior será la suma de la armadura traccionada a flexión más la armadura longitudinal a torsión:

$$A_{long,sup} = 500 + 97 = 597 \; mm^2 \; \rightarrow 3\phi16 \; (603 \; mm^2)$$

Armadura inferior

En este caso, por torsión son necesarios 97 mm^2 de armadura traccionada, que se podría compensar con las tensiones de compresión provenientes del momento flector. En todo caso, al necesitarse como mínimo 2 barras en las esquinas, se puede disponer 2ϕ12 (2·113 = 226 mm^2). Dos redondos de 10 mm de diámetro también serían más que suficientes, pero como se verá en el apartado siguiente los redondos del 12 también se dispondrán en las caras laterales, resultando un armado más sencillo (con menos barras corrugadas de distinto diámetro).

Armadura caras laterales

Tal y como se ha calculado anteriormente, en cada paramento vertical, el armado traccionado necesario a torsión es:

$$A_{long,torsión,paramento\ vertical} = 177\ mm^2$$

Se puede disponer de 2ϕ12 en cada cara.

Armadura transversal

La armadura transversal debe resistir las tracciones generadas por el esfuerzo cortante (0,5 mm^2/mm) y el momento torsor (0,4 mm^2/mm). En este caso, las armaduras se suman, ya que ambos esfuerzos producen tracciones en la armadura, pero hay que tener en cuenta que a torsión trabajan únicamente las ramas dispuestas en el exterior, mientras que a cortante cuentan todas las ramas paralelas al esfuerzo cortante.

Por este motivo, la suma de cuantías se debe realizar según:

$$\frac{A_t}{s_t} = 0,4 + \frac{0,5}{2} = 0,65\ \frac{mm^2}{mm}$$

siendo A_t/s_t la cuantía de armadura transversal a disponer en una cara. En función del diámetro del cerco:

$$\phi 8 \rightarrow \frac{50,3}{s_t} = 0,65 \rightarrow s_t = 77\ mm$$

$$\phi 10 \rightarrow \frac{78,5}{s_t} = 0,65 \rightarrow s_t = 120\ mm$$

$$\phi 12 \rightarrow \frac{113}{s_t} = 0,65 \rightarrow s_t = 173\ mm$$

La separación longitudinal entre cercos de torsión (A19-§9.2.3) no excederá de:

$$s_t \leq \frac{u}{8} = \frac{1800}{8} = 255\ mm$$

$$s_t \leq 0,75d = 0,75 \cdot 500 = 375\ mm$$

$$s_t \leq menor\ dimensión = 350\ mm$$

Por tanto, al estar toda la viga sujeta a momentos torsores, la separación máxima del armado nunca podrá superar los 25 cm. Se elige la opción cercos de ϕ10 cada 12 cm.

A mayor diámetro de los cercos, el diámetro del mandril para realizar el doblado debe ser mayor, por lo que la distancia entre el cerco y la esquina de la sección aumentaría, por lo que a ser posible se utilizarán cercos de diámetro pequeño siempre y cuando resulte una separación razonable entre ellos.

El armado resulta:

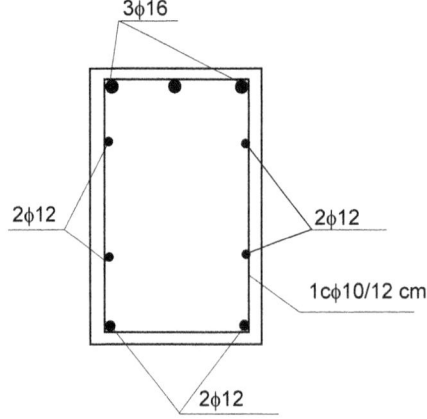

Bloque temático 8. Estados Límite de Servicio.

8.1 Carga de fisuración, carga última y separación media entre fisuras de un tirante de sección cuadrada de hormigón armado.

Se quiere construir un tirante de hormigón armado de sección rectangular, de 30 cm de arista, armado con 4ϕ32 (una barra en cada esquina). La distancia del centro de gravedad de las barras al paramento de hormigón es de 51 mm. El hormigón utilizado es un HA-25/B/20/XC1 y el acero B500SD.

El tirante estará sometido a tracción pura. Determinar el esfuerzo axil de tracción que produce la fisuración del tirante, la carga última y la separación máxima entre fisuras.

Con los datos del enunciado, la sección transversal del tirante es:

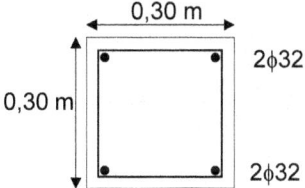

El esfuerzo axil que fisura el tirante es aquel que produce unas tensiones en el hormigón iguales a $f_{ct,m}$. Dado un axil de tracción, las tensiones valdrán:

$$N = A_c \sigma_c + A_s \sigma_s$$

Como debe existir compatibilidad de deformaciones en el hormigón y el acero:

$$\varepsilon_c = \varepsilon_s$$
$$\sigma_c = E_c \varepsilon_c$$
$$\sigma_s = E_s \varepsilon_s$$

Por tanto, con estas tres últimas expresiones, la compatibilidad de deformaciones queda:

$$\sigma_s = \frac{E_s}{E_c} \sigma_c$$

Por lo que resulta:

$$N = A_c \sigma_c + A_s \frac{E_s}{E_c} \sigma_c$$
$$E_s = 200.000 \ N/mm^2$$
$$E_c = 22000 \left(\frac{f_{cm}}{10}\right)^{0,3} = 22000 \left(\frac{25+8}{10}\right)^{0,3} = 31.476 \ N/mm^2 \quad (\text{A19-§3.1.3})$$
$$\frac{E_s}{E_c} = n = 6,35$$

El axil de fisuración, es igual por tanto a:

$$N = A_c \sigma_c + A_s \frac{E_s}{E_c} \sigma_c$$
$$N_{fis} = A_c f_{ct,m} + A_s \cdot 6,35 \cdot f_{ct,m}$$
$$f_{ct,m} = 0,30 f_{ck}^{2/3} = 0,30 \cdot 25^{2/3} = 2,56 \ N/mm^2$$
$$N_{fis} = (300^2 - 4 \cdot 804) \cdot 2,56 + (4 \cdot 804)6,35 \cdot 2,56$$
$$N_{fis} = 222,2 + 52,3 = 274,5 \ kN$$

La carga última a axil de tracción vendrá dada por la máxima carga que resiste el armado, en este cálculo no participa el hormigón porque estará completamente fisurado:

$$N_u = A_s f_{yd} = 4 \cdot 804 \cdot \frac{500}{1,15} = 1398 \ kN$$

La separación máxima entre fisuras se obtiene según A19-§7.3.4:

$$s_{r,max} = 3,4c + k_1 k_2 0,425 \frac{\emptyset}{\rho_{p,eff}}$$

Siendo c el recubrimiento de la armadura longitudinal, por lo que:

$$c = 51 - \frac{32}{2} = 35 \ mm$$

k_1 es un coeficiente que tiene en cuenta las propiedades adherentes de la armadura, y que vale 0,8 para barras de adherencia elevada y 1,6 para barras con superficie eficaz lisa (por ejemlo, las armaduras de pretensado). Se toma $k_1 = 0,8$ al tratarse de barras corrugadas.

k_2 es un coeficiente que tiene en cuenta la distribución de deformaciones y vale 0,5 para flexión y 1,0 para tracción pura. Se puede obtener también valores intermedios para tracción excéntrica. En este caso, $k_2 = 1,0$.

Además:

$$\rho_{p,eff} = \frac{A_s + \xi_1 A_p}{A_{c,eff}}$$

siendo A_s el área de armadura pasiva, es decir, $A_s = 4 \cdot 804 = 3216 \ mm^2$ y A_p el área de armadura activa postesa o pretesa ($A_p = 0$). $A_{c,eff}$ es el área eficaz del hormigón traccionado que rodea la armadura, que se define como el ancho de la sección, b, y una altura h_{cef} alrededor de las armaduras traccionadas:

$$h_{c,eff} = min \left\{ 2,5(h - d); \frac{h-x}{3}; h/2 \right\}$$

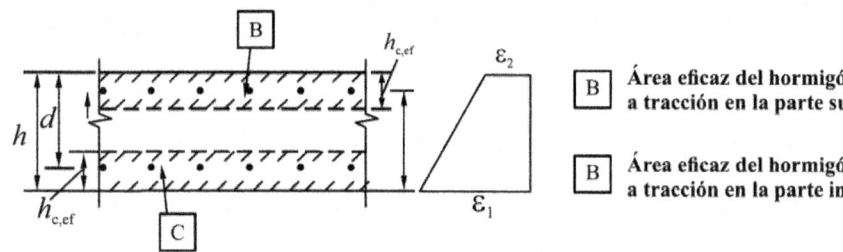

B — Área eficaz del hormigón sometida a tracción en la parte superior $A_{ct,eff}$

B — Área eficaz del hormigón sometida a tracción en la parte inferior $A_{cb,eff}$

c) Elemento traccionado

Al tratarse de un caso de tracción pura, el término $(h-x)/3$ no es preciso evaluarlo al tender la profundidad de la fibra neutra, x, a $-\infty$. El término $h-d$ es igual al recubrimiento mecánico de la armadura, 51 mm. Además, la altura $h_{c,eff}$ habrá que considerla alrededor de las armaduras de ambos paramentos, tal y como se observa en la anterior figura extraída del Código Estructural (Figura A19.7.1). Por tanto:

$$h_{c,eff} = min\{2,5(300 - 249); 300/2\} = 127,5 \ mm$$

$$A_{c,eff} = 2 \cdot h_{c,eff} \cdot b$$

$$\rho_{p,eff} = \frac{A_s}{A_{c,eff}} = \frac{4 \cdot 804}{2 \cdot 127,5 \cdot 3000} = 0,042$$

$$s_{r,max} = 3,4c + k_1 k_2 0,425 \frac{\emptyset}{\rho_{p,eff}} = 3,4 \cdot 35 + 0,8 \cdot 1 \cdot 0,425 \frac{32}{0,042} = 378 \ mm$$

8.2 Comprobación del ELS de fisuración de una viga biapoyada.

Una viga biapoyada de sección transversal de 800 mm de canto y 400 mm de ancho se encuentra en una clase de exposición XS1. El momento máximo de servicio que solicita la viga en la combinación casipermanente es de 288 kNm.

Del cálculo frente al ELU de flexión se ha determinado que la viga estará armada con 6ϕ20. El recubrimiento mecánico de la armadura es igual a 60 mm. El hormigón a utilizar es un HA-35/F/20/XS1 y la armadura B500SD.

Comprobar el ELS de fisuración realizando el cálculo de la abertura de fisura en flexión simple.

La ley de momentos flectores se representa a continuación:

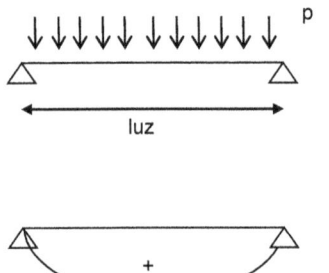

Y la sección transversal, de forma esquematizada:

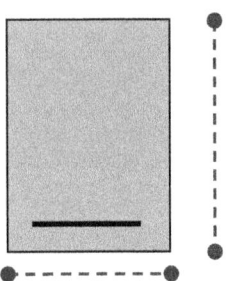

Hormigón: HA-35/F/20/XS1
Acero: B500SD

Recubrimiento mecánico: 60 mm

El cálculo del ELS de fisuración consiste en comprobar que la abertura de la fisura para la combinación cuasi-permanente de acciones, ω_k, sea menor o igual a la abertura admisible, ω_{max}, en función de la clase de exposición y si se trata de hormigón armado o pretensado. En el caso de ambiente tipo XS1, la abertura máxima de fisura es igual a 0,2 mm para elementos de hormigón armado (Tabla 27.2 del Anejo 19 del Código Estructural).

Por tanto, se debe comprobar (A19-§7.3.4):

$$\omega_k \leq \omega_{max} = 0,2 \ mm$$
$$\omega_k = s_{r,máx}(\varepsilon_{sm} - \varepsilon_{cm})$$

Siendo $s_{r,máx}$ la separación máxima entre fisuras, ε_{sm} la deformación media en la armadura bajo la correspondiente combinación de cargas (cuasi-permanente para hormigón armado), incluyendo el efecto de las deformaciones impuetas, si las hubiere, y teniendo en cuenta los efectos de la rigidez a tracción. Por último, ε_{cm} es la deformación media en el hormigón entre las fisuras.

El término ε_{sm} - ε_{cm} (diferencia de deformaciones entre armadura y hormigón) viene dado (A19-§7.3.4) por:

$$\varepsilon_{sm} - \varepsilon_{cm} = \frac{\sigma_s - k_l \frac{f_{ct,eff}}{\rho_{p,eff}}[1 + \alpha_e \rho_{p,eff}]}{E_s} \geq 0,6 \cdot \frac{\sigma_s}{E_s}$$

La tensión en la armadura de tracción suponiendo la sección fisurada, σ_s, se puede obtener de forma simplificada suponiendo un brazo de palanca en servicio (distancia entre el centro de gravedad del bloque comprimido y de la armadura traccionada) igual a $0,8d$; es decir:

$$\sigma_s = \frac{M_{cuasi-permanente}}{0,8 \cdot d \cdot A_s} = \frac{288 \cdot 10^6}{0,8 \cdot 740 \cdot 1884} = 258 \ N/mm^2$$

También sería posible obtener la tensión en la armadura con un cálculo más detallado, suponiendo un diagrama elástico lineal de la armadura y el hormigón y planteando las ecuaciones de equilibrio y compatibilidad (las ecuaciones resultantes se presentan en el Anejo 8 de la antigua Instrucción EHE-08), aunque la simplificación utilizada suele ser una buena aproximación en flexión simple.

k_l es un coeficiente que depende de la duración de la carga, siendo igual a 0,6 para cargas de corta duración y 0,4 para cargas de larga duración. Se considera, en este problema, k_l=0,4, al tratarse de la combinación cuasi-permanente.

α_e es el cociente entre módulos de deformación de acero y hormigón:

$$\alpha_e = \frac{E_s}{E_{cm}} = 5,87$$
$$E_s = 200.000 \ N/mm^2$$
$$E_{cm} = 22000 \left(\frac{f_{cm}}{10}\right)^{0,3} = 22000 \left(\frac{35+8}{10}\right)^{0,3} = 34.077 \ N/mm^2 \ \text{(A19-§3.1.3)}$$

Además:

$$\rho_{p,eff} = \frac{A_s + \xi_1 A_p}{A_{c,eff}}$$

siendo A_s el área de armadura pasiva, es decir, $A_s = 6 \cdot 314 = 1884$ mm^2 y A_p el área de armadura activa postesa o pretesa ($A_p = 0$). $A_{c,eff}$ es el área eficaz del hormigón traccionado que rodea la armadura, que se define como el ancho de la sección, b, y una altura h_{cef} alrededor de las armaduras traccionadas:

$$h_{c,eff} = min\left\{2,5(h-d); \frac{h-x}{3}; h/2\right\}$$

Es necesario calcular x, es decir, la profundidad de la fibra neutra en servicio:

$$X = d\alpha_e\rho_1\left(-1 + \sqrt{1 + \frac{2}{\alpha_e\rho_1}}\right) = 740 \cdot 5,87 \cdot 0,00636\left(-1 + \sqrt{1 + \frac{2}{5,87 \cdot 0,00636}}\right) = 176\ mm$$

$$\rho_1 = \frac{A_{s1}}{b \cdot d} = \frac{6\cdot314}{400\cdot740} = 0,00636$$

Por tanto:

$$h_{c,eff} = min\left\{2,5(800-740); \frac{800-176}{3}; 800/2\right\} = 150\ mm$$

$$\rho_{p,eff} = \frac{A_s + \xi_1 A_p}{A_{c,eff}} = \frac{1884}{150\cdot400} = 0,0314$$

Y por último, $f_{ct,eff}$, es el valor medio de la resistencia a tracción del hormigón en el momento en el que se supone que aparecerán las primeras fisuras (A19-§7.3.2). $f_{ct,eff} = f_{ctm}$ o menor, f_{ctm} (t), si se espera la fisuración antes de 28 días. Se considera, por tanto, igual a 28 días en este problema y vale, según la tabla A19.3.1, $f_{ctm} = 3,2$ N/mm^2. Resultando un valor del alargamiento unitario de las armaduras:

$$\varepsilon_{sm} - \varepsilon_{cm} = \frac{258 - 0,4\frac{3,2}{0,0314}[1+5,87\cdot0,0314]}{200000} = 0,001 \geq 0,6\frac{258}{200000} = 0,000774$$

La separación máxima entre fisuras se obtiene según A19-§7.3.4 (en el caso de vigas, la separación entre armaduras es generalmente menor a $5(c+\phi/2)$, que en este caso equivale a 350 mm; en el caso de losas podría no cumplirse la separación anterior y se utilizaría otro procedimiento):

$$s_{r,max} = 3,4c + k_1k_20,425\frac{\emptyset}{\rho_{p,eff}}$$

Siendo c el recubrimiento de la armadura longitudinal, por lo que:

$$c = 60 - \frac{20}{2} = 50\ mm$$

k_1 es un coeficiente que tiene en cuenta las propiedades adherentes de la armadura, y que vale 0,8 para barras de adherencia elevada y 1,6 para barras con superficie eficaz lisa (por ejemlo, las armaduras de pretensado). Se toma $k_1 = 0,8$ al tratarse de barras corrugadas.

k_2 es un coeficiente que tiene en cuenta la distribución de deformaciones y vale 0,5 para flexión y 1,0 para tracción pura. Se puede obtener también valores intermedios para tracción excéntrica. En este caso, $k_2 = 0,5$.

$$s_{r,max} = 3,4 \cdot 50 + 0,8 \cdot 0,5 \cdot 0,425 \frac{20}{0,0314} = 278 \; mm$$

Por tanto:

$$\omega_k = s_{r,máx}(\varepsilon_{sm} - \varepsilon_{cm}) = 278 \cdot 0,001 = 0,278 \; mm$$

Por lo que resulta que la abertura de fisura no es admisible, al ser mayor que 0,2 mm (clase de exposición XS1). Para poder reducir el ancho de fisura, sería necesario poner armaduras de menor diámetro, conservando el área total de armado, o incluso aumentar el área total de armadura para que ésta al trabajar a menor tensión tenga menor deformación. Se trata de un cálculo iterativo, de prueba y error. Por brevedad, y al tratarse únicamente de repetir el proceso anterior, se prueba a continuación con un armado igual a 6ϕ25 ($A_s = 2946$ mm^2), dejando d constante, aunque se podría modificar ligeramente. También sería posible probar con un armado intermedio entre el propuesto en el enunciado y el que ahora se utilizará. Resulta:

$$\sigma_s = \frac{M_{cuasi-permanente}}{0,8 \cdot d \cdot A_s} = \frac{288 \cdot 10^6}{0,8 \cdot 740 \cdot 2946} = 165 \; N/mm^2$$

$k_l=0,4$

$$X = 740 \cdot 5,87 \cdot 0,00995 \left(-1 + \sqrt{1 + \frac{2}{5,87 \cdot 0,00995}} \right) = 213 \; mm$$

$$\rho_1 = \frac{A_{s1}}{b \cdot d} = \frac{2946}{400 \cdot 740} = 0,00995$$

$$h_{c,eff} = min\left\{ 2,5(800-740); \frac{800-213}{3}; 800/2 \right\} = 150 \; mm$$

$$\rho_{p,eff} = \frac{A_s + \xi_1 A_p}{A_{c,eff}} = \frac{2946}{150 \cdot 400} = 0,0491$$

$$\varepsilon_{sm} - \varepsilon_{cm} = \frac{165 - 0,4 \frac{3,2}{0,0491}[1 + 5,87 \cdot 0,0491]}{200000} = 0,00066 \geq 0,000495$$

$$s_{r,max} = 3,4 \cdot 50 + 0,8 \cdot 0,5 \cdot 0,425 \frac{25}{0,0491} = 257 \; mm$$

$$\omega_k = s_{r,máx}(\varepsilon_{sm} - \varepsilon_{cm}) = 257 \cdot 0,00066 = 0,17 \; mm$$

El ancho de fisura obtenido considerando un armado igual a 6ϕ25 es admisible para una clase de exposición XS1.

Además, el Código Estructural establece (A19-§7.3.2) que si es necesario controlar la fisuración, deberá disponerse de una cantidad mínima de armadura adherente en las zonas sometidas a tracción. Esta cantidad puede estimarse a partir del equilibrio entre el esfuerzo de tracción del hormigón justo antes de fisurarse y el esfuerzo de tracción en la armadura sometida al límite elástico, o a una tensión menor en el caso de que sea necesario limitar la abertura de fisura. Sin un cálculo más riguroso que pueda demostrar que sea adecuada la utilización de una armadura mínima inferior, el Código Estructural establece:

$$A_{s,min} \cdot \sigma_s = k_c k f_{ct,eff} A_{ct}$$

siendo $A_{s,min}$ el área mínima de armadura pasiva en la zona traccionada y A_{ct} el área de hormigón en la zona traccionada justo antes de que se forme la primera fisura. De forma simplificada, se puede considerar A_{ct} como el área de media viga (1600 mm^2)

σ_s es el valor absoluto de la tensión máxima permitida en la armadura inmediatamente después de que se produzca la fisura. Puede tomarse igual al límite elástico de la armadura f_{yk}. Sin embago, puede necesitarse un valor inferior que satisfaga los límites de la abertura de fisura, en función del diámetro máximo de las barros o de la separación máxima entre las mismas (Tablas A19.7.2 y A19.7.3). En general, para fisuras debidas fundamentalmente a cargas (como se supone es el caso de este ejercicio) la tabla de separación máxima de las barras ofrece resultados más fáciles de cumplir para vigas. La separación entre barras, de forma aproximada, la podemos suponer como la anchura de la viga entre el número de barras, es decir, 400/6 = 67 mm, por lo que se limitaría σ_s a 240 N/mm^2 (ver Tabla A19.7.3 para w_k = 0,2 mm, y separación 100 mm entre barras).

k_c es un coeficiente que tiene en cuenta la distribución de tensiones en la sección, inmediatamente después de la fisuración y de la modificación del brazo mecánico. Para flexión pura y compuesta en secciones rectangulares:

$$k_c = 0{,}4 \left[1 - \frac{\sigma_c}{k_1(h/h^*)f_{ct,eff}} \right] \leq 1$$

Resultando para flexión pura, sin axil, k_c = 0,4 al ser σ_c = 0.

k es un coeficiente que tiene en cuenta el efecto de las tensiones no uniformes autoequilibradas, conduciendo a una reducción de los esfueros de coacción:
  =1,0 para almas con $h \leq 300$ mm o alas con anchos inferiores a 300 mm
  =0,65 para almas con $h \geq 800$ mm o alas con anchos superiores a 800 mm

Al ser el canto de la viga objeto de estudio igual a 800 mm, se toma k = 0,65. Para valores intermedios se puede interpolar. El término $f_{ct,eff}$ había sido obtenido anteriormente en este ejercicio (3,2 N/mm^2). Resulta:

$$A_{s,min} \cdot 240 = 0{,}4 \cdot 0{,}65 \cdot 3{,}2 \cdot 1600 \rightarrow A_{s,min} = 555 \, mm^2$$

Por tanto, la armadura dispuesta (6ϕ25, 2946 mm^2) satisface sobradamente el requisitio de área mínima de amadura.

Una alternativa simplificada consiste en limitar el diámetro o la separación de las barras como se indica en el apartado A19-§7.3.3. Esta metodología se empleará en el ejercicio 8.4.

8.3 Determinación de la flecha total de viga biapoyada de hormigón armado.

Determinar la flecha total de una viga biapoyada de hormigón armado, de 5 metros de luz, sometida a las siguientes acciones:

–	**Peso propio:**	**3,5 kN/m²**	**a**	**28 días**	$G_{k,1}$
–	**Tabiquería:**	**1,0 kN/m²**	**a**	**90 días**	$G_{k,2}$
–	**Solado**	**1,5 kN/m²**	**a**	**120 días**	$G_{k,3}$
–	**S.C. de uso**	**2,0 kN/m²**	**a**	**365 días**	$Q_{k,1}$

El ancho tributario del forjado que descansa sobre la viga es de 5 m. La sección de la viga es de 60 cm de ancho y 30 cm de canto y el recubrimiento mecánico es igual a 5 cm. El armado inferior está compuesto de 7ϕ20 y el armado superior de 4ϕ12. La resistencia característica de proyecto es f_{ck} = 25 MPa. Puede considerar una deformación libre de retracción, e_{cs} = 400·10⁻⁶.

En primer lugar, es posible comprobar si es posible omitir los cálculos de deformaciones en función de lo estipulado en A19-§7.4.2 del Código Estructural.

Generalmente, no es necesario calcular las deformaciones de forma explícita, pudiéndose utilizar reglas simplificadas, como por ejemplo la limitación de la relación luz-canto, para evitar problemas de deformaciones en circunstancias normales. Será necesario realizar comprobaciones más rigurosas en el caso de elementos que se encuentran fuera de estos límites o en aquellos otros en los que sean adecuados otros límites de deformación distintos a los implícitos en los métodos simplificados.

Las máximas relaciones permitidas luz/canto efectivo (l/d) vienen dadas en formato tabla (de forma simplificada) y con las ecuaciones originales. Los datos necesarios son:
- l/d de la viga objeto de estudio: l/d = 5000/(300-50) = 20
- Cuantía de armadura traccionada, $\rho = A_s/bd$ = 7·314/(600·250) = 0,01465
- Sistema estructural: viga simplemente apoyada, K = 1,0

Tabla A19.7.4 Relación luz/canto útil para elementos de hormigón armado sin esfuerzo axil de compresión.

Sistema estructural	K	Hormigón sometido a tensión elevada $\rho = 1,5\%$	Hormigón sometido a baja tensión $\rho = 0,5\%$
Viga simplemente apoyada; losa unidireccional o bidireccional simplemente apoyada	1,0	14	20
Extremo del vano de una viga continua, losa unidireccional continua o losa bidireccional continua en una dirección	1,3	18	26

La cuantía de armadura a tracción es prácticamente igual al valor de 1,5% facilitado en la tabla A19.7.4 para "hormigón sometido a tensión elevada", por lo que la máxima relación l/d sería igual a 14 (equivente a luz máxima 14·250 = 3500 mm). Por tanto, es preciso calcular las deformaciones y, debido a la diferencia significativa entre canto el mínimo establecido para no calcular la flecha y el canto de la viga objeto de estudio, es probable que las deformaciones resultantes superen el máximo permitido por el Código Estructural. Nótese de la Tabla A19.7.4 que si la viga fuera un vano interior con continuidad por ambos lados (K=1,5), en ese caso se podría prescindir de la comprobación.

La limitación de deformaciones viene dado en A19-§7.4.1, donde se establece que la apariencia y funcionalidad general de la estructura pueden verse afectadas en el caso de que la flecha de una viga, losa o voladizo, bajo una combinación cuasi-permanente de cargas, supere el valor *longitud del vano*/250. La flecha será evaluada en relación a los apoyos. Además, se deben limitar las deformaciones que pudieran dañar las partes adyacentes de la estructura. Las deformaciones diferidas para la combinación cuasi-permanente de cargas no debe superar, en general, el valor de *longitud del vano*/500. Podrían considerarse otros límites, por ejemplo los expuestos en el Código Técnico de la Edificación.

Por tanto, para el cálculo de la flecha se utilizará la combinación de acciones cuasi-permanente:

$$\sum_{j\geq 1} G_{k,j} + P + \sum_{i\geq 1} \Psi_{2,i} Q_{k,i}$$

El coeficiente Ψ_2 para sobrecargas de uso en zonas residenciales es igual a 0,3. La combinación resulta:

$$1,0 \cdot G_{k,1} + 1,0 \cdot G_{k,2} + 1,0 \cdot G_{k,3} + 0,3 \cdot Q_{k,1}$$

Para el cálculo de las deformaciones que pudieran dañar las partes adyacentes de la estructura solo se tendrán en cuenta las deformaciones diferidas de la combinación anterior.

Las cargas existentes en la jácena son, teniendo en cuenta el peso propio de la misma:
- $g_{k,1 (28 \text{ días})}$ =3,5 kN/m² (5,00 - 0,60 m) + 0,60 m·0,30 m·25 kN/m³ =19,9 kN/m
- $g_{k,2 (90 \text{ días})}$ =1,0 kN/m² 5,00 m = 5,0 kN/m
- $g_{k,3 (120 \text{ días})}$ =1,5 kN/m² 5,00 m = 7,5 kN/m
- $q_{k,1 (365 \text{ días})}$ =2,0 kN/m² 5,00 m = 10,0 kN/m $\rightarrow$ Ψ_2 $q_{k,1}$ = 3 kN/m

Por tanto, la carga total considerada para el cálculo de la apariencia, según la combinación casi permanente es de 35,4 kN/m.

Si se quisiera calcular la evolución de la flecha para diferentes instantes del tiempo, sería preciso calcular diferentes inercias equivalentes ya que el momento máximo aplicado en cada instante depende del historial de las cargas hasta dicho instante. Por lo tanto, de forma rigurosa, la flecha instantánea debida al peso propio a la edad de 28 días (desapuntalado) es diferente a la flecha instantánea debida al peso propio a la edad de 90 días, ya que se consideraría la existencia de otra carga y la inercia equivalente sería más pequeña en el último caso. Se resolverá en este ejercicio de forma simplificada utilizando, además, una metodología similar a la dada en la Guía de Aplicación del Eurocódigo 2 de Reino Unido. La flecha de una viga biapoyada, vale:

$$f = \frac{5pl^4}{384EI}$$

Multiplicando numerador y denominador por el máximo momento flector, $M = pl^2/8$ y sabiendo que la curvatura es la inversa del radio de giro, por tanto $1/r$, y que se puede expresar como $1/r = M/EI$, resulta:

$$f = \frac{5pl^4}{384EI} = \frac{5pl^4 \cdot M}{384EI \cdot pl^2/8} = \frac{40}{384} l^2 \frac{1}{r} = 0{,}104l^2 \frac{1}{r}$$

De esta forma, la flecha obtenida mediante estática (se puede consultar cualquier prontuario) depende de la curvatura. Este paso es necesario para el cálculo manual mediante el Código Estructural, ya que la flecha debida a la retracción, por ejemplo, viene dada en función de la curvatura, siendo también posible evaluar la flecha debida a las acciones. La curvatura será, por tanto:

$$\frac{1}{r} = \frac{1}{r_n} + \frac{1}{r_{cs}}$$

siendo $1/r_n$ y $1/r_{cs}$ las curvaturas producidas por las acciones (a corto y largo plazo) y por la retracción, respectivamente.

Según A19-§7.4.3(7) el método más riguroso para la evaluación de las flechas consiste en calcular la curvatura en un gran número de secciones a lo largo de la estructura para, posteriormente, calcular la deformación por integración numérica (en la resolución de este ejercicio no se realizará la integración sino se evaluará en el centro de la luz y se utilizará la fórmula de la elástica proveniente del prontuario).

En la mayoría de los casos, se acepta la realización del cálculo de la deformación dos veces, el primero suponiendo el elemento sin fisurar y el segundo suponiendo el elemento completamente fisurado, para posteriormente interpolar utilizando la expresión:

$$\alpha = \zeta \alpha_{II} + (1 - \zeta)\alpha_I$$

donde:

α es el parámetro de deformación considerado que puede ser, por ejemplo, una deformación, una curvatura o un giro (como simplificación, α puede tomarse como una flecha, tal y como se realizará en este ejercicio)

α_I y α_{II} son, respectivamente, los valores del parámetro calculados para una sección no fisurada y para una completamente fisurada

ζ es un coeficiente de distribución (tiene en cuenta la participación del hormigón traccionado en la sección) y y que se obtiene de la expresión:

$$\zeta = 1 - \beta \left(\frac{\sigma_{sr}}{\sigma_s}\right)^2$$

siendo $\zeta = 0$ en el caso de secciones no fisuradas

β es un coeficiente que tiene en cuenta la influencia de la duración de la carga o de la repetición de una carga sobre la deformación media
= 1,0 en el caso de una carga única de corta duración
= 0,5 en el caso de una carga prolongada o de un gran número de ciclos de carga. Se adoptará este valor.

σ_s es la tensión en la armadura de tracción calculada considerando la sección como fisurada

σ_{sr} es la tensión en la armadura de tracción calculada considerando la sección fisurada, bajo las condiciones de carga que producen la primera fisura.

El término σ_{sr}/σ_s puede cambiarse por M_{cr}/M para flexión, donde M_{cr} es el momento de fisuración.

Las deformaciones debidas a la carga pueden evaluarse utilizando la resistencia a tracción y el módulo de elasticidad efectivo del hormigón. Como regla general, la mejor estimación del comportamiento se obtendrá si se utiliza $f_{ctm} = 2,6$ N/mm^2 (ver Tabla A19.3.1 para hormigón HA-25). Por tanto:

$$M_{fis} = f_{ctm}W_b = f_{ctm}\frac{1}{6}bh^2 = 2,6\frac{1}{6} \cdot 600 \cdot 300^2 = 23,4 \; kNm$$

$$M = \frac{pL^2}{8} = \frac{35,4 \cdot 5^2}{8} = 110,6 \; kNm$$

$$M_{cr}/M = \frac{23,4}{110,6} = 0,21$$

$$\zeta = 1 - \beta \left(\frac{\sigma_{sr}}{\sigma_s}\right)^2 = 1 - \beta \left(\frac{M_{cr}}{M}\right)^2 = 1 - 0,5(0,21)^2 = 0,98$$

El valor del coeficiente de distribución de 0,98 indica que se considera casi totalmente fisurada la sección (valor muy próximo a 1). Del lado de la seguridad, se podría calcular este ejercicio únicamente para la hipótesis fisurada, pero se realizarán los cálculos tanto para sección fisurada como sin fisurar ya que podría ser de utilidad en otros casos.

En el caso de cargas con una duración suficiente como para dar lugar a la aparición del fenómeno de fluencia, la deformación total, incluida la de fluencia, puede calcularse utilizando de un módulo de elasticidad efectivo del hormigón, de acuerdo con la expresión:

$$E_{c,eff} = \frac{E_{cm}}{1 + \varphi(\infty, t_0)}$$

donde $\varphi(\infty, t_0)$ es el coeficiente de fluencia para la carga y el intervalo de tiempo considerados. En el caso de tener cargas aplicadas a distintas edades, el libro "*How to Design Concrete Structures using Eurocode 2*" propone que el módulo de elasticidad efectivo conjunto se puede determinar como:

$$E_{LT} = \frac{\sum W}{\dfrac{W_1}{E_{c,eff1}} + \dfrac{W_2}{E_{c,eff2}} + \dfrac{W_3}{E_{c,eff3}} + \dfrac{W_4}{E_{c,eff4}}}$$

Donde W_i es la carga de servicio para cada etapa.

Las cargas se han definido al principio de la resolución de este ejercicio, y los coeficientes de fluencia para cada carga se han calculado en el problema 3.1 de este libro. Además, E_{cm} es igual a 31 GPa para un hormigón HA-25 (ver Tabla A19.3.1). Por tanto, se obtiene:

$$W_1 = 19,9 \text{ kN/m} \; ; \; \varphi(\infty, 28) = 2,8 \rightarrow E_{c,eff1} = \frac{31000}{1+2,8} = 8158 \; N/mm^2$$

$$W_2 = 5 \text{ kN/m} \; ; \; \varphi(\infty, 90) = 2,2 \rightarrow E_{c,eff2} = \frac{31000}{1+2,2} = 9688 \; N/mm^2$$

$$W_3 = 7,5 \text{ kN/m} \; ; \; \varphi(\infty, 120) = 2,2 \rightarrow E_{c,eff3} = \frac{31000}{1+2,2} = 9688 \; N/mm^2$$

$$W_4 = 3 \text{ kN/m} \; ; \; \varphi(\infty, 365) = 2,2 \rightarrow E_{c,eff4} = \frac{31000}{1+2,2} = 9688 \; N/mm^2$$

$$E_{LT} = \frac{19,9 + 5 + 7,5 + 3}{\dfrac{19,9}{8158} + \dfrac{5}{9688} + \dfrac{7,5}{9688} + \dfrac{3}{9688}} = 8764 \; N/mm^2$$

Es ahora necesario calcular la inercia, tanto la bruta (sección no fisurada) como la inercia fisurada. El cálculo de la inercia fisurada se debe llevar a cabo utilizando el módulo de elasticidad efectivo. Además, cabe mencionar que se utiliza la fórmula dada en el Anejo 8 de la Instrucción EHE-08 para el cálculo de la inercia fisurada, despreciando, por simplicidad y del lado de la seguridad, el efecto de la armadura comprimida:

$$I_b = \frac{1}{12}bh^3 = \frac{1}{12}0,60 \cdot 0,30^3 = 1,35 \cdot 10^{-3} \; m^4$$
$$I_f = \alpha_e A_s(d-x)(d-x/3) = 1,158 \cdot 10^{-3} \; m^4$$
$$x = d\alpha_e\rho\left(-1 + \sqrt{1 + \frac{2}{\alpha_e\rho}}\right) = 250 \cdot 0,334\left(-1 + \sqrt{1 + \frac{2}{0,334}}\right) = 137 \; mm$$
$$\alpha_e = \frac{E_s}{E_{LT}} = \frac{200.000}{8.764} = 22,82$$
$$\alpha_e\rho = 22,82 \cdot 0,01465 = 0,334$$

Con los datos obtenidos ya sería posible calcular la flecha a largo plazo debida a las cargas, considerando el estado fisurado y el no fisurado, ya que $1/r_n = M/EI$. Resulta:

Estado fisurado: $\quad \dfrac{1}{r_n} = \dfrac{M}{E_{LT}I_f} = \dfrac{110,6 \cdot 10^6}{8764 \cdot 1,158 \cdot 10^{-3} \cdot 1000^4} = 1,0898 \cdot 10^{-5}$

Estado no fisurado: $\dfrac{1}{r_n} = \dfrac{M}{E_{LT}I_b} = \dfrac{110,6 \cdot 10^6}{8764 \cdot 1,35 \cdot 10^{-3} \cdot 1000^4} = 0,9348 \cdot 10^{-5}$

Por lo que la flecha a largo plazo debida a las cargas, vale:

Estado fisurado: $\quad f_{fis} = 0,104l^2\dfrac{1}{r} = 28,3 \; mm$

Estado no fisurado: $f_{no\,fis} = 0,104l^2\dfrac{1}{r} = 24,3 \; mm$

Como se ha visto anteriormente, la flecha a largo plazo se puede obtener interpolando $\zeta\alpha_{II} + (1-\zeta)\alpha_I$, siendo α_I y α_{II} los valores del parámetro calculados para una sección no fisurada y para una completamente fisurada. Por tanto:

$$f = \zeta f_{fis} + (1-\zeta)f_{no\,fis} = 0,98 \cdot 28,3 + 0,02 \cdot 24,3 = 28,2 \; mm$$

La flecha anterior no incluye el efecto de la retracción, que se debe calcularla a parte. Según el Código Estructural, la curvatura debida a la retracción puede evaluarse utilizando la expresión:

$$\frac{1}{r_{cs}} = \varepsilon_{cs}\alpha_e\frac{S}{I}$$

donde:

$\dfrac{1}{r_{cs}}$ es la curvatura debida a la retracción

ε_{cs} es la deformación libre de retracción (véase A19-§3.1.4)

S es el momento estático de la sección de armadura respecto al centro de gravedad de la sección

I es el momento de inercia de la sección

α_e es el coeficiente de homogeneización efectivo, $\alpha_e = E_s/E_{LT}$

S e I deberán calcularse para la sección no fisurada y para la sección completamente fisurada. Ambos valores de la inercia han sido obtenidos anteriormente, por lo que se calcula a continuación el momento estático de la sección de armadura respecto al centro de gravedad de la sección, S. Para simplificar el cálculo, y al haber comprobado anteriormente que la sección se comporta prácticamente igual a la fisurada (coeficiente de interpolación igual a 0,98), sólo se calculará para la sección fisurada y despreciando la contribución de la armadura comprimida:

$$S_{fis} = A_s(d - x_{fis}) = 7 \cdot 314(250 - 137) = 248.374 \ mm^3$$

Por tanto:

$$\frac{1}{r_{cs}} = 400 \cdot 10^{-6} 22{,}82 \frac{248374}{1{,}158 \cdot 10^{-3} \cdot 1000^4} = 1{,}958 \cdot 10^{-6}$$

Se observa que la curvatura debida a la retracción es de un orden de magnitud inferior a la debida a las cargas, por lo que su contribución a la flecha será pequeña. La flecha fisurada por retracción (considerando que será prácticamente igual a la flecha causada por la retracción):

$$f_{retracción} = 0{,}104 l^2 \frac{1}{r_{cs}} = 5{,}1 \ mm$$

Por tanto, la flecha total es la suma a la flecha producida por las cargas más la flecha por retracción:

$$f = 28{,}2 + 5{,}1 = 33{,}3 \ mm$$

Se trata de un proceso excesivamente largo para cálculo manual, pero el resultado es similar al que ofrecía el cálculo de este mismo ejercicio según la Instrucción EHE-08, que era igual a 34,2 mm.

La flecha admisible frente a la combinación cuasi-permenente es igual a $l/250$, es decir, 5000/250 = 20 mm, por lo que la flecha obtenida es inadmisible.

8.4 Comprobación de fisuración y flecha total en una jácena interior.

El dintel de múltiples vanos ya presentado en el problema 6.1 recibe las cargas de un forjado unidireccional. La luz entre ejes de pilares es de 6,0 m y éstos tienen un ancho de 0,35 m. La separación transversal entre dinteles es de 6,50 metros. La sección transversal del dintel es rectangular, de 0,60 m de canto y 0,40 m de ancho. La armadura a tracción se esquematiza en la siguiente figura.

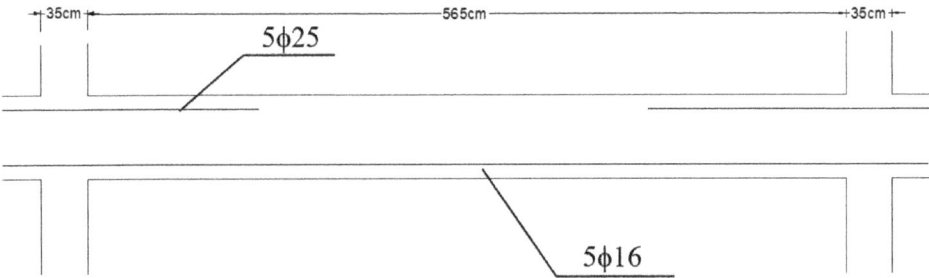

Las cargas que recibe el dintel son:
- **Peso propio del dintel.**
- **Carga permanente del forjado: 5,0 kN/m^2.**
- **Sobrecarga de uso: 8 kN/m^2.**

Para el cálculo de los esfuerzos se puede considerar el vano como biempotrado. Los materiales a utilizar son: HA-30/F/20/XC3 y acero B500SD.

SE PIDE:

a) Comprobar el ELS de fisuración en las secciones representativas según el Código Estructural. Considera $\psi_2 = 0.3$ para la sobrecarga de uso.

b) Comprobar el ELS de deformación según el Código Estructural.

a) La fisuración es normal en las estructuras de hormigón armado sometidas a flexión. El Estructural define un valor límite para la abertura de fisura calculado, $w_{máx}$. En el caso de estructuras de hormigón armado en clase de exposición SC3, la abertura máxima de fisura es igual a 0,3 mm para la combinación cuasi-permanente de acciones (Tabla 27.2 del apartado A19-§7.3.1).

De forma simplificada, es posible limitar el diámetro o la separación de las barras traccionadas tal y como se indica en A19-§7.3.3, además de sumplir con las áreas mínimas de armadura definidas en A19-§7.3.2.

Se calcula en primer lugar la tensión en el acero bajo combinación cuasi-permanente. Las cargas valen (obtenidas en la resolución del problema 6.1):

Peso propio jácena: $g_1 = A_c \cdot \gamma_c = 6$ kN/m
Carga permanente: $g_2 = 32,5$ kN/m
Sobrecarga de uso: $q = 52$ kN/m $\rightarrow$ $\psi_2 \cdot q = 0,3 \cdot 52 = 15,6$ kN/m

Por lo que la carga total en la combinación de carga cuasipermanente vale:

$p = g_1 + g_2 + \psi_2 \cdot q = 6 + 32,5 + 15,6 = 54,1$ kN/m

La ley de momentos flectores para la carga cuasipermanente (no se realiza redistribución de cargas en Estado Límite de Servicio) vale:

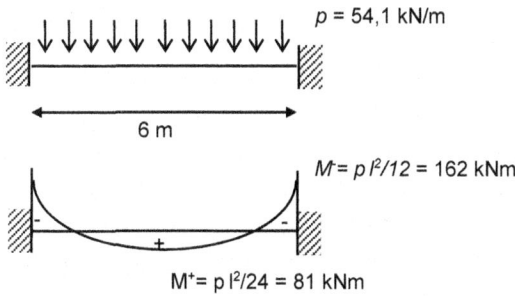

$p = 54,1$ kN/m

6 m

$M^- = p\,l^2/12 = 162$ kNm

$M^+ = p\,l^2/24 = 81$ kNm

Por lo que la tensión en la armadura traccionada vale:

- A negativos: $\sigma_s = \dfrac{M_{cuasi-permanente}}{0,8d \cdot A_s} = \dfrac{162 \cdot 10^6}{0,8 \cdot 550 \cdot 5 \cdot 490} = 150 \; N/mm^2$

- A positivos: $\sigma_s = \dfrac{M_{cuasi-permanente}}{0,8d \cdot A_s} = \dfrac{81 \cdot 10^6}{0,8 \cdot 550 \cdot 5 \cdot 201} = 183 \; N/mm^2$

Según la tabla A19.7.2, para $w_k = 0,3$ mm, el diámetro máximo admisible de la barra bajo una tensión de 150 N/mm^2 sería 32 mm (se ha tomado la tensión de 160 N/mm^2 de forma conservadora). Del mismo modo, para una tensión de 183 N/mm^2, sería admisible utilizar barras de diámetro máximo de 25 mm (considerando la tensión de 200 N/mm^2 de forma conservadora). Por tanto, se cumple el diámetro máximo por lo que la comprobación del ELS de fisuración, tanto para la armadura a positivos como negativos, es satisfactoria. Fíjese que los valores dados para dicha tabla son válidos para unas determinadas condiciones. En caso de apartarse mucho de dichos valores (no es el caso de este ejercicio), se debería corregir el diámetro máximo según una fórmula dada en el Código Estructural A19-§7.3.3.

Alternativamente, mediante la tabla A19.7.3 se obtiene que la separación máxima de las barras es igual a 250 mm considerando una tensión del acero de 200 N/mm^2 (superior a la obtenida tanto a positivos como negativos). La separación real entre barras, de forma aproximada, la podemos suponer como el ancho de la viga entre el número de barras, es decir, 400/5 = 80 mm, por lo que se cumple sobradamente la separación máxima establecida. El cumplimiento de los límites establecidos en cualquiera de las dos tablas sería suficiente para fisuras debidas fundamentalmente a cargas.

Se comprueba a continuación el área mínima de armadura adherente en las zona sometida a tracción, que viene dada por:

$$A_{s,min}\sigma_s = k_c k f_{ct,eff} A_{ct}$$

siendo $A_{s,min}$ el área mínima de armadura pasiva en la zona traccionada y A_{ct} el área de hormigón en la zona traccionada antes de que se forme la primera fisura. De forma simplificada, se puede considerar A_{ct} como el área de media viga ($300 \cdot 1/2 \cdot 800$ mm^2).

σ_s es el valor absoluto de la tensión máxima permitida en la armadura inmediatamente después de que se produzca la fisura. Puede tomarse igual al límite elástico de la armadura f_{yk}. Sin embago, puede necesitarse un valor inferior que satisfaga los límites de la abertura de fisura, en función del diámetro máximo de las barras o de la separación máxima entre las mismas (Tablas A19.7.2 y A19.7.3). De forma conservadora, se puede limitar a $\sigma_s = 200$ N/mm^2 considerando el diámetro máximo de la armadura mínima de 25 mm (tabla A19.7.2). De la tabla A19.7.3 se obtendría, a partir de la separación de las barras, un valor límite superior de la tensión, por lo que nos quedamos del lado de la seguridad.

$k_c = 0,4$ para flexión pura.

k es un coeficiente que tiene en cuenta el efecto de las tensiones no uniformes autoequilibradas, conduciendo a una reducción de los esfueros de coacción:

$\quad\quad\quad$ =1,0 para almas con $h \leq 300$ mm o alas con anchos inferiores a 300 mm
$\quad\quad\quad$ =0,65 para almas con $h \geq 800$ mm o alas con anchos superiores a 800 mm

De forma conservadora se puede tomar el valor $k=1,0$. Por último, $f_{ct,eff}$ se puede tomar como f_{ctm} a los 28 días (si no se espera fisuración antes de 28 días). Por lo que $f_{ct,eff} = f_{ctm} = 2,9$ N/mm^2.

La armadura mínima es igual a:

$$A_{s,min}200 = 0,4 \cdot 1 \cdot 2,9 \cdot 300 \cdot 400 \rightarrow A_{s,min} = 696 \, mm^2$$

La armadura dispuesta satisface el requisitio de área mínima de amadura tanto a positivos como a negativos. Por tanto, no es necesario realizar el cálculo detallado del ELS de fisuración, ya que cumplimos con el método simplificado (armadura mínima y comprobación diámetro y separación máxima de barras).

b) El Código Estructural establece que, en vigas y losas de edificación, no será necesaria la comprobación de flechas cuando la relación luz/canto útil del elemento estudiado sea igual o inferior al valor indicado en la tabla A19.7.4 (o en su defecto por las ecuaciones detalladas en A19-§7.4.2). Se utilizará la tabla para la comprobación, que depende de la cuantía de armado a tracción en el centro de luz necesaria para resistir las acciones de cálculo (en voladizos en la sección de arranque). En este caso:

$$\rho = \frac{A_s}{b \cdot d} = \frac{5 \cdot 201}{400 \cdot 550} = 0,0046 = 0,46\,\%$$

Se puede aproximar a un valor de 0,5 %, y tomar que la máxima relación l/d para el caso de una viga continua en ambos extremos es igual a 30 (Tabla A19.7.4). En este ejemplo, la luz entre ejes es de 6 m con un canto efectivo de 0,55 m, por lo que $l/d =$ 6/0,55 = 10,9, significativamente inferior que la máxima esbeltez de 30 para la que no es necesario comprobar la flecha del elemento. Por tanto, no sería necesario calcular la flecha, satisfaciéndose el ELS de deformación según el Código Estructural.

8.5 Luces máximas en proyecto arquitectónico.

Está realizando un proyecto de vivienda unifamiliar y tiene que distribuir de forma aproximada los pilares del edificio, lo que evidentemente vendrá condicionado, además, por la solución arquitectónica. En cualquier caso, sabe usted que se quiere utilizar un forjado de vigueta y bovedilla de 22+5 cm de canto (canto total 27 cm, siendo 5 cm la profundidad de la capa de compresión). La clase de exposición será XC3, se utilizará un cemento CEM II y la vida útil se ha fijado en 50 años.

De su experiencia previa conoce que una cuantía habitual de armado de jácenas que resulta fácil de construir es igual a $A_s/bd \approx 0.011$. ¿Qué longitud máxima de cálculo recomendaría tomar para las vigas en las siguientes situaciones?

a) Jácenas de los pórticos en los vanos exteriores.

b) Jácenas de los pórticos en los vanos interiores.

c) Jácenas del voladizo en la fachada principal.

Ha sido muy habitual en España, y lo sigue siendo en determinadas tipologías, la utilización de jácenas planas (del mismo canto que el forjado). Por este motivo, se considera para la resolución de este ejercicio que las jácenas serán, al igual que el forjado de vigueta y bovedilla dado en el enunciado, de 27 cm de canto.

En primer lugar es necesario estimar el canto útil de las jácenas. A nivel de cálculo, es habitual considerar un recubrimiento mecánico igual a 5 cm, pero como disponemos de los datos necesarios, se realizará una estimación más rigurosa. El hormigón habitual en el sector de la edificación es HA-25 (f_{ck} = 25 MPa). Sin embargo, al ser la clase de exposición XC3 (humedad moderada, adecuada para, entre otros usos, elementos de hormigón armado dentro de recintos cerrados con humedad media o alta, HR>65%), la resistencia característica mínima esperada para el hormigón, según la Tabla 43.2.1.b del Título 2 del Código Estructural, es de 30 N/mm². Por tanto, al ser la clase de exposición XC3 recomendada en el Código Estructural para elementos estructurales en sótanos no ventilados, forjados en cámara sanitaria o en interiores de cocinas y baños, parece que el hormigón más habitual en el sector de la edificación será el HA-30 en corto plazo.

Volviendo al recubrimiento, la clase de exposición es XC3, el cemento distinto a un CEM I, y la vida útil de proyecto es 50 años. Con estos datos, el recubrimiento mínimo es de 20 mm según la tabla 44.2.1.1.a del Código Estructural. El margen de recubrimiento, Δc_{dev}, en función del nivel de control de ejecución es de 10 mm en el caso habitual de la edificación residencial. Por tanto, el recubrimiento nominal, que se debe prescribir a nivel de proyecto, es igual a $c_{nom} = c_{min} + \Delta c_{dev} = 20$ mm + 10 mm = 30 mm.

Se puede estimar que la armadura a cortante estará formada por cercos $\phi 8$ y la armadura a flexión por barras $\phi 20$. Por tanto, el recubrimiento mecánico valdrá:

$$c_{mec} = c_{nom} + \phi_{cercos} + \frac{\phi_{long.}}{2} \approx 30 + 8 + \frac{20}{2} = 48 \, mm \approx 50 \, mm$$

Por tanto, el canto útil $d = 270 - 50 = 220$ mm, tal y como ya se había avanzado (en este libro ha sido habitual disminuir 5 cm al canto total de la sección para obtener el canto efectivo).

A nivel de proyecto, es habitual considerar como luz máxima la que garantiza que se pueden omitir los cálculos de deformaciones, según A19-§7.4.2 "Casos en los que se pueden omitir los cálculos" del Código Estructural. En dicha sección, se presenta una tabla, adecuada para casos simplificados, con las máximas relaciones permitidas luz/canto efectivo (l/d), siendo posible la interpolación entre los valores de la tabla. También se da la información en formato ecuación, que será el procedimiento elegido para la resolución de este ejercicio. La limitación l/d viene dada por:

$$\frac{l}{d} = K\left[11 + 1{,}5\sqrt{f_{ck}}\,\frac{\rho_0}{\rho} + 3{,}2\sqrt{f_{ck}}\left(\frac{\rho_0}{\rho} - 1\right)^{3/2}\right] \qquad \text{si } \rho \leq \rho_0$$

$$\frac{l}{d} = K\left[11 + 1{,}5\sqrt{f_{ck}}\,\frac{\rho_0}{\rho-\rho'} + \frac{1}{12}\sqrt{f_{ck}}\sqrt{\frac{\rho'}{\rho_0}}\right] \qquad \text{si } \rho > \rho_0$$

donde l/d es la relación luz-canto, K es el coeficiente que tiene en cuenta los diferentes sistemas estructurales, según la tabla A19.7.4. En concreto, $K=1{,}3$ para extremo del vano de una viga continua, $K=1{,}5$ para el vano interior de una viga y $K=0{,}4$ en voladizos.

Además, ρ_0 es la cuantía geométrica de referencia:

$$\rho_0 = 10^{-3} \cdot \sqrt{f_{ck}} = 10^{-3} \cdot \sqrt{30} = 0{,}00548$$

La cuantía geométrica de la armadura de tracción en el centro de vano necesaria para resistir las acciones de cálculo (en voladizos se utiliza la sección de arranque) es 0,011 según el enunciado, por lo que se utilizará la segunda ecuación de las arriba indicadas ($\rho > \rho_0$).

La cuantía geométrica de la armadura de compresión en el centro de vano necesaria para resistir las acciones de cálculo (en voladizos se utiliza la sección de arranque), ρ', se considera igual a cero, ya que en general no se necesita armadura de compresión por efectos de cálculo.

Se resuelve, a continuación, para los distintos apartados.

a) Vano exterior de un pórtico continuo. $K=1,3$ en este caso, por lo que, considerando que $\rho'=0$, resulta:

$$\frac{l}{d} = K\left[11 + 1,5\sqrt{f_{ck}}\frac{\rho_0}{\rho}\right] = 1,3\left[11 + 1,5\sqrt{30}\frac{0,00548}{0,011}\right] = 19,6$$

Por tanto, la luz máxima recomendada para la jácena plana de 27 cm de canto en un vano exterior sería $L = 19,6 \cdot d = 19,6 \cdot 22 = 431$ cm.

b) Vano interior de un pórtico continuo. $K=1,5$ en este caso, por lo que, considerando que $\rho'=0$, resulta:

$$\frac{l}{d} = K\left[11 + 1,5\sqrt{f_{ck}}\frac{\rho_0}{\rho}\right] = 1,5\left[11 + 1,5\sqrt{30}\frac{0,00548}{0,011}\right] = 22,6$$

Por tanto, la luz máxima recomendada para la jácena plana de 27 cm de canto en un vano interior sería $L = 22,6 \cdot d = 22,6 \cdot 22 = 497$ cm.

c) Voladizo en la fachada principal. $K=0,4$ en este caso, por lo que, considerando que $\rho'=0$, resulta:

$$\frac{l}{d} = K\left[11 + 1,5\sqrt{f_{ck}}\frac{\rho_0}{\rho}\right] = 0,4\left[11 + 1,5\sqrt{30}\frac{0,00548}{0,011}\right] = 6$$

Por tanto, la luz máxima recomendada en el caso de disponer la jácena plana de 22 cm de canto útil en voladizo es $L = 6 \cdot d = 6 \cdot 22 \approx 132$ cm.

Se tratan de luces relativamente pequeñas, por lo que si no resultasen suficientes, se podría plantear elevar el canto a 30 cm o realizar las comprobaciones de flecha correspondientes. Además, tras el cálculo en ELU sería necesario comprobar las cuantías de armadura traccionada obtenidas y, en su caso, recalcular la limitación de esbeltez máxima para poder omitir el cálculo de deformaciones. En caso de tener que calcular las deformaciones, o flechas, se trata de un cálculo farragoso difícil de ser realizado manualmente.

Bloque temático 9. Introducción a los mecanismos de bielas y tirantes.

9.1 Cálculo estructural y disposición de armaduras en una zapata rectangular.

Una zapata cuadrada de 2,00 x 2,00 metros de dimensión en planta y 0,50 metros de canto recibe los esfuerzos de un pilar cuadrado de 0,30 m de arista.

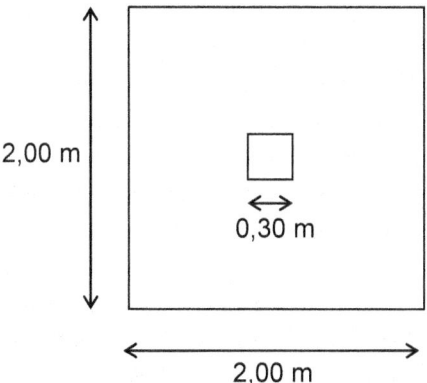

El acero a utilizar es B 500 SD y el hormigón HA-25/F/20/XC2. Los esfuerzos de cálculo que actúan en la base del pilar son: N_d = 1400 kN y M_d = 80 kN·m. En la dirección perpendicular no actúa ningún momento flector.

Se pide calcular la armadura necesaria en la zapata y disponerla de forma adecuada.

Nota: No se trata de dimensionar la zapata, ya que faltarían las comprobaciones geotécnicas.

La zapata aislada es una cimentación superficial en la que arranca un único pilar. También se considera zapata aislada aquélla sobre la que cargan dos pilares contiguos separados por una junta de dilatación, caso en el que, a todos efectos de cálculo, ambos pilares se consideran como un solo pilar, cuya carga se toma como la suma de los dos.

La Instrucción EHE-08 distinguía de forma explícita entre zapatas rígidas y flexibles. Esta distinción no existe como tal en el Código Estructural. Sin embargo, en A19-§5.6.4 se establece que los modelos de bielas y tirantes pueden utilizarse para el cálculo en Estado Límite Último y la definición de los detalles de armados de las regiones discontinuas. En general, estas regiones de discontinuidad se extienden hasta una distancia h (canto de la sección del elemento) desde la discontinuidad. En una zapata rígida, se considera que hay discontinuidades en los extremos de la zapata y en el arranque del pilar. Por tanto, en la práctica, la diferenciación entre zapatas rígidas y flexibles sigue siendo válida, independientemente de la nomenclatura utilizada en la normativa vigente. Una zapata cuadrada será rígida si el vuelo es menor, o igual, a dos veces el canto:

$$v = \frac{a_2 - a_1}{2} \leq 2h \quad \rightarrow \quad \frac{2 - 0,30}{2} = 0,85 \leq 2h = 2 \cdot 0,5 = 1,0 \ m$$

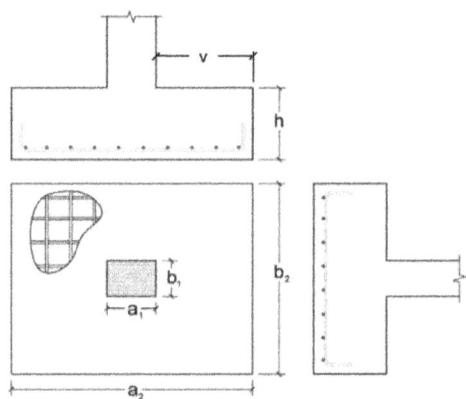

Por tanto, la zapata de este ejercicio es rígida, puede calcularse según el método de bielas y tirantes.

Modelo de bielas y tirantes

Se utilizará el modelo de bielas y tirantes recogido en el artículo 58.4.1.1 de la Instrucción EHE-08 al presentarse con mayor detalle que en la actual normativa, y no ser contradictorio con lo ahora estipulado en el Código Estructural.

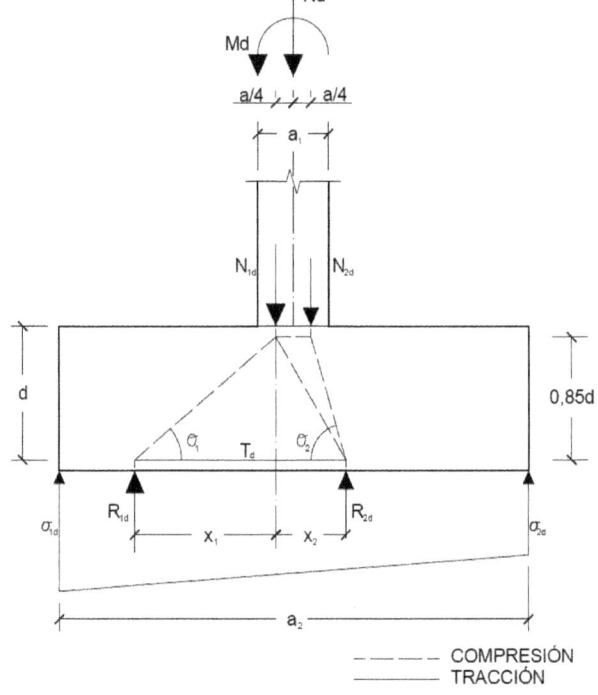

La solicitación del tirante se obtiene por un sencillo cálculo de equilibrio en los nudos donde la relación de fuerzas R_{1d} y T_d es proporcional a la relación geométrica de los catetos del triángulo, resultando:

$$T_d = \frac{R_{1d}}{0,85\, d}x_1$$

donde d es el canto útil de la zapata, es decir la distancia del paramento superior al centro geométrico de la armadura traccionada, a_1 el canto del pilar, R_{1d} la resultante de las tensiones en el terreno correspondiente trapecio que queda entre una sección a $a/4$ del eje del pilar y el extremo más solicitado y x_1 la distancia entre el centro de gravedad del trapecio de tensiones en el terreno que produce R_{1d} y la sección de $a/4$ del eje del pilar. Se supone que la zapata se encuentra sobre una capa de hormigón de limpieza, por lo que el recubrimiento será el recubrimiento nominal para una clase de exposición XC2. El recubrimiento mecánico puede estimarse, como es criterio habitual en este libro, en 50 mm, por lo que $d = 450\ mm$.

Es necesario calcular la distribución de tensiones bajo la zapata para las cargas transmitidas por la estructura (no se trata de la comprobación geotécnica, ya que los criterios de carga son distintos). La excentricidad de la reacción vale:

$$e = \frac{M_d}{N_d} = \frac{80}{1400} = 0,057\ m$$

Si la carga se encuentra dentro del núcleo central de la zapata (1/6 de la base), toda la superficie de contacto entre la zapata y el terreno se encontrará comprimido, sin despegue:

$$e = 0,057 < \frac{a_2}{6} = \frac{2}{6} = 0,33\ m$$

Por lo que efectivamente la carga se encuentra dentro del núcleo central. Por tanto, las tensiones medias, máximas y mínimas valdrán:

$$\sigma_{media} = \frac{N_d}{A_c} = \frac{1400}{2\cdot 2} = 350\frac{kN}{m^2}$$

$$\sigma_{1d} = \frac{N_d}{A_c} + \frac{M_d y}{I_c} = \frac{N_d}{a_2 b_2} + \frac{M_d\, a_2/2}{\frac{1}{12}b_2 a_2^3} = \frac{N_d}{a_2 b_2} + 6\frac{M_d}{b_2 a_2^2} = \frac{1400}{2\cdot 2} + 6\frac{80}{2\cdot 2^2} = 410\frac{kN}{m^2}$$

$$\sigma_{2d} = \frac{N_d}{A_c} - \frac{M_d y}{I_c} = \frac{N_d}{a_2 b_2} - \frac{M_d\, a_2/2}{\frac{1}{12}b_2 a_2^3} = \frac{N_d}{a_2 b_2} - 6\frac{M_d}{b_2 a_2^2} = \frac{1400}{2\cdot 2} - 6\frac{80}{2\cdot 2^2} = 290\frac{kN}{m^2}$$

Es necesario también calcular la tensión bajo la zapata en un punto situado a $a/4$ del eje del pilar, ya que ese es el punto que definirá el trapecio para calcular la reacción R_{1d}. Estas tensiones valen:

$$\sigma_{d,a/4} = \frac{N_d}{A_c} + \frac{M_d y}{I_c} = \frac{N_d}{a_2 b_2} + \frac{M_d\, a_1/4}{\frac{1}{12}b_2 a_2^3} = \frac{1400}{2\cdot 2} + \frac{80\cdot 0,30/4}{\frac{1}{12}\cdot 2\cdot 2^3} = 354,5\frac{kN}{m^2}$$

Por tanto, la fuerza resultante R_{1d}, es igual a:

$$R_{1d} = \frac{\sigma_{1d}+\sigma_{d,a/4}}{2}\left(\frac{1}{2}a_2 - \frac{1}{4}a_1\right)\cdot b_2 = \frac{410+354,5}{2}(1-0,075)\cdot 2 = 707\ kN$$

Y la distancia x_1 se obtiene a partir del cálculo del centro de gravedad de un trapecio:

$$x_1 = x_{cdg} = H - \frac{H}{3}\left(\frac{2b+B}{b+B}\right) = 0,925 - \frac{0,925}{3}\left(\frac{2\cdot354,5+410}{354,5+410}\right) = 0,474\ m$$

Por tanto:

$$T_d = \frac{R_{1d}}{0,85\ d}x_1 = \frac{707}{0,85\cdot0,45}0,474 = 876\ kN$$

La armadura a disponer será:

$$A_s f_{yd} \geq T_d$$
$$A_s \geq \frac{T_d}{f_{yd}} = \frac{876\cdot10^3}{500/1,15} = 2015\ mm^2$$

La anterior Instrucción EHE-08 limitaba el valor de la resistencia de cálculo a tracción de la armadura a 400 N/mm^2 en los modelos de bielas y tirantes. Sin embargo, esta limitación no está incluida en el Código Estructural, por lo que se ha utilizado el valor de f_{yd} de la armadura.

En caso de disponer barras ϕ16, el número de barras a disponer en todo el ancho de la zapata sería 2015/201 = 10,02 ≈ 10 barras.

Sería preciso ahora calcular la zapata en la dirección perpendicular, en la que no actúa ningún momento flector. Al ser la zapata cuadrada, y para evitar errores de montaje, se recomienda en zapatas cuadradas que la armadura sea igual en las dos direcciones ortogonales Esto no sería necesario en el caso de zapatas rectangulares, ya que se eliminaría la posible confusión de montaje. En este caso concreto, en la dirección perpendicular la armadura de cálculo resultante sería inferior al no actuar ningún momento flector, por lo que se dispondría la obtenida para el plano ya calculado (10ϕ16).

Armadura mínima
El Código Estructural no especifica para zapatas de pilares (A19-§9.8.2) ningún valor de armadura mínima. En todo caso, el Prof. J. Calavera menciona que para valores de tensiones admisibles del terreno habituales (entorno a 0,2 N/mm^2) sería posible proyectar las zapatas sin armadura mínima, ya que la resistencia a tracción del hormigón podría resultar suficiente para resistir las bajas tensiones de tracción que se producirían en el hormigón.

Tampoco se especifica en el Código Estructural ninguna separación máxima del armado, pero se puede considerar prudente una separación máxima de 300 mm (como en el caso de losas macizas). No obstante, sí especifica que el diámetro mínimo de la armadura debe ser ϕ_{min} = 12 mm.

Anclaje de la armadura: procedimiento Código Estructural

El Código Estructural incluye un modelo para la determinación del anclaje de la armadura de las zapatas (A19-§9.8.2.2). En él, el esfuerzo de tracción en la armadura se determina a partir de las condiciones de equilibrio, teniendo en cuenta el efecto de las fisuras inclinadas (véase la figura siguiente). La fuerza de tracción, F_s, en un punto x, debe anclarse en el hormigón a lo largo de la misma distancia x desde el borde de la zapata.

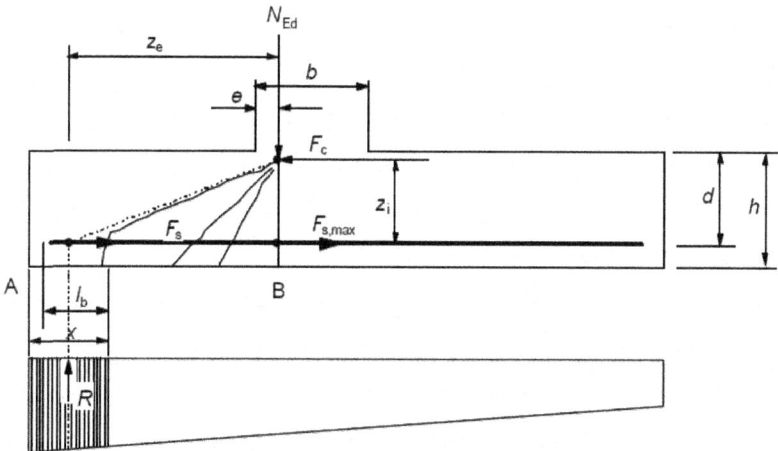

La fuerza de tracción a anclar viene dada por:

$$F_s = R \cdot z_e / z_i$$

donde R es la resultante de la presión del terreno dentro de la distancia x

z_e es el brazo mecánico externo, es decir, la distancia entre R y el esfuerzo vertical N_{Ed}

N_{Ed} es el esfuerzo vertical correspondiente a la presión total del suelo entre las secciones A y B

z_i es el brazo mecánico interno, es decir, la distancia entre la armadura y la fuerza horizontal F_c

F_c es la fuerza de compresión correspondiente al máximo esfuerzo de tracción $F_{s,max}$.

Los brazos mecánicos z_e y z_i se pueden determinar en relación con las zonas de compresión necesarias para N_{Ed} y F_c respectivamente. El Código Estructural propone que, como simplificación, z_e puede determinarse suponiendo $e = 0,15b$ y z_i se puede tomar igual a $0,9d$. Por coherencia con el modelo de bielas y tirantes planteado previamente, se considerará:

$e = 0,25b$
$z_i = 0,85d$

Nótese que la determinación de $F_{s,max}$ mediante este modelo del Código Estructural, con los valores anteriores para e y z_i, es completamente equivalente al modelo de bielas y tirantes propuesto en la antigua Instrucción EHE-08, que ha sido utilizado previamente en este ejercicio.

La longitud de anclaje disponible para las barras rectas viene indicada como l_b en la figura anterior. Si esta longitud no es suficiente para anclar F_s, las barras podrán doblarse para incrementar la longitud disponible, o podrán disponerse dispositivos de anclaje en sus extremos.

Para las barras rectas sin anclaje en los extremos, el valor mínimo de x es el más crítico. Como simplificación, se puede adoptar $x_{min} = h/2$. Para otros tipos de anclaje, valores mayores de x pueden ser aún más críticos.

Para aplicar este modelo, es necesario calcular la tensión bajo la zapata en un punto situado a $h/2$ del extremo de la zapata, es decir, a una distancia $1-0,25=0,75$ m del eje del pilar, ya que ese es el punto que definirá el trapecio para calcular la reacción R de la última figura. Estas tensiones valen:

$$\sigma_{d,h/2} = \frac{N_d}{A_c} + \frac{M_d y}{I_c} = \frac{N_d}{a_2 b_2} + \frac{M_d \, 0,75}{\frac{1}{12} b_2 a_2^3} = \frac{1400}{2 \cdot 2} + \frac{80 \cdot 0,75}{\frac{1}{12} \cdot 2 \cdot 2^3} = 395 \frac{kN}{m^2}$$

Por tanto, la fuerza resultante R (ver figura anterior), es igual a:

$$R = \frac{410+397}{2} \frac{kN}{m^2} \cdot 0,25 \, m \cdot 2 \, m = 202 \, kN$$

La distancia z_e se obtendrá, por tanto, a partir del centro de gravedad del trapecio, resultando:

$$z_e = 1 - 0,25 \cdot 0,3 - \frac{0,25}{3} \left(\frac{2 \cdot 397 + 410}{397 + 410} \right) = 0,80 \, m$$

Por tanto, la fuerza a anclar vale:

$$F_s = R \cdot z_e / z_i = 202 \cdot \frac{0,80}{0,85 \cdot 0,45} = 422,5 \, kN$$

La tensión a la que estará sometida la armadura ($10\phi16 \rightarrow A_s=2010$ mm^2) en el punto donde se debe anclar es igual a:

$$\sigma_{sd} = \frac{F_s}{A_s} = \frac{422,5 \cdot 1000}{2010} = 210 \, N/mm^2$$

La longitud neta de anclaje de las barras $\phi16$, valdrá según el método de cálculo dado en el Título 2 §49.5.1.2 del Código Estructural (prolongación recta) es igual a:

$$l_b = m\emptyset^2 = 1,5 \cdot 16^2 = 384 \, mm \not< \frac{f_{yk}}{20} \emptyset = \frac{500}{20} 16 = 400 \, mm$$

$$l_{b,neta} = l_b \beta \frac{\sigma_{sd}}{f_{yd}} = 400 \cdot 1 \frac{210}{500/1,15} = 193,2 \, mm$$

Esta longitud es superior a los valores mínimos dados en T2-§49.5.1.1:
$$l_{b,net} = 193,2 \, mm \geq max(10\emptyset \; ; \; 150 \, mm; \; l_b/3)$$
$$l_{b,net} = 193,2 \, mm \geq max(160 \; ; \; 150 \, mm \; ; \; 133 \,)$$

Por tanto, según este modelo incluido en el Código Estructural, la armadura de esta zapata no necesitaría patilla, ya que la longitud disponible para el anclaje según el modelo sería igual a $h/2$ menos el recubrimiento lateral, aproximadamente $250 - 35 = 215$ mm, superior a la longitud neta de anclaje de 193 mm necesaria.

Anclaje de la armadura: procedimiento simplificado
El Prof. J. Calavera recomienda que, en zapatas rígidas, al menos se disponga de una patilla que no sea inferior a ninguno de los tres criterios siguientes:

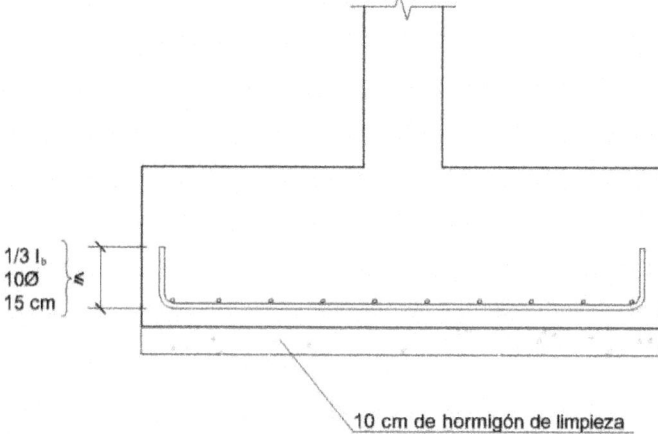

10 cm de hormigón de limpieza

Es decir, el anclaje no puede ser inferior a:
$$l_{b,net} \geq max(10\emptyset \; ; \; 150 \, mm \; ; \; l_b/3)$$
$$l_b = m\emptyset^2 = 1,5 \cdot 16^2 = 384 \, mm \nless \frac{f_{yk}}{20}\emptyset = \frac{500}{20}16 = 400 \, mm$$
$$l_{b,net} \geq max(160 \, mm \; ; \; 150 \, mm \; ; \; 133 \, mm) = 160 \, mm$$

Esta recomendación supondría la necesidad de disponer patillas en las armaduras, mientras que el procedimiento detallado indica que no es necesario.

Cálculo alternativo de las tensiones del terreno (método rígido-plástico):
El modelo de bielas y tirantes utilizado anteriormente para resolver este problema es el dado en la Instrucción EHE-08 (Artículo 58.4.1.1) que se basa en la respuesta elástica-lineal del suelo. Sin embargo, la respuesta en suelos cohesivos es más de tipo rígido-plástica. De hecho, en el "Documento Básico SE-C Seguridad estructural – cimientos" del Código Técnico de la Edificación se propone considerar una respuesta rígido-plástica del terreno para el dimensionamiento de la cimentación mediante la comprobación del estado límite de hundimiento. La utilización del mismo diagrama rígido-plástico para el dimensionamiento estructural de la zapata

simplifica mucho geométricamente la resolución del mecanismo de bielas y tirantes. A continuación, se resuelve el ejercicio considerando el comportamiento rígido-plástico dado en la siguiente figura:

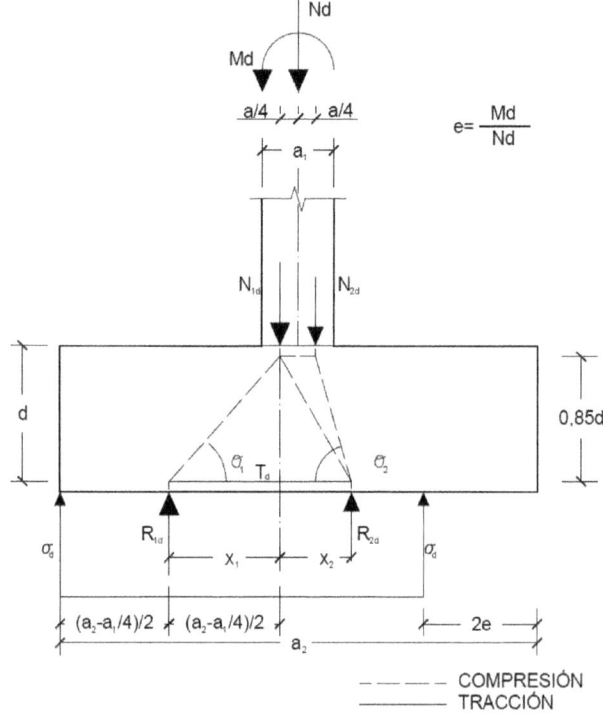

Como la excentricidad del axil que solicita la zapata es de 0,057 m, dicho axil pasará a una distancia 1,000-0,057=0,943 m del extremo más solicitado de la zapata. El diagrama rectangular de tensiones, por equilibrio, tiene que estar centrado respecto a este axil, por lo que la longitud del diagrama rectangular es de $2 \cdot 0,943 = 1,886$ m. Dicho de otra forma, la distancia entre el extremo contrario de la zapata (extremo sin tensión de compresión) y el inicio del bloque comprimido es igual a *2e*.

Las tensiones del bloque rectangular de tensiones se obtienen por equilibrio:

$$N_d = 1,886 \, m \cdot b_2 \cdot \sigma_d$$
$$\sigma_d = \frac{N_d}{1,886 \, m \cdot b_2} = \frac{1400}{1,886 \cdot 2} = 371 \frac{kN}{m^2}$$

La obtención de R_{1d}, la resultante de la parte del bloque rectangular de tensiones comprendida entre el extremo del pilar y la sección a *a/4* del eje del pilar se obtiene de forma inmediata:

$$R_{1d} = \left(1 - \frac{a_1}{4}\right) \cdot b_2 \cdot \sigma_d = \left(1 - \frac{0.3}{4}\right) \cdot 2 \cdot 371 = 686 \, kN$$

La distancia entre la sección a *a/4* del eje del pilar y el punto de aplicación de la resultante R_1 es x_1 y vale $0,5 \cdot (1-0,3/4) = 0,4625$ m.

Por tanto, la tracción en el tirante es igual a:

$$T_d = \frac{R_{1d}}{0,85\ d}\ x_1 = \frac{686}{0,85 \cdot 0,45}\ 0,4625 = 829\ kN$$

Valor ligeramente inferior al obtenido según el procedimiento inicial basado en suponer una respuesta elástico-lineal del suelo. La armadura a disponer será:

$$A_s f_{yd} \geq T_d$$

$$A_s \geq \frac{T_d}{f_{yd}} = \frac{829 \cdot 10^3}{500/1,15} = 1907\ mm^2$$

En caso de disponer el armado en forma de barras $\phi16$, son necesarias *1907/201 = 9,48* barras ≈ 10 barras. Nótese que, mediante esta simplificación, se ha obtenido una fuerza ligeramente inferior en el tirante, si bien al final se dispondrá el mismo acero. Para efectuar el cálculo de forma manual, se considera muy recomendable llevar a cabo esta simplificación debido a la facilidad que supone efectuar los cálculos de este modo. Además, esta simplificación también es de utilidad para la comprobación del anclaje de la armadura traccionada.

Comprobación ELU de punzonamiento:
El Código Estructural plantea la necesidad de comprobar el punzonamiento (A19-§6.4) en zapatas, mediante un procedimiento que tiene ciertas especificidades en bases de pilares respecto al procedimiento estándar para losas. En general se comprobará en primer lugar que no sea necesaria la disposición de armadura de punzonamiento. En caso de que esta comprobación no se cumpla, se dispondrá armadura de punzonamiento (en forma de cercos o pernos sobre raíles), o se modificarán las dimensiones o armado de la zapata para incrementar la resistencia. Cabe destacar que la Instrucción EHE-08 eximía de la comprobación del ELU de punzonamiento en las zapatas rígidas.

En el caso de una zapata, donde la carga concentrada está equilibrada por una presión elevada (presión del terreno bajo la zapata), se deben considerar perímetros críticos situados a una distancia inferior a $2d$ (A19-§6.4.2). En estos casos, la carga dentro del perímetro crítico contribuye a la resistencia del sistema estructural y puede sustraerse a la hora de determinar el valor de cálculo de la tensión a punzonamiento (A19-§6.4.1).

La dificultad principal en la aplicación de este modelo de forma manual es la necesidad de realizar el cálculo para diferentes perímetros críticos, ya que se trata de buscar el caso pésimo. El libro "Eurocode 2 Commentary" publicado por la European Concrete Platform en 2008, y accesible abiertamente en internet (https://www.theconcreteinitiative.eu/images/ECP_Documents/Eurocode2_Commentary.pdf), propone la determinación del perímetro crítico que proporciona la menor resistencia a punzonamiento de forma gráfica:

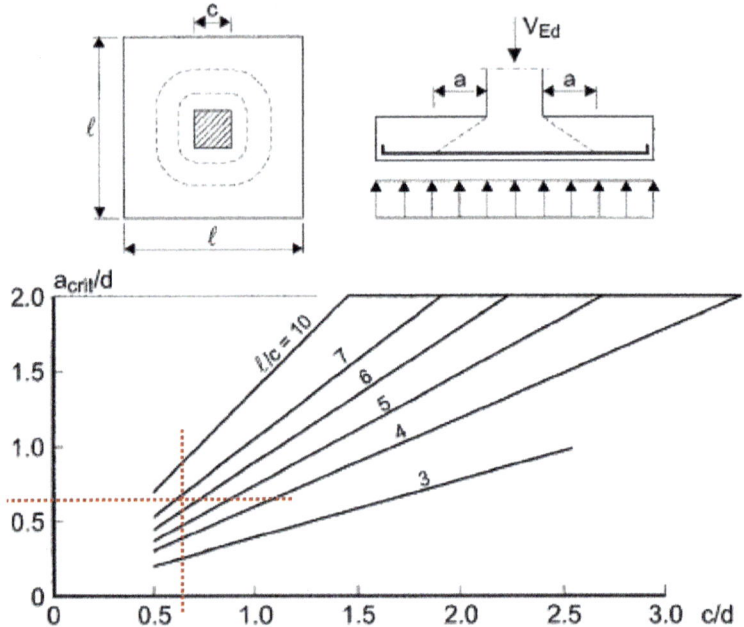

En este problema, y siguiendo la nomenclatura de la figura anterior, se obtiene:

$$\frac{c}{d} = \frac{0,3}{0,45} = 0,67$$
$$\frac{l}{c} = \frac{2,0}{0,3} = 6,67$$

Por lo que, de forma aproximada se obtiene $a_{crit}/d \approx 0,65d$:

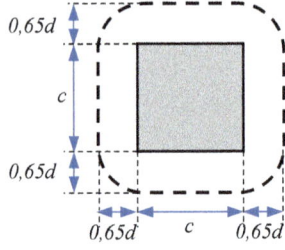

La longitud y el área interior del perímetro crítico valdrán:

$$u = 4c + 2\pi 0,65d = 4 \cdot 300 + 2\pi 0,65 \cdot 450 = 3038 \; mm$$
$$A_u = c^2 + \pi(0,65d)^2 + 4c \cdot 0,65d = 300^2 + \pi(0,65 \cdot 450)^2 + 4 \cdot 300 \cdot 0,65 \cdot 450 = 709\,783 \; mm^2$$

Dado que la reacción de apoyo es excéntrica respecto con el perímetro crítico, la tensión tangencial máxima de punzonamiento se tomará como (A19-§6.4.4):

$$v_{Ed} = \frac{V_{Ed,red}}{u \cdot d}\left[1 + k\frac{M_{Ed} \cdot u}{V_{Ed,red} \cdot W}\right]$$

$$V_{Ed,red} = V_{Ed} - \Delta V_{Ed}$$

donde V_{Ed} es el esfuerzo cortante aplicado (equivalente al esfuerzo axil que transmite el pilar en este caso) y ΔV_{Ed} es el valor neto de la reacción vertical en el interior del perímetro crítico considerado, la cual no produce tensiones de punzonamiento en el perímetro crítico. Dado que la tensión media en el terreno calculada anteriormente era de 350 kN/m^2 (sin incluir el peso de la zapata) resulta:

$$\Delta V_{Ed} = \sigma_{med} \cdot A_u = 350 \cdot 709783 \cdot 10^{-6} = 248,4 \; kN$$
$$V_{Ed,red} = V_{Ed} - \Delta V_{Ed} = 1400 - 248,4 = 1151,6 \; kN$$

El parámetro k es un coeficiente que depende del cociente entre las dimensiones del pilar: su valor es función de la proporción de momento no equilibrado transmitido por un cortante no uniforme, por la flexión y por la torsión. Su valor viene dado por una tabla en A19-§6.4.3, tomándose $k = 0,6$ para pilares cuadrados.

En la expresión anterior para el cálculo de v_{Ed}, el término entre corchetes corresponde al parámetro β dado en el articulado general de punzonamiento para losas apoyadas en pilares (A19-§6.4.3).

Por último, W depende de la geometría del perímetro crítico:

$$W = \int_0^{u_i} |e| dl$$

donde dl es el diferencial de la longitud del perímetro y e es la distancia de dl al eje del momento actuante M_{Ed}. El Código Estructural proporciona la siguiente figura, y propone, para un pilar rectangular:

$$W_1 = \frac{c_1^2}{2} + c_1 c_2 + 4 c_2 d + 16 d^2 + 2\pi d c_1$$

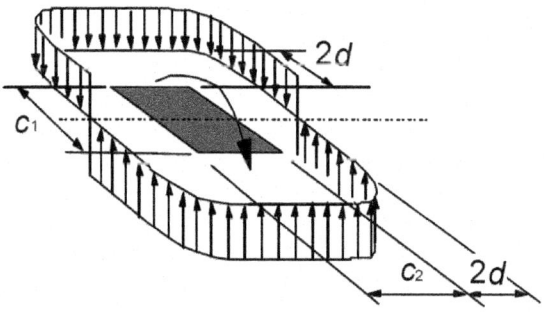

El caso dado en el Código Estructural (A19-§6.4.3) es válido para el caso habitual en losas de situar el perímetro crítico a una distancia $2d$ de la cara del pilar. Para la resolución de este ejercicio, particularizando la fórmula anterior al resolver la integral en un perímetro crítico situado a $0{,}65d$ se obtiene:

$$W = \frac{c_1{}^2}{2} + c_1 c_2 + 1{,}3 c_2 d + 1{,}69 d^2 + 0{,}65 \pi d c_1$$

Por tanto, considerando $c_1 = c_2 = 0{,}3$ m y $d = 0{,}45$ m:

$$W = 0{,}928 \, m^2$$

Por lo que el esfuerzo solicitante vale:

$$v_{Ed} = \frac{1151{,}6 \cdot 10^3}{3038 \cdot 450}\left[1 + 0{,}6 \frac{80 \cdot 3{,}038}{1151{,}6 \cdot 0{,}928}\right] = 0{,}842 \cdot 1{,}136 = 0{,}957 N/mm^2$$

El término β que en A19-§6.4.3 tiene en cuenta el incremento de las tensiones tangenciales de punzonamiento debido al momento flector, y como se ha comentado equivalen en el caso de zapatas (o bases de pilares) al término entre corchetes de la expresión anterior, sería igual a 1,136.

El procedimiento de cálculo del punzonamiento se basa en las comprobaciones sobre la cara del pilar y en el perímetro crítico u_1. No se necesita armadura de punzonamiento en la zapata si se cumple:

$$v_{Ed} \leq v_{Rd,c}$$

La resistencia valdrá, para el caso particular de una zapata considerando el perímetro crítico a una distancia a de la cara del pilar (A19-§6.4.4):

$$v_{Rd,c} = \frac{0{,}18}{\gamma_c} k (100 \rho_l f_{ck})^{1/3} \cdot 2d/a \geq 0{,}035 \, k^{3/2} \cdot f_{ck}{}^{1/2} \cdot {2d}/{a}$$

$$k = 1 + \sqrt{\frac{200}{d}} = 1 + \sqrt{\frac{200}{450}} = 1{,}667 \leq 2{,}0$$

Se considera el coeficiente parcial del hormigón, $\gamma_c=1{,}5$ y $a=0{,}65d$. Además, $\rho_l = \sqrt{\rho_{ly} \cdot \rho_{lz}} \leq 0{,}02$, siendo ρ_{ly}, ρ_{lz} las cuantías de armadura traccionadas adherentes en dos direcciones perpendiculares y y z respectivamente. En cada dirección, la cuantía a considerar es la existente en un ancho igual a la dimensión del pilar sumándole tres veces el canto útil de la losa, $3d$, a cada lado. En este caso, el ancho a considerar sería superior a la arista de la zapata, por lo que se considera todo el ancho de la zapata. La armadura es igual en las dos direcciones al ser la zapata cuadrada. De forma simplificada se considera $d = 450$ mm (se debería tomar un d_{eff} igual a la media de canto útil de las armaduras de las dos direcciones perpendiculares según el Código Estructural, o se podría refinar con valores distintos para cada dirección), por lo que resulta:

$$\rho_l = \sqrt{\rho_{ly} \cdot \rho_{lz}} = \rho_{ly} = \frac{A_s}{b \cdot d} = \frac{10 \cdot 201}{2000 \cdot 450} = 0,00223 \leq 0,02$$

Por tanto, la resistencia de la zapata vale:

$$v_{Rd} = \frac{0,18}{1,5} 1,667 \cdot (0,223 \cdot 25)^{1/3} \cdot 2d/0,65d \geq 0,035 \cdot 1,667^{\frac{3}{2}} \cdot 25^{\frac{1}{2}} \cdot 2d/_{0,65d}$$

$$= 1,09 \geq 1,16 \ N/mm^2$$

Por lo que se cumple que $v_{Ed} = 0,957 \ N/mm^2 \leq v_{Rd} = 1,16 \ N/mm^2$ y la zapata resiste sin necesidad de añadir armadura de punzonamiento.

Debido a la novedad que supone el cálculo del punzonamiento en zapatas rígidas en el Código Estructural con respecto a lo establecido previamente por la Instrucción EHE-08, a continuación se presenta la evolución del esfuerzo de punzonamiento solicitante, la resistencia a punzonamiento, y el cociente entre ambos, para diferentes valores del perímetro crítico situados a una distancia a del pilar. Se observa que al aumentar la distancia a, o el valor de a/d hasta el máximo de 2,0, la solicitación reducida disminuye al descontar las tensiones que ejerce el terreno dentro del área del perímetro crítico. La resistencia también disminuye al depender del cociente d/a, existiendo un valor de a_{crit}/d para el que se minimiza, desfavorablemente, el cociente v_{Rd}/v_{Ed}. Un valor menor a 1 significaría que la zapata no cumple a punzonamiento. Para la resolución del ejercicio se había considerado, de forma aproximada $a_{crit}/d = 0,65$.

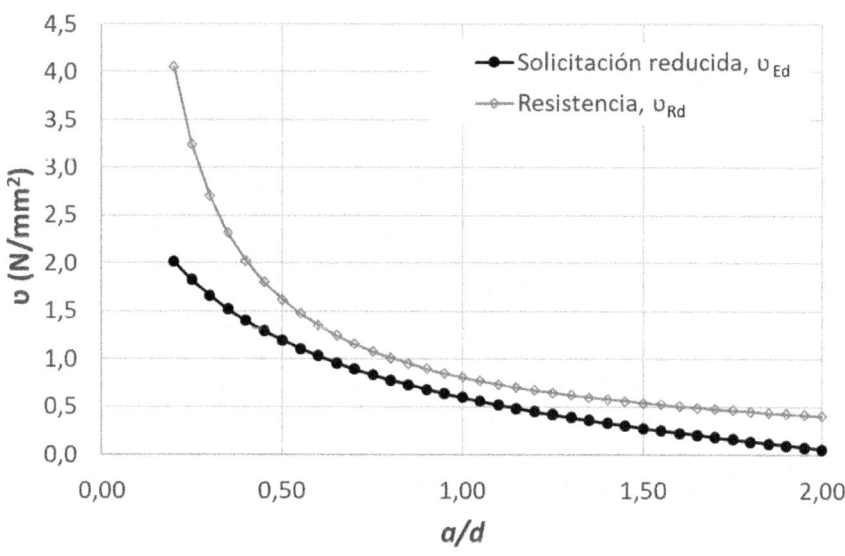

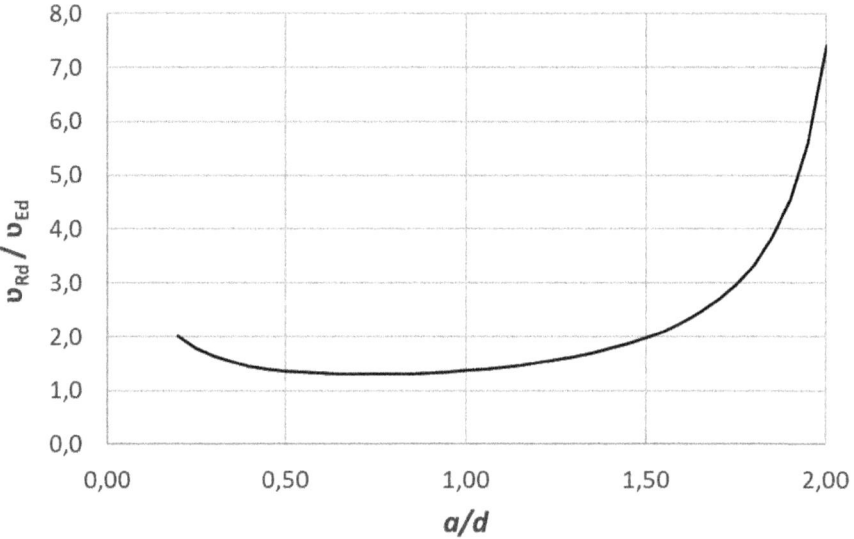

En la zona más cercana al pilar, la resistencia a punzonamiento estará limitada por un valor máximo establecido mediante:

$$v_{Ed} = \frac{\beta \cdot V_{Ed}}{u_0 \cdot d} \leq v_{Rd,max} = 0.4 \cdot v \cdot f_{cd}$$

Donde u_0 es el perímetro del pilar, y v se obtiene en (A19-§6.2.2):

$u_0 = 4 \cdot 300 = 1200 \ mm$

$\beta = 1.136$ (tal y como se ha comentado con anterioridad)

$v = 0.6 \left[1 - \frac{f_{ck}}{250}\right] = 0.6 \left[1 - \frac{25}{250}\right] = 0.54$

$v_{Ed} = \dfrac{1.136 \cdot 1400000}{1200 \cdot 450} = 2.95 \ MPa$

$v_{Rd,max} = 0.4 \cdot 0.54 \cdot 25/1.5 = 3.6 \ MPa$

Se verifica la comprobación, al ser $v_{Ed} \leq v_{Rd,max}$. El Código Estructural solo incluye esta última comprobación cuando se dispone armadura de punzonamiento. No obstante, no está de más realizar esta comprobación dado que el valor del cortante es mayor al cortante del perímetro crítico de la comprobación anterior de punzonamiento, y tiene en cuenta la reducción de la resistencia del hormigón fisurado.

9.2 Carga puntual en coronación de un pilar.

Un pilar de hormigón prefabricado como el que se muestra en la figura ha sido dimensionado para resistir los esfuerzos a los que se ve sometido mediante un análisis de regiones B (tipo viga).

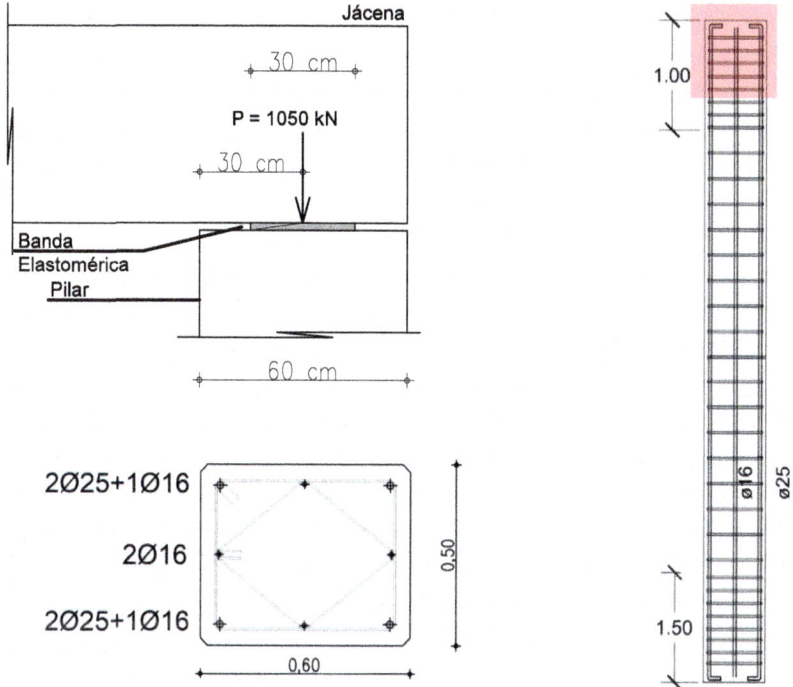

El acero a utilizar es B 500 SD y el hormigón HA-45/F/20/XC1. Sobre la testa superior del pilar se apoya una viga prefabricada mediante un neopreno de 30 cm x 25 cm. La viga va a transmitir una resultante de fuerzas verticales, ya mayorada, de 1050 kN según el esquema adjunto.

Se pide calcular la armadura necesaria en la coronación del pilar (marcado en la primera figura) para soportar los posibles esfuerzos de tracción que se puedan producir en la coronación y disponerla de forma adecuada. Utiliza el método de bielas y tirantes, al tratarse de una región D (discontinuidad).

El Código Estructural establece en A19-§5.6.4 que los modelos de bielas y tirantes pueden utilizarse para el cálculo en Estado Límite Último (ELU) y la definición de los detalles de armados de las regiones discontinuas. En general, estas regiones de discontinuidad se extienden hasta una distancia h (canto de la sección del elemento) desde la discontinuidad. En el caso de este ejercicio, se puede suponer que las tensiones producidas por el axil se uniformizarán, a nivel seccional, a partir de una distancia h desde el punto de aplicación de la carga (zona B de la figura), alcanzando la misma distribución que tendrían si en lugar de existir dicha discontinuidad se hubiese sometido a la pieza a una carga uniforme de resultante equivalente. En el Código Estructural, este caso particular se presenta en el apartado en A19-§6.5.3, que se reproduce a continuación:

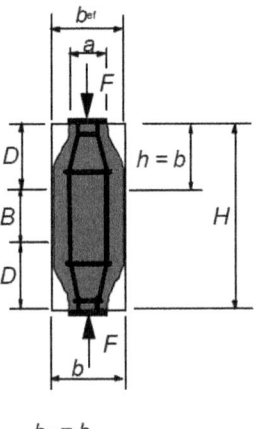

$b_{ef} = b$

En general, el grado de detalle de los modelos de bielas y tirantes facilitados en la Instrucción EHE-08 es mayor que en el Código Estructural. Pese a que la instrucción haya sido derogada, los modelos de bielas y tirantes pueden utilizarse sin problemas, únicamente adaptando los cálculos de las resistencias de las bielas y nudos según el Código Estructural si fuera necesario. Por este motivo, se reproduce a continuación el modelo de bielas y tirantes dado en el apartado 61.1 de la Instrucción EHE-08, adaptado a este caso particular:

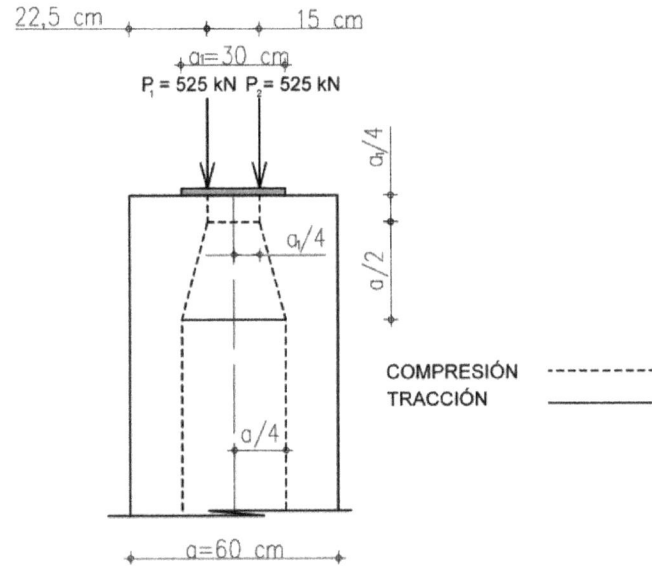

Comprobación de los nudos y bielas

La fuerza máxima de compresión que puede actuar en ELU sobre una superficie de hormigón parcialmente cargada vale (A19-§6.7):

$$F_{Rdu} = A_{c0} f_{cd} \sqrt{A_{c1}/A_{c0}} \leq 3{,}0 f_{cd} A_{c0}$$

donde A_{c0} es el área cargada ($250 \cdot 300$ mm^2) y A_{c1} es el área de distribución máxima para el cálculo, con una forma similar a A_{c0}, que sería en este caso $500 \cdot 600$ mm^2. Nótese que ambas superficies consideradas son homotéticas. Resulta:

$$F_{Rdu} = 250 \cdot 300 \frac{45}{1{,}5} \sqrt{\frac{500 \cdot 600}{250 \cdot 300}} = 4500 \; kN \leq 3{,}0 \frac{45}{1{,}5} 250 \cdot 300 = 6750 \; kN$$

El axil solicitante $N_d = 1500$ kN, por lo que el hormigón no tendrá problemas de aplastamiento local bajo el apoyo de neopreno.

Armaduras transversales

La fuerza del tirante de la figura anterior se puede obtener por equilibrio, y además también se presente en la fórmula (6.58) del A19-§6.5.3, que coincide a la vez con la fórmula (9.14) del A19-§9.8.4 sobre zapatas de pilares sobre roca:

$$T = 0{,}25 N_d \left(\frac{a - a_1}{a} \right) = 0{,}25 \cdot 1\,050 \left(\frac{600 - 300}{600} \right) = 131{,}25 \; kN$$

Por lo que el área necesaria, en estribos para soportar esta tracción se deduce a continuación:

$$T = A_s f_{yd} \rightarrow A_s \geq \frac{T}{f_{yd}} = \frac{131250}{500/1{,}15} = 302 \; mm^2$$

Es preciso también realizar la comprobación en el sentido perpendicular, tomando b = 500 mm y b_1 = 250 mm:

$$T = 0{,}25 N_d \left(\frac{b - b_1}{b} \right) = 0{,}25 \cdot 1\,050 \left(\frac{500 - 250}{500} \right) = 131{,}25 \; kN$$

El resultado es idéntico al anterior al ser las superficies homotéticas en ambos sentidos, correspondiéndole idéntica área de armaduras. Al disponer la armadura en forma de estribos rectangulares, la disposición de la armadura ya obtenida será válida para cubrir ambas comprobaciones en ambos sentidos.

Nótese que la tensión en los tirantes se ha limitado al valor f_{yd}. La anterior normativa, la Instrucción EHE-08, recomendaba limitar la deformación máxima del acero de los tirantes a una deformación del 2‰, es decir, a 400 N/mm^2. Dicha recomendación no se incluye en el Código Estructural, por lo que no se ha considerado el límite elástico de la armadura, lo que, en caso de utilizar armaduras B500S o B500SD conduce a un armado ligeramente inferior.

El área deducida supone:

$$n°\phi_8 \geq \frac{A_s}{A_{\phi 8}} = \frac{302\ mm^2}{50,3\ mm^2} = 6\ ramas_{\phi 8}$$

Por lo que se dispondrán 3 estribos $\phi 8$ de 2 ramas cada uno en la coronación del pilar para resistir la tracción que se produce. La armadura deberá disponerse en una distancia comprendida entre $0,1a$ y a, siguiendo el detalle dado en la derogada Instrucción EHE-08 (detalle no contradictorio con la normativa actualmente vigente):

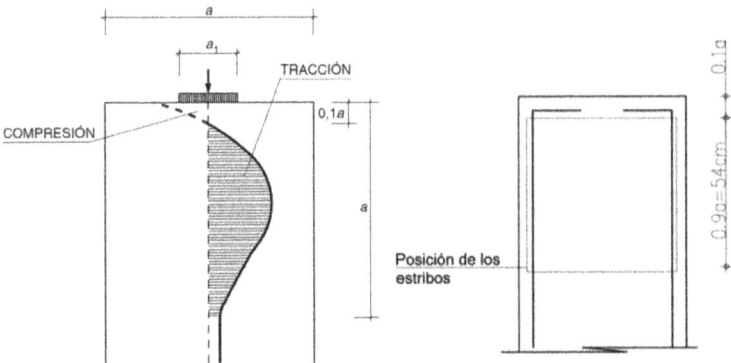

Respecto a la ubicación de esta armadura, el Código Estructural establece (A19-§6.5.3), de forma más general, que deben repartirse sobre la longitud en la que las trayectorias de las tensiones de compresión sean curvas. El detalle anterior cumpliría esta prescripción.

Además, también es preciso considerar, como mínimo, la separación máxima de los cercos para evitar el pandeo de la armadura comprimida. La separación máxima de la armadura transversal para evitar el pandeo de las armaduras longitudinales $\phi 16$ vale (A19-§9.5.3):

$$s_t = min\{300\ mm, 15\emptyset_{min}, min(b, h)\} = min\{300, 240, 500\} = 240\ mm$$

La distancia anterior debe reducirse mediante un coeficiente de valor 0,6 en las secciones dispuestas a lo largo de una distancia menor o igual a la mayor dimensión de la sección del pilar, tanto encima como debajo de la viga o losa. Por tanto, la separación mínima entre cercos sería $240 \cdot 0,6 = 144$ mm. De este modo, se dispondría $1c\phi 8/14$ cm como armadura en coronación del pilar, lo que supone una armadura que cubre la necesaria según el modelo de bielas y tirantes utilizado y para evitar el pandeo de la armadura comprimida.

La determinación de las dimensiones del apoyo debe realizarse según la tensión admisible del aparato de apoyo, distancias libres hasta borde de elementos y tolerancias de montaje, según A19-§10.9.4 y 10.9.5, aunque no se incluye en este ejercicio por brevedad.

Modelización numérica mediante elementos finitos

Para mostrar gráficamente cómo de distribuyen las cargas desde el punto de su aplicación en la coronación del pilar hasta una parte más adentrada en el mismo, se presentan los resultados obtenidos mediante la modelización del pilar mediante el método de elementos finitos, usando el software ATENA.

En la primera imagen de este grupo de tres, se muestra la discretización del elemento: el mallado del hormigón y la posición del armado. Las otras dos imágenes pretenden explicar el comportamiento del elemento en su dirección longitudinal. En la imagen central se muestran curvas cuya tensión principal de compresión es la misma, isolíneas. En la imagen de la derecha, se muestra la tensión vertical que a la que está sometido el hormigón en tres secciones diferentes. A partir de estos resultados, se contrasta que en zonas cercanas a la aplicación de la carga la tensión es muy alta justo bajo la carga, pero es nula en los puntos alejados del centro del pilar. Por lo contrario, las tensiones en secciones alejadas del punto de aplicación de la carga tienden a uniformarse.

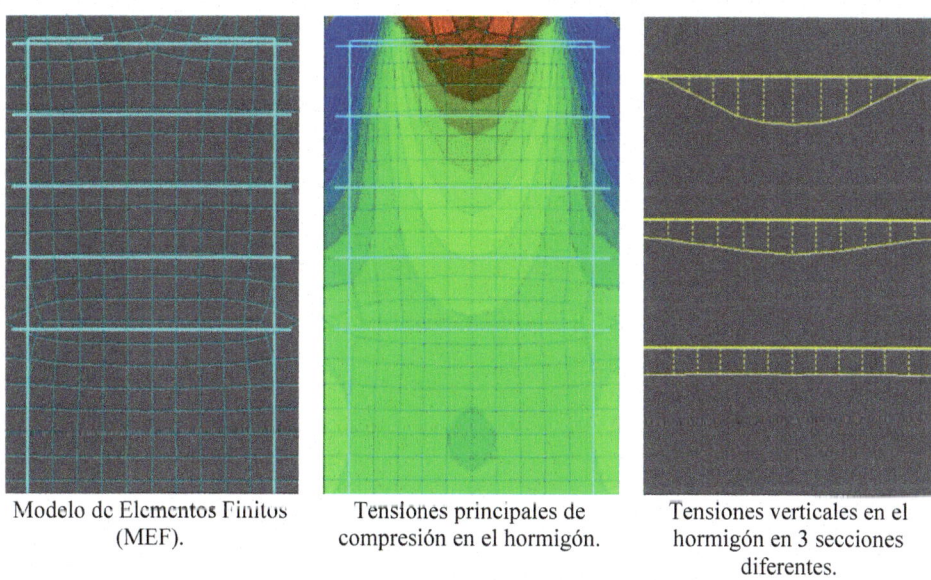

| Modelo de Elementos Finitos (MEF). | Tensiones principales de compresión en el hormigón. | Tensiones verticales en el hormigón en 3 secciones diferentes. |

En el segundo grupo de imágenes, presentado en la siguiente página, se muestra el comportamiento del elemento en su dirección transversal, principalmente.

En la imagen central se muestran las isolíneas de deformación transversal del hormigón, junto con el patrón de fisuración. También se puede ver la deformación de los cercos, en tracción, y la deformación de la armadura longitudinal, en compresión.

Puede verse que la armadura se deforma más, como es lógico, en la zona fisurada. Esta armadura trata de confinar el hormigón y redirigir las cargas, desde una dirección inclinada a una dirección vertical, tal y como se mostraba en el modelo de bielas y tirantes. Cabe destacar que la armadura del pilar incrementa su deformación de compresión a lo largo del pilar, partiendo de deformación prácticamente nula en su comienzo. La última imagen muestra la deformación transversal del hormigón a lo largo de un corte vertical central. Esta figura es equivalente a la mostrada en este ejercicio, extraída de la Instrucción EHE-08, donde se aprecia una zona inicial comprimida y una zona traccionada a lo largo de la zona de difusión de tensiones, es decir, en el interior de la región D.

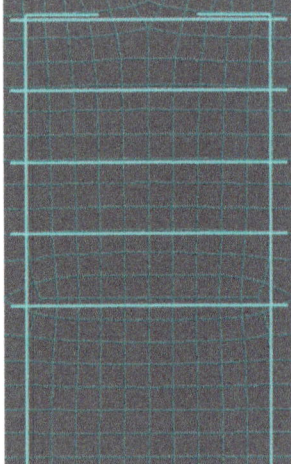 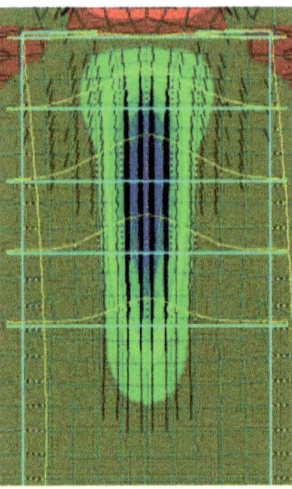 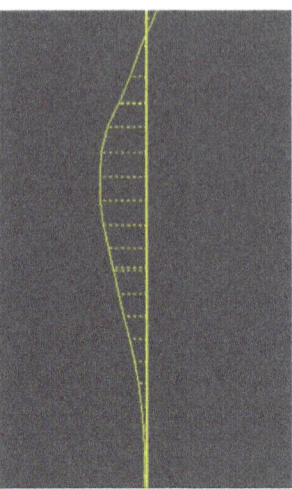

Modelo de Elementos Finitos (MEF).	Deformación de armaduras y deformación transversal del hormigón, junto con el patrón de fisuración.	Deformación transversal del hormigón a lo largo de un corte vertical central.

9.3 Predimensionamiento y armado de zapata aislada centrada.

Se desea proyectar un edificio comercial, con pilares de hormigón de 40x40 cm de sección y altura 12 metros, empotrados en su base y arriostrados en coronación por una estructura metálica, que permite el giro y el desplazamiento vertical pero no el desplazamiento en las dos direcciones horizontales. Los materiales a utilizar serán: hormigón pilares HA-30/F/20/XC3 y armadura B500SD.

Para una determinada hipótesis de cálculo utilizada para el predimensionamiento, el pilar recibe en su coronación únicamente un esfuerzo axil debido a una acción permanente de 350 kN y a una variable de 500 kN, ambas en valores característicos. En esta hipótesis no se contemplan acciones horizontales.

La tensión admisible del terreno es de 0,2 N/mm^2. La cimentación del pilar se realizará mediante una zapata aislada cuadrada y centrada en el pilar. El canto de la zapata será aquel que garantice que la zapata sea rígida (con un canto mínimo de 50 cm, y aumentado este de 5 en 5 cm). Los materiales a utilizar en la zapata serán: HA-25/F/20/XC2 y acero B500S.

SE PIDE:
a) Obtener las dimensiones mínimas de la zapata atendiendo a los condicionantes dados anteriormente.

b) Obtener el armado de la zapata.

Este ejercicio recoge un predimensionamiento habitual de una zapata aislada, realizado únicamente bajo carga vertical. Es preciso mencionar que el cálculo definitivo del elemento estructural debería realizarse teniendo en cuenta el resto de combinaciones de cargas. Además, incluso en un hipotético caso en el que, por simetrías, sólo apareciera carga vertical, sería necesario considerar la influencia de imperfecciones geométricas de acuerdo con el Código Estructural (ver A19-§5.2). Dichas imperfecciones son de aplicación a elementos sometidos a compresión simple y a estructuras con cargas verticales, por lo que serían de aplicación a las zapatas.

Además, el apartado a) de este ejercicio supone un caso singular en este libro de problemas, ya que hace referencia a un dimensionado por criterios geotécnicos, pero se ha considerado adecuado incluirlo al ser un caso muy habitual en el predimensionado manual de una zapata. En este caso, la carga vertical que se transmitirá al terreno será la suma del axil en coronación del pilar, el peso del pilar y el peso de la zapata. No se utilizarán coeficientes de mayoración de acciones en este caso ya que, según el Código Técnico de la Edificación, el coeficiente de seguridad se habrá incluido en la tensión admisible del terreno. Por tanto:

$$N_k^{peso\ pilar} = 25\frac{kN}{m^3} \cdot 12 \cdot 0,4 \cdot 0,4\ m^3 = 48\ kN$$

$$N_k^{peso\ zapata} = 25\frac{kN}{m^3} \cdot A^2 h$$

siendo A la arista de la zapata y h el canto (en metros).

Por tanto, la tensión que se transmite al terreno vale:

$$\sigma = \frac{N}{Area} = \frac{350+500+48+25A^2 h}{A^2} \leq \sigma_{adm} = 0,2\ N/_{mm^2} = 200\ kN/_{m^2}$$

Para simplificar la resolución, se supone inicialmente que $h = 0,5$ m (canto mínimo supuesto). En el límite para dimensionar, resulta una ecuación con una única incógnita, A, obteniéndose:

$$898 + 12,5A^2 = 200A^2 \quad \rightarrow \quad A = 2,19\ m$$

Se considera, por tanto, $A = 2,20$ metros. El canto de la zapata será el necesario para obtener una zapata rígida:

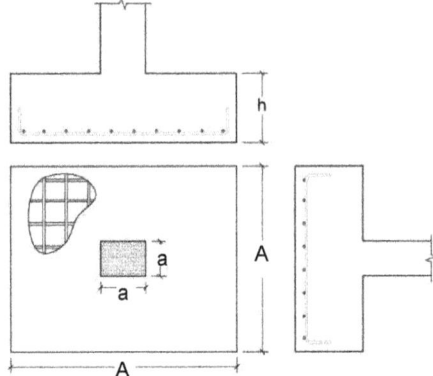

Una zapata cuadrada será rígida si el vuelo es menor, o igual, a dos veces el canto:

$$\frac{A-a}{2} \leq 2h \quad \rightarrow \quad \frac{2,0-0,4}{2} = 0,8 \leq 2h \quad \rightarrow \quad h \geq 0,4\ m$$

Sería suficiente, bajo el criterio de zapata rígida, un canto de 0,4 m, así que se dispone el canto mínimo de 0,5 metros propuesto en el enunciado. En caso de haberse obtenido un canto mayor, sería necesario iterar, ya que el peso de la zapata sería también mayor. Nótese que el canto de la zapata también viene condicionado por el anclaje de la armadura vertical del pilar, comprobación que no se abarca en este ejercicio.

Ya es posible pasar a la resolución del apartado b), saliendo de una zapata de dimensiones en planta igual a 2,20 x 2,20 m y canto 50 cm.

Como se ha comentado en el ejercicio 9.1, el Código Estructural no distingue, de forma explícita, entre zapata rígida y zapata flexible, aunque sí especifica en A19-§5.6.4 que las regiones de discontinuidad se pueden dimensionar mediante modelos de bielas y tirantes. En este caso de compresión centrada, se puede plantear el siguiente modelo de bielas y tirantes (el mismo modelo se plantea en la Monografía 6 de ACHE sobre Bielas y Tirantes):

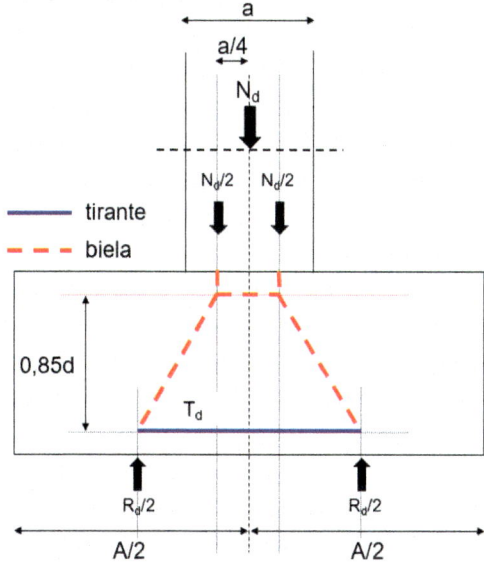

Por equilibrio, se obtiene que la fuerza en el tirante, vale:

$$T_d = \frac{N_d/8}{0,85d}(A - a) = A_s f_{yd}$$

Al tratarse ahora de un dimensionamiento estructural, es preciso considerar los coeficientes de mayoración de acciones dados en el Código Estructural. El axil de cálculo que se transmite del pilar a la zapata vale:

$$N_d = N_g \gamma_g + N_q \gamma_q = (350 + 48)1,35 + 500 \cdot 1,5 = 1287,3 \, kN$$

Nótese que no se ha considerado el peso propio de la zapata, ya que no interviene en el equilibrio tensional del modelo de bielas y tirantes (el peso de la zapata se equilibra directamente con tensiones verticales del suelo en todo el ancho de la zapata, sin ser necesario la existencia de un tirante para ello). La fuerza en el tirante resulta:

$$T_d = \frac{1287,3/8}{0,85 \cdot 0,45}(2,2 - 0,4) = 757 \, kN$$

$$A_s = \frac{T_d}{f_{yd}} = \frac{757000}{500/1,15} = 1741 \, mm^2$$

El diámetro mínimo de la armadura en zapatas es de 12 mm (A19-§9.8.2). Considerando barras $\phi12$, serían necesarias $1741/113 = 15,4 \approx 16\phi12$. Estas 16 barras se deberían repartir en los 2,20 metros de anchura de la zapata.

El cálculo en la dirección ortogonal sería equivalente, por lo que no es necesario realizarlo. Además, resulta siempre conveniente armar las zapatas cuadradas con la misma armadura en las dos direcciones ortogonales.

La zapata se construirá sobre una capa de hormigón de limpieza, lo que permite considerar un recubrimiento de la armadura habitual. En caso de hormigonar contra el terreno, el recubrimiento debería ser mayor.

El Código Estructural no especifica para zapatas de pilares (A19-§9.8.2) ningún valor de armadura mínima. En todo caso, el Prof. J. Calavera menciona que para valores de tensiones admisibles del terreno habituales (entorno a 0,2 N/mm^2) sería posible proyectar las zapatas sin armadura mínima, ya que la resistencia a tracción del hormigón podría resultar suficiente para resistir las bajas tensiones de tracción que se producirían en el hormigón.

Tampoco se especifica en el Código Estructural ninguna separación máxima del armado, pero se puede considerar prudente una separación máxima de 300 mm (como en el caso de losas macizas). No obstante, sí especifica que el diámetro mínimo de la armadura debe ser $\phi_{min} = 12$ mm.

Al tratarse de un predimensionamiento, no se calcula con detalle el anclaje de la armadura, sino que se recurre a la recomendación del Prof. J. Calavera, que recomienda que, en las zapatas rígidas, al menos se disponga de una patilla que no sea inferior a ninguno de los tres criterios siguientes:

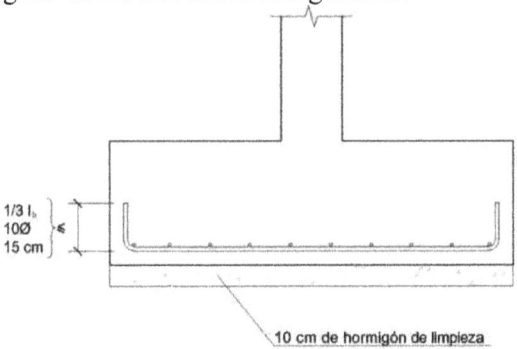

Es decir, el anclaje no puede ser inferior a:

$$l_{b,net} \geq max(10\varphi \; ; \; 150\ mm \; ; \; l_b/3)$$

$$l_b = m \cdot \varphi^2 = 1,5 \cdot 16^2 = 384\ mm \nless \frac{f_{yk}}{20}\varphi = \frac{500}{20}16 = 400\ mm$$

$$l_{b,net} \geq max(160\ mm \; ; \; 150\ mm \; ; \; 400/3\ mm) = 160\ mm$$

En este ejercicio no se incluye la comprobación de punzonamiento al tratarse de un predimensionamiento. Esta comprobación se realizaría según se presenta en el ejercicio 9.1 de este libro.

9.4 Cálculo estructural y disposición de armaduras en una zapata rectangular con excentricidad elevada con resultante fuera del núcleo central.

Una zapata cuadrada de 2,00 x 2,00 metros de dimensión en planta y 0,40 metros de canto recibe los esfuerzos de un pilar cuadrado de 0,40 m de arista centrado sobre la zapata.

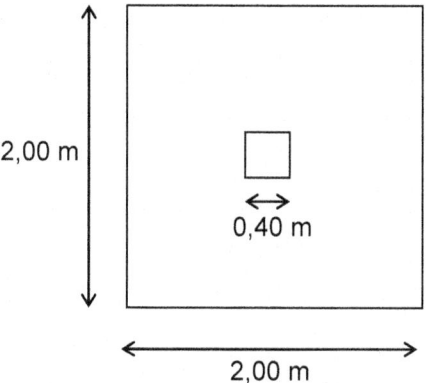

El acero a utilizar es B 500 SD y el hormigón HA-25/F/20/XC2. Los esfuerzos característicos que actúan en la base del pilar son: $N_k = 40$ kN y $M_k = 60$ kN·m. En la dirección perpendicular no actúa ningún momento flector. Dado que se va a disponer hormigón de limpieza se puede suponer un recubrimiento mecánico del armado inferior de la zapata de 5 cm.

Se pide calcular la armadura necesaria en la zapata y disponerla de forma adecuada considerando un comportamiento del terreno rígido-plástico atendiendo a lo establecido en el CTE.

Tal y como se ha expuesto en el ejercicio 9.1, la Instrucción EHE-08 distinguía de forma explícita entre zapatas rígidas y flexibles. Esta distinción no existe como tal en el Código Estructural. Sin embargo, en A19-§5.6.4 se establece que los modelos de bielas y tirantes pueden utilizarse para el cálculo en Estado Límite Último y la definición de los detalles de armados de las regiones discontinuas. En general, estas regiones de discontinuidad se extienden hasta una distancia h (canto de la sección del elemento) desde la discontinuidad. En una zapata rígida, se considera que hay discontinuidades en los extremos de la zapata y en el arranque del pilar. Por tanto, en la práctica, la diferenciación entre zapatas rígidas y flexibles sigue siendo válida, independientemente de la nomenclatura utilizada en la normativa vigente. Una zapata cuadrada será rígida si el vuelo es menor, o igual, a dos veces el canto:

$$v = \frac{a_2 - a_1}{2} \leq 2h \quad \rightarrow \quad \frac{2 - 0,40}{2} = 0,80 \leq 2h = 2 \cdot 0,4 = 0,8 \; m$$

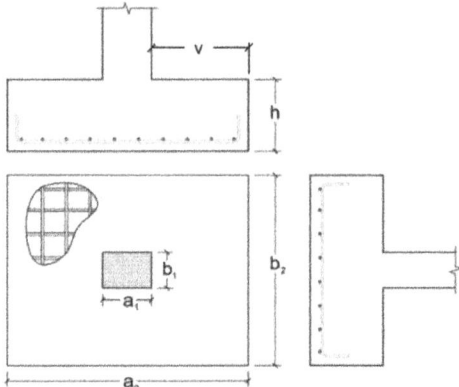

Por tanto, la zapata de este ejercicio es rígida, puede calcularse según el método de bielas y tirantes.

En este ejercicio, en contra de lo que se ha hecho en los ejercicios previos de zapatas, se va a trabajar con valores característicos (tanto esfuerzos como tensiones) en lugar de valores de cálculo. Esto se hace con un fin docente para que el lector pueda apreciar que se puede operar de las dos maneras, máxime cuando el CTE DB-SE-C (Tabla 2.1) permite el uso de un solo coeficiente de mayoración de acciones γ_F (tanto si son permanentes como variables) para la comprobación de estados límites últimos de la capacidad estructural de cimentaciones y contenciones. Este coeficiente único de mayoración, en el momento de publicación del CTE, cuando se aplicaba la instrucción EHE (1998) era $\gamma_F = 1,6$, si bien a día de hoy se puede aplicar (atendiendo al Código Estructural) $\gamma_F = 1,5$ quedando del lado de la seguridad.

Modelo de bielas y tirantes

Dada la alta excentricidad es conveniente tener en cuenta el peso propio de la zapata. Con este fin se utilizará un modelo de bielas y tirantes. En élse asume que el peso propio de la zapata se aplica en su centro de gravedad. Por otra parte, el momento y axil característicos que transmite el pilar a la zapata se hacen equivaler a dos fuerzas verticales cuyo centro de gravedad es el mismo que en el ejercicio 9.1 atendiendo a la figura 58.4.1.1.a de la antigua Instrucción EHE-08. Este modelo de bielas y tirantes es totalmente compatible con lo establecido en el Código Estructural (A19-§6.5).

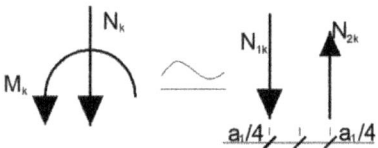

El resultado conseguir un sistema equivalente de acciones como el mostrado en la figura se presenta a continuación mediante un sistema de dos ecuaciones con dos incógnitas N_{1k} y N_{2k}:

$$\left.\begin{array}{c} N_{1k} + N_{2k} = N_k \\ N_{1k}\dfrac{a_1}{4} - N_{2k}\dfrac{a_2}{4} = M_k \end{array}\right\}$$

$$N_{2k} = \left(N_k - \frac{4M_k}{a_1}\right)\Big/_2 = \left(40 - \frac{4\cdot 60}{0,4}\right)\Big/_2 = -280\ kN$$

$$N_{1k} = 320\ kN$$

Una vez deducidas las acciones se plantea el modelo de bielas y tirantes. Nótese también que en la figura siguiente hay dos bielas de compresión prácticamente superpuestas, que van desde el nudo inmediatamente inferior a la fuerza N_{1k} al nudo situado en la intersección de la armadura que pasa por N_{2k} y la armadura inferior de la zapata. Una de esas bielas se emplaza en una recta daigonal que va de un punto a otro, mientras que la otra, pasa por el centro de gravedad de la zapata, es casi concomitante y no forma una línea recta (son dos bielas no alineadas, aunque casi). Es más, del nudo entre estas dos últimas bielas no alineadas (nudo que coincide con el centro de gravedad de la zapata –donde hay una carga aplicada del peso propio de la zapata de 40 kN-) sale otra biela de compresión hacia la parte inferior izquierda del diagrama.

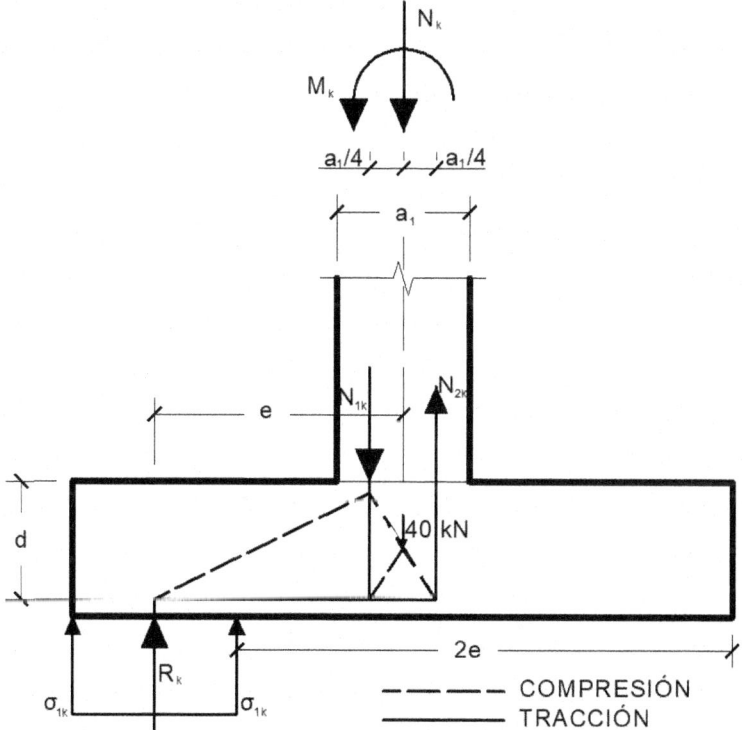

Es necesario calcular la distribución de tensiones bajo la zapata para las cargas transmitidas por la estructura. Dada la alta excentricidad y el bajo axil del pilar ($N_{k,pilar}$), se ha tenido en cuenta el peso propio de la zapata ($PP_{k,zapata}$) para evaluar el axil característico solicitado al terreno. Por equilibrio de fuerzas verticales, las fuerzas verticales con dirección hacia el terreno deben sumar lo mismo que la reacción del terreno R_k.

$$R_{k,terreno} = N_{k,pilar} + PP_{k,zapata} = 40\ kN + 2\ m \cdot 2\ m \cdot 0,4\ m \cdot 25\frac{kN}{m^3} = 80\ kN$$

La excentricidad de la reacción es, por tanto:

$$e = \frac{M_k}{N_k} = \frac{60}{80} = 0,75\ m$$

Por todo ello, las tensiones bajo la zapata según un comportamiento rígido-plástico del terreno son las que se muestran a continuación:

$$\sigma_k = \frac{N_k}{(a_2 - 2e_x) \cdot (b_2 - 2e_y)} = \frac{80000\ N}{(2000\ mm - 2(750\ mm)) \cdot (2000\ mm - 0)}$$
$$= 0,08\frac{N}{mm^2} \approx 0,8\frac{Kp}{cm^2} = 0.8\ bares$$

Nótese que, tratándose de tensiones características, estas sí se pueden utilizar para una comprobación geotécnica dada una tensión admisible del terreno.

La solicitación del tirante se obtiene por un sencillo cálculo de equilibrio en los nudos donde la relación de fuerzas R_k y T_k es proporcional a la relación geométrica de los catetos del triángulo, resultando:

$$T_k = \frac{R_k}{0,9\ d}\left(e - \frac{a_1}{4}\right) = \frac{80\ kN}{0,9 \cdot 0,35\ m}\left(0,75\ m - \frac{0,4\ m}{4}\right) = 165,08\ kN$$

donde d es el canto útil de la zapata, es decir la distancia del paramento superior al centro geométrico de la armadura traccionada, a_1 el canto del pilar, R_k la resultante de las tensiones en el terreno correspondiente paralelepípedo de base rectangular que cuyo centro de gravedad está en R_k y $(e - a_1/4)$ es la distancia entre el centro de gravedad de las tensiones características en el terreno simplificadas como una fuerza puntual R_k y la sección de $a_1/4$ del eje del pilar. Se supone que la zapata se encuentra sobre una capa de hormigón de limpieza, por lo que el recubrimiento será el recubrimiento nominal para una clase de exposición XC2. El recubrimiento mecánico puede estimarse, como es criterio habitual en este libro, en 50 mm, por lo que $d = 350$ mm. Nótese que, en este caso, el brazo mecánico $z = 0,9d$ utilizado está acorde con la figura mostrada en A19-§9.8.2.2 del Código Estructural y que también es válido.

Si del mismo modo que con la tracción Tk (en la armadura inferior de la zapata) se resuelve el equilibrio nudo a nudo del modelo de bielas y tirantes arriba expuesto el resultado de los axiles del diagrama es el que se muestra a continuación (dónde el negativo implica compresión).

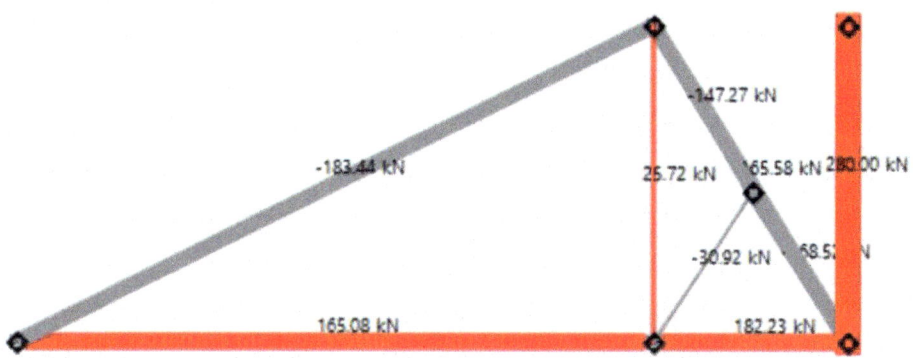

La armadura a disponer en la cara inferior de la zapata será:

$$A_s f_{yd} \geq T_d = T_k \gamma_F$$

$$A_s \geq \frac{T_d}{f_{yd}} = \frac{165{,}08 \cdot 10^3 \cdot 1{,}5}{500/1{,}15} = 570 \; mm^2$$

La anterior Instrucción EHE-08 limitaba el valor de la resistencia de cálculo a tracción de la armadura a 400 N/mm^2 en los modelos de bielas y tirantes. Sin embargo, esta limitación no está incluida en el Código Estructural, por lo que se ha utilizado el valor de f_{yd} de la armadura.

En caso de disponer barras ϕ12, el número de barras a disponer en todo el ancho de la zapata sería 570 mm^2/(113 mm^2/barra ϕ12) = 5,04 barras ϕ12 < 6 barras ϕ12.

Sería preciso ahora calcular la zapata en la dirección perpendicular, en la que no actúa ningún momento flector. Al ser la zapata cuadrada, y para evitar errores de montaje, se recomienda en zapatas cuadradas que la armadura sea igual en las dos direcciones ortogonales Esto no sería necesario en el caso de zapatas rectangulares, ya que se eliminaría la posible confusión de montaje. En este caso concreto, en la dirección perpendicular la armadura de cálculo resultante sería inferior al no actuar ningún momento flector, por lo que se dispondría la obtenida para el plano ya calculado (6ϕ12).

En este caso las armaduras del pilar se deberían prolongar y anclar debidamente hasta la altura de la armadura inferior de la zapata, y estas deberían soportar las tracciones deducidas en el modelo arriba expuesto:

$$A_{s,cara\ de\ pilar} f_{yd} \geq T_{d,pilar} = T_{k,pilar} \gamma_F$$

$$A_{s,cara\ de\ pilar} \geq \frac{T_{d,pilar}}{f_{yd}} = \frac{280 \cdot 10^3 \cdot 1{,}5}{500/1{,}15} = 966 \; mm^2$$

En caso de no cumplirse esta comprobación se deberá o aumentar el armado del pilar, o comprobar la zapata con otro modelo de bielas y tirantes que disponga las armaduras longitudinales del pilar en el lugar preciso donde constructivamente se vayan a disponer.

Armadura mínima de la zapata

Tal y como se ha expuesto en el ejercicio 9.1, el Código Estructural no especifica para zapatas de pilares (A19-§9.8.2) ningún valor de armadura mínima. En todo caso, el Prof. J. Calavera menciona que para valores de tensiones admisibles del terreno habituales (en torno a 0,2 N/mm^2) sería posible proyectar las zapatas sin armadura mínima, ya que la resistencia a tracción del hormigón podría resultar suficiente para resistir las bajas tensiones de tracción que se producirían en el hormigón. Nótese que en este caso las tensiones son muy inferiores por lo que la resistencia a tracción del hormigón debería ser suficiente. Sin embargo, en este caso, dado el diagrama de modelo de bielas y tirantes utilizado las armaduras de ambas caras del pilar se deben prolongar hasta la armadura de la cara inferior de la zapata. En los nudos donde las armaduras del pilar alcanzan la cara inferior de la zapata se forman nudos del tipo tracción-tracción-compresión, por ello se considera necesario disponer esta armadura para el correcto funcionamiento de la zapata.

Tampoco se especifica en el Código Estructural ninguna separación máxima del armado, pero se puede considerar prudente una separación máxima de 300 mm (como en el caso de losas macizas). No obstante, sí especifica que el diámetro mínimo de la armadura debe ser ϕ_{min} = 12 mm.

En referencia a:
- Anclaje de la armadura: procedimiento Código Estructural
- Comprobación ELU de punzonamiento:

El procedimiento de dimensionado y o comprobación de esta zapata es análogo al expuesto en el ejercicio 9.1.

En esta zapata se podría considerar la disposición de un armado mínimo en la cara superior puesto que el modelo de bielas y tirantes utilizado supone un giro mínimo de la zapata. Este giro podría dejar en voladizo una parte de la zapata (la opuesta a la reacción del terreno) que produciría pequeñas tensiones de tracción en la cara superior.

9.5 Diseño de armado para una ménsula corta.

Diseñar el armado de una ménsula corta de hormigón HA-30, destinada a resistir una carga mayorada de 375 kN. Se utilizará acero B 500SD con un recubrimiento mecánico de 50 mm. El pilar tiene dimensiones de 500x500 mm, la ménsula 400x500x500 mm, y el apoyo 200x300 mm. El enfoque es exclusivamente el cálculo y la disposición del armado, sin necesidad de verificar nudos, bielas comprimidas o anclajes.

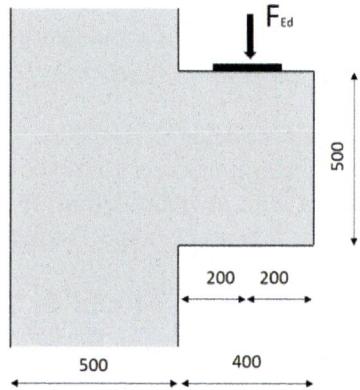

La resolución del ejercicio se realiza mediante un Modelo de Bielas y Tirantes (MBT) según A19-§6.5. Cabe añadir que cualquier modelo puede optimizarse mediante la utilización de criterios energéticos. En particular, se siguen las directrices de A19-Apéndice J.3-Ménsulas cortas. No obstante, en el ejercicio se usan algunas consideraciones de la derogada EHE-08 (Art. 64.1.2) para aquellas cuestiones no contempladas en el apéndice J.3, no siendo contradictorias sino complementarias, o equivalentes.

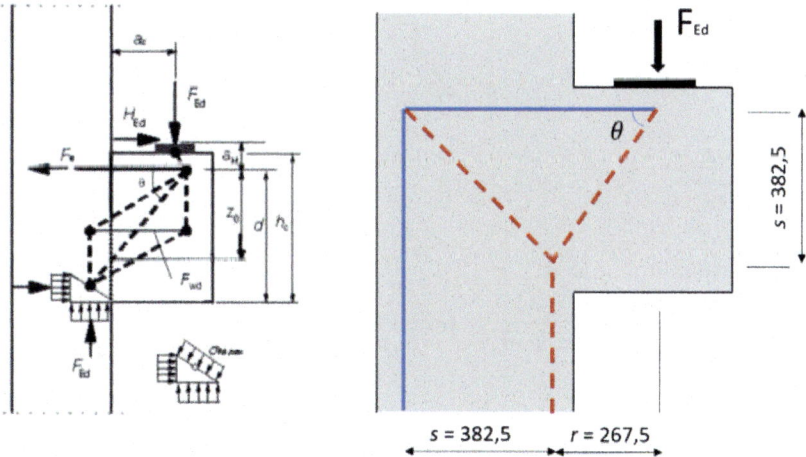

En dicho apéndice, se plantea el MBT de la representación izquierda de la figura, en la que se ilustra la armadura principal F_{ut} de tracción, varias bielas de compresión y la armadura secundaria de tracción F_{wd}. Un MBT algo más sencillo, basado en la derogada EHE-08, es el representado en la derecha, donde solo se dispone de una única biela de compresión en la parte volada. Este último MBT es el que se sigue en la resolución del ejercicio.

En cualquier caso, en la resolución de este ejercicio se tienen en cuenta todos los comentarios y ecuaciones presentes en el Apéndice J.3 del Código Estructural, a no ser que algo no esté definido en él y sí lo esté en la Instrucción EHE-08. Si este es el caso, se indicará en el texto del ejercicio.

Las fuerzas de compresión y de tracción se obtienen como si de una estructura articulada se tratase, donde las bielas transcurren a través del hormigón, y los tirantes a través de las armaduras. Para ello, se debe definir el ángulo de estas bielas. La inclinación de la biela está limitada por el Código Estructural por $1 \leq \tan \theta \leq 2,5$.

Simplificadamente, y siguiendo el artículo 64.1.2.1 de la derogada EHE-08, se ha considerado que la separación entre el par de fuerzas de tracción y de compresión de las secciones de pilar y de ménsula, es de $s = 0,85d$. Siendo el canto del pilar y de la ménsula de 500 mm, $s = 0,85 \cdot (500 - 50) = 382,5$ mm. Se este modo, la distancia r, queda: $r = (500 + 200 - 50 - s) = 267,5$ mm. La tangente del ángulo θ es, por tanto, $\tan \theta = 1,43$; queda dentro del rango comentado.

Resolviendo el equilibrio:

$$tg\ \theta = \frac{s}{r} = \frac{F_{Ed}}{F_u}$$

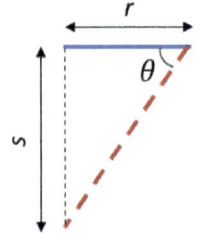 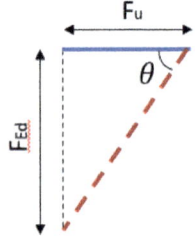

Despejando,

$$F_u = \frac{267,5}{382,5} \cdot 375 = 262,25\ kN$$

La cuantía de armadura, queda:

$$A_{s,main} = \frac{F_u}{f_{yd}} = \frac{262250}{434,78} = 603,19\ mm^2$$

Siguiendo la nomenclatura del Código Estructural, $a_c = 200$ mm, y $h_c = 500$ mm. Para una distancia $a_c < 0,5\ h_c$, deben disponerse cercos próximos horizontales o inclinados con $A_{s,lnk} >= k_1 \cdot A_{s,main}$, junto con la armadura principal de tracción (ver figura con el armado), siendo $k_l = 0,25$. Es decir, en este ejercicio la armadura secundaria debe ser al menos ¼ de la armadura principal.

De tal modo, la armadura horizontal secundaria, será:
$$A_{s,lnk} = 0,25 \cdot 603,19 = 150,80 \ mm^2$$

De modo que la armadura resultante podría ser $8\phi10$ ($628,3$ mm^2) como armadura principal y 2 estribos $\phi8$ (201 mm^2) como armadura secundaria. En el Código Estructural esta armadura secundaria se reparte en todo el canto de la ménsula, mientras que en la derogada EHE-08 se disponía en los 2/3 superiores del canto (con un valor de k_l=0,20, inferior al del Código Estructural que es 0,25). Se propone disponer el armado calculado en los 2/3 del canto, y completar el 1/3 restante del canto con la misma densidad de armado. Se opta, por tanto, por colocar 3 cercos $\phi8$ repartidos en todo el canto.

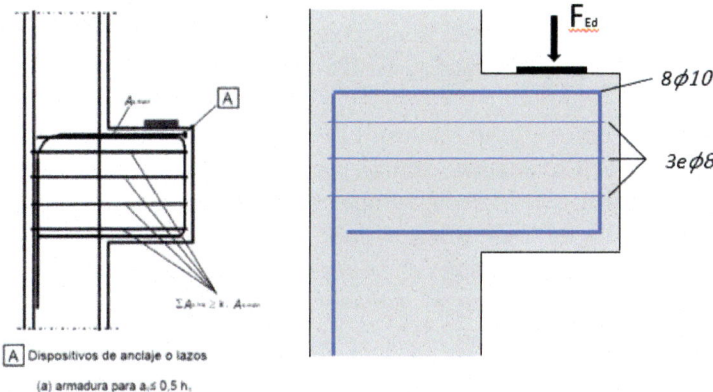

Otra opción sería prescindir del hormigón de la zona de la ménsula que existe por debajo de la biela de compresión, dado que no es necesaria en este MBT. De este modo, la representación 3D de ambas ménsulas quedaría como en la siguiente figura (imágenes obtenidas del software *Ménsulas Cortas*, de *CYPE Ingenieros*).

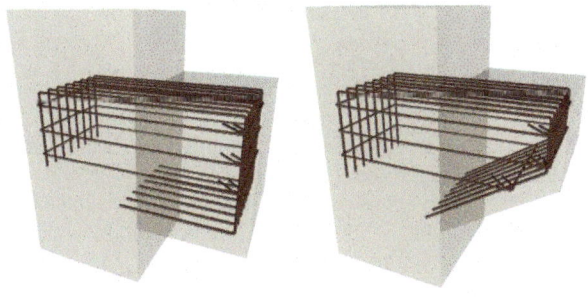

249

Este ejercicio no se aborda el anclaje de la armadura, pero sí se plantea conceptualmente según el Apéndice J.3 del Código Estructural. La armadura principal de tracción debe anclarse en sus dos extremos. Esta armadura debe anclarse al elemento de apoyo (el pilar) en su cara más alejada y la longitud de anclaje debe medirse a partir de la posición de la armadura vertical de la cara más próxima (una vez introducida en el pilar y superada la posición el recubrimiento del pilar). La armadura debe anclarse en la ménsula corta en su cara extrema y la longitud de anclaje debe medirse desde la cara interna de la placa de carga. Si se estableciesen requisitos especiales para limitar la fisuración, será eficaz la utilización de cercos inclinados en la zona de arranque de la ménsula corta. No se incluye en este ejercicio, pero la determinación de las dimensiones del apoyo debe realizarse según la tensión admisible del aparato de apoyo, distancias libres hasta borde de elementos y tolerancias de montaje, según A19-§10.9.4 y 10.9.5.

Modelización numérica mediante elementos finitos
Para mostrar gráficamente la trayectoria de las tensiones dentro de la ménsula corta, se presentan los resultados obtenidos mediante la modelización del pilar mediante el método de elementos finitos, usando el software ATENA.

La primera imagen de este grupo muestra la discretización realizada de la ménsula corta en el modelo. La imagen central representa las tensiones principales de compresión en el hormigón, es decir, la trayectoria de las bielas de compresión. Cabe destacar la similitud de esta imagen con el MBT resuelto en este ejercicio. Finalmente, en la figura de la derecha se representa la fisuración del hormigón en diferentes zonas. En esta imagen además se puede ver la deformación que experimentan las armaduras en el MEF. Se confirma a partir de ella que los cercos que más trabajan son los colocados en los primeros 2/3 del canto de la ménsula.

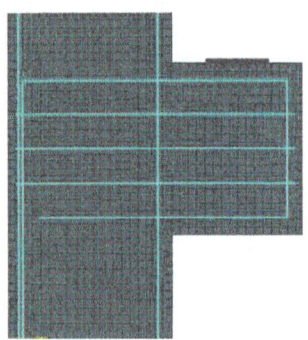
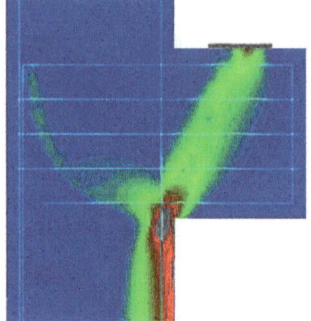
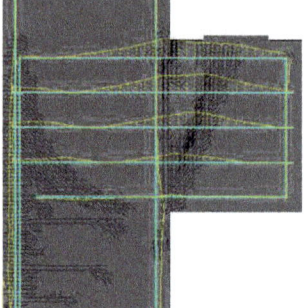

| Modelo de Elementos Finitos (MEF). | Tensiones principales de compresión en el hormigón. | Deformación de armaduras junto con el patrón de fisuración. |

Bloque temático 10. Introducción al cálculo de elementos de hormigón pretensado.

10.1 Predimensionamiento de fuerza de pretensado en jácena pretensada con armadura postesa.

En la oficina de proyectos y control de ejecución en la que usted trabaja le plantean la posibilidad de postesar una jácena biapoyada de 10 metros de luz de una estructura, ya que por estar en el exterior del edificio y nivel de exposición ambiental han pensado que sería de interés que no se produjeran fisuraciones en ELS. El hormigón a utilizar será un HP-35/B/20/XC4. La sección de la jácena es de 550 mm de canto y 400 mm de ancho.

En la combinación de ELS considerada, incluyendo el peso propio, la carga repartida sobre la jácena es igual a 30 kN/m. Se pide:

a) Obtener el momento de fisuración de la jácena sin pretensar. ¿Fisuraría bajo la combinación de ELS considerada?

b) Suponiendo que la excentricidad del pretensado en la sección de centro luz es igual a -200 mm (por debajo del centro de gravedad de la sección, según el criterio de signos habitual del pretensado), obtener la fuerza de pretensado (P) necesaria para que la jácena no fisure a flexión para la carga de ELS considerada. Al tratarse de un predimensionamiento inicial, no consideres en este momento las pérdidas de pretensado, pero considera los coeficientes de seguridad parciales de las acciones propuestos en el Código Estructural.

c) A partir de la fuerza de pretensado obtenida en el apartado anterior (P), calcula las tensiones en la fibra superior y fibra inferior de la sección de centro vano en vacío, considerando que la carga repartida sobre la jácena en vacío es de 14 kN/m, incluyendo el peso propio. Considera, en este apartado, un valor inicial de la fuerza de pretensado igual a 1.20·P, para simular a nivel de predimensionamiento el valor inicial antes de pérdidas diferidas.

a) La fisuración de la jácena sin pretensar se producirá cuando en la sección de centro luz el momento actuante produzca unas tensiones de tracción en la parte inferior de la jácena iguales a la resistencia a flexotracción del hormigón. La resistencia a flexotracción, según el Código Estructural, es igual a:

$$f_{ct,m,fl} = max\left\{\left(1{,}6 - \frac{h}{1000}\right)f_{ct,m}; f_{ct,m}\right\}$$

$$f_{ct,m} = 0{,}30 \cdot f_{ck}^{2/3} = 0{,}30 \cdot 35^{2/3} = 3{,}21 \, MPa$$

$$f_{ct,m,fl} = max\left\{\left(1{,}6 - \frac{550}{1000}\right)3{,}21; 3{,}21\right\} = 3{,}37 \, MPa$$

Para calcular el momento de fisuración se impone que las tensiones en la fibra inferior, calculadas mediante la fórmula de Navier, sean igual a este valor:

$$\sigma_{inf} = \frac{M_{cr}h/2}{I} = \frac{M_{cr}h/2}{\frac{1}{12}bh^3} = \frac{6M_{cr}}{bh^2} = f_{ct,m,fl}$$

$$M_{cr} = f_{ct,m,fl}\frac{bh^2}{6} = 3{,}37\frac{400 \cdot 550^2}{6} = 67{,}97 \ kNm$$

El momento actuante en servicio se debe obtener a partir de la carga uniformemente repartida de 30 kN/m actuando en la viga biapoyada:

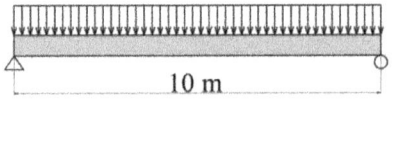

10 m

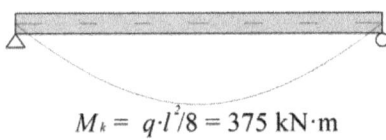

$M_k = q \cdot l^2/8 = 375$ kN·m

Por tanto, el momento actuante en la sección de centro luz bajo la combinación de cargas facilitada es de 375 kNm, muy superior al momento de fisuración de la jácena sin pretensar que es de aproximadamente 68 kNm, por lo que la jácena fisuraría.

b) Para el cálculo de la fuerza de pretensado (P) se impondrá que las tensiones en la fibra inferior de la sección cuando actúe el momento solicitante en servicio de 375 kNm sea igual a la resistencia a flextotracción del hormigón, 3,37 MPa.

Las tensiones a nivel seccional se pueden calcular a partir del esquema dado a continuación. El criterio de signos elegido para resolver este ejercicio será tensiones positivas de tracción, y todos los demás términos se considerarán positivos. La fuerza de pretensado P aplicada con una excentricidad e es equivalente a una fuera P aplicada en el centro de gravedad de la sección y un momento $P \cdot e$:

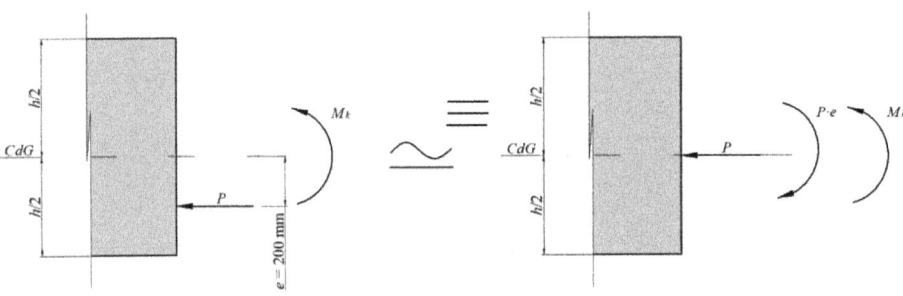

El dimensionamiento del pretensado es un cálculo en Estado Límite de Servicio, por lo que los coeficientes parciales de mayoración de acciones son 1,0, en general, salvo en el caso de la fuerza de pretensado. Al tratarse de una estructura pretensada postesa con armadura activa adherente, los coeficientes parciales a utilizar son 0,9 en el caso de que la fuerza de pretensado tenga un efecto favorable (A19-§5.10.9 (1)) (generalmente en servicio) y 1,1 en el caso de que la fuerza de pretensado tenga un efecto desfavorable (generalmente en vacío), (A19-§5.10.9). Por tanto:

$$\sigma_{inf} = -\frac{0,9 \cdot P}{A} - \frac{0,9 \cdot P \cdot e \cdot h/2}{I} + \frac{M_k \cdot h/2}{I} = f_{ct,m,fl} = 3370 \; kN/m^2$$

Siendo A el área de la sección transversal ($0,55 \cdot 0,4 = 0,22$ m^2), I el momento de inercia de la sección transversal respecto al eje de flexión ($1/12 \cdot 0,40 \cdot 0,55^3 = 5,5458 \cdot 10^{-3}$ m^4). Por tanto:

$$\sigma_{inf} = -\frac{0,9 \cdot P}{0,22} - \frac{0,9 \cdot P \cdot 0,2 \cdot 0,55/2}{5,5458 \cdot 10^{-3}} + \frac{375 \cdot 0,55/2}{5,5458 \cdot 10^{-3}} = 3370 \; kN/m^2$$

Resultado P = 1170 kN. Se ha utilizado el coeficiente parcial de seguridad de 0,9 ya que el efecto de pretensado es claramente favorable, puesto que es la fuerza que se opone a la fisuración de la pieza cuando actúa el momento flector M_k.

c) Según los datos facilitados en el enunciado, la fuerza después de transferir el pretensado sería igual a P_{ki} = 1,20·P = 1404 kN. La reducción de 1404 kN a 1170 kN es debida a las pérdidas diferidas de pretensado, a nivel de predimensionamiento.

El momento flector actuando en la sección de centro luz en vacío, tras transferir el pretensado, vale $M_{k,vacio} = p_{k,vacio} \cdot l^2/8 = 14 \cdot 10^2/8 = 175$ kNm. Por tanto, las tensiones en la fibra superior e inferior después de transferir se obtienen del siguiente esquema:

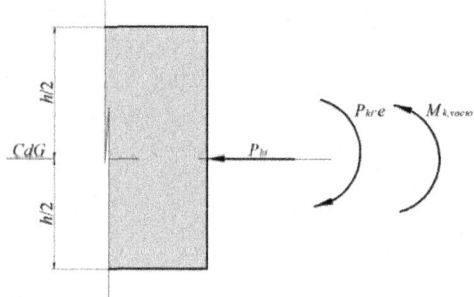

En vacío, la fuerza de pretensado puede causar excesivas compresiones en la parte inferior de la sección o la fisuración de la parte superior, por lo que se considerará como una fuerza de efecto desfavorable, aplicando el coeficiente parcial de mayoración de 1,10. Resulta:

$$\sigma_{sup} = -\frac{1,1 \cdot P_{ki}}{A} + \frac{1,1 \cdot P_{ki} \cdot e \cdot h/2}{I} - \frac{M_{k,vacío} \cdot h/2}{I}$$

$$= -\frac{1,1 \cdot 1404}{0,22} + \frac{1,1 \cdot 1404 \cdot 0,2 \cdot 0,275}{5,5458 \cdot 10^{-3}} - \frac{175 \cdot 0,275}{5,5458 \cdot 10^{-3}} =$$

$$= -7020 + 15316 - 8678 = -378 \ kN/m^2 = -0,378 \ MPa$$

$$\sigma_{inf} = -\frac{1,1 \cdot P_{ki}}{A} - \frac{1,1 \cdot P_{ki} \cdot e \cdot h/2}{I} + \frac{M_{k,vacío} \cdot h/2}{I} =$$

$$= -7020 - 15316 + 8678 = -13658 \ kN/m^2$$

$$= -13,658 \ MPa$$

Nótese que el efecto de la fuerza P considerada aplicada en el centro de gravedad de la sección es el mismo tanto en la fibra superior e inferior (negativo, compresión), pero el efecto a nivel de tensiones en la fibra superior e inferior de los momentos flectores $P \cdot e$ y $M_{k,vacío}$ es, lógicamente, opuesto.

A partir de los resultados obtenidos, las tensiones en la sección de centro luz en vacío valen:

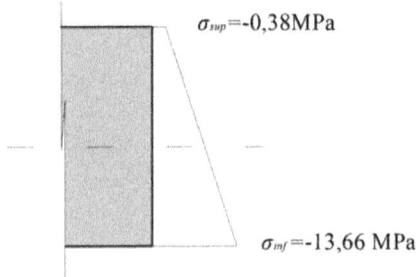

$\sigma_{sup} = -0,38 MPa$

$\sigma_{inf} = -13,66 \ MPa$

A partir de la máxima tensión de compresión sería posible determinar la resistencia mínima a compresión a la edad de transferir el pretensado, para evitar su microfisuración. Habitualmente se limitan las máximas tensiones de compresión a un valor de $0,6 f_{ck(t)}$ (A19-§5.10.2.2(5)). Además, a partir de P_{ki} podríamos suponer una tensión inicial del pretensado antes de transferir (descontando las pérdidas instantáneas) y con dicho valor obtener el área necesaria de armadura activa a nivel de predimensionamiento.

10.2 Cálculo del pretensado de una vigueta autoportante.

La vigueta pretensada (tipo 4) de la figura se fabrica con hormigón HP 40/P/12/XC1 y armadura activa Y1770 C. La armadura activa se dispone según la tabla que se presenta a continuación.

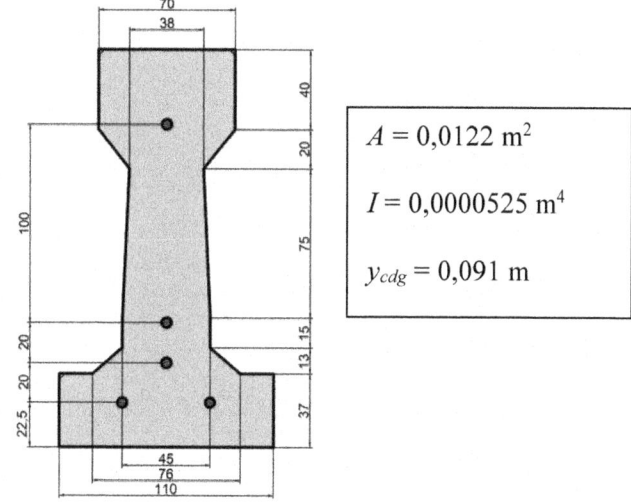

$A = 0,0122$ m^2

$I = 0,0000525$ m^4

$y_{cdg} = 0,091$ m

La armadura se tesa inicialmente a 1255 MPa. Se suponen unas pérdidas instantáneas del 8% y las pérdidas diferidas iguales a 10%. Se pide

a) Obtener el núcleo central de la vigueta. ¿Aparecen tracciones al transferir las tensiones del pretensado?

b) Determinar la distribución de tensiones en el hormigón después de transferir. ¿Qué resistencia a compresión debería tener el hormigón en el momento de transferir? Utiliza los criterios de mayoración de ELS del Código Estructural.

c) La vigueta se quiere utilizar para construir un forjado autorresistente de 5 metros de luz entre ejes. La separación entre viguetas será de 70 cm. Antes de hormigonar la capa de compresión, ¿cuál es el momento de fisuración de la vigueta? Supón que en ese momento ya han tenido lugar la totalidad de las pérdidas diferidas.

d) ¿Qué carga por m^2 debería poner sobre el forjado para producir la fisuración de las viguetas? El peso del forjado a construir (viguetas, casetones y hormigón in-situ) es de 3,33 kN/m^2. ¿Fisurará por estas cargas muertas?

Una vez el hormigón in-situ ha endurecido, se supone la sección que se indica en la figura siguiente:

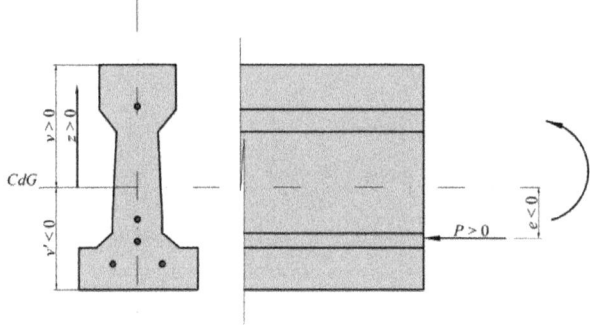

$$A = 0,050 \text{ m}^2$$

$$I = 0,0010 \text{ m}^4$$

$$y_{cdg} = 0,15 \text{ m}$$

e) ¿Cuál es el incremento de momento que producirá la fisuración de la pieza?

a) El núcleo central es el lugar geométrico de los puntos en los que si se aplica un esfuerzo axil de compresión no aparecen tracciones. Utilizando la notación y el criterio de signos habitual para el pretensado:

$$\sigma_{inf} = -\frac{P}{A} - \frac{P \cdot c \cdot v'}{I} = 0 \Rightarrow c = \frac{-I/A}{v'} = \frac{-0,0000525/0,0122}{-0,091} = 0,0473 \ m$$

$$\sigma_{sup} = -\frac{P}{A} - \frac{P \cdot c' \cdot v}{I} = 0 \Rightarrow c' = \frac{-I/A}{v} = \frac{-0,0000525/0,0122}{0,109} = -0,0395 \ m$$

Para saber si aparecen tracciones es necesario conocer el lugar de la aplicación de la resultante del pretensado, es decir, la excentricidad. En primer lugar, se calcula la altura del centro de aplicación de la resultante del pretensado (centro de gravedad de los alambres) respecto a la fibra inferior de la vigueta:

$$y_{result\ pret} = \frac{\sum y_i A_i}{\sum A_i} = \frac{22,5 \cdot 2 \cdot A + 42,5 \cdot A + 62,5 \cdot A + 162,5 \cdot A}{2 \cdot A + A + A + A} = 62,5 \ mm$$

La excentricidad es la distancia del centro de gravedad de la vigueta en el punto de aplicación de la fuerza resultante del pretensado, considerando un valor negativo tal como se indica en la figura siguiente.

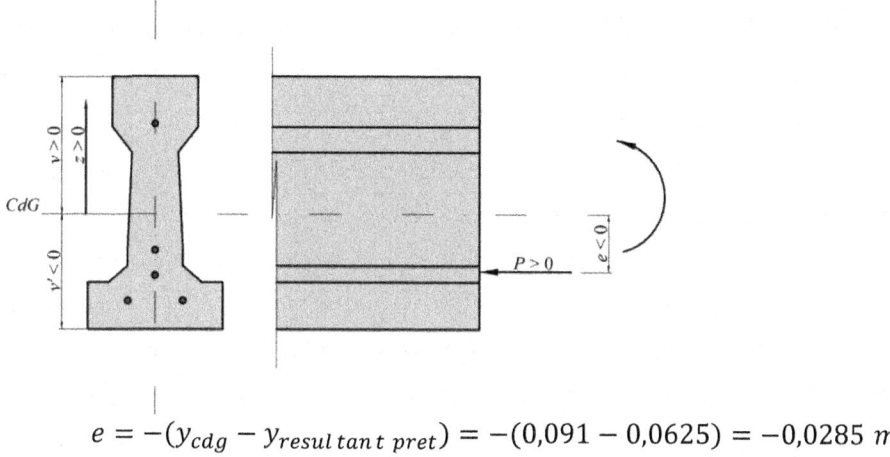

$$e = -(y_{cdg} - y_{resul\,tan\,t\,pret}) = -(0,091 - 0,0625) = -0,0285 \ m$$

No aparecen tracciones ya que la resultante del pretensado está dentro del núcleo central (el valor absoluto de la excentricidad es menor que el valor absoluto de c').

b) Es preciso calcular la fuerza de pretensado en las diferentes etapas. Antes de transferir, considerando que se tesa a una tensión de 1255 MPa, la fuerza de pretensado vale:

$$P_0 = A_p \cdot \sigma_0 = 5 \cdot 19,6 \cdot 1255 = 123,2 \ kN$$

Las pérdidas instantáneas son del 8%, por tanto, justo después de transferir la fuerza de pretensado que comprime la pieza vale:

$$P_{ki} = P_0 \cdot (1 - 0,08) = 113,3 \ kN$$

Y a tiempo infinito, considerando unas pérdidas diferidas del 10%:

$$P_\infty = P_{ki} \cdot (1 - 0,10) = 102,0 \ kN$$

Después de transferir las acciones actuantes son el pretensado y el peso propio de la vigueta. En el extremo de la vigueta, el momento debido al peso propio es cero, y las tensiones, considerando el criterio de mayoración de acciones del Código Estructural (A19-§5.10.9), valdrán:

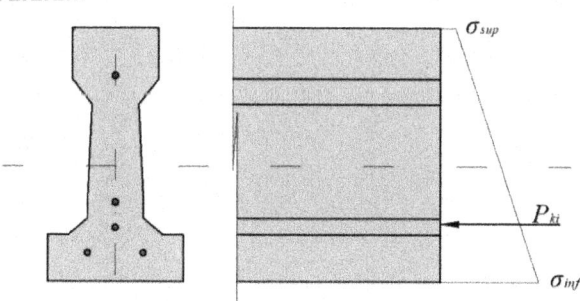

$$\sigma_{sup} = -\frac{1,05 \cdot P_{ki}}{A} - \frac{1,05 \cdot P_{ki} \cdot e \cdot v}{I} =$$

$$= -\frac{1,05 \cdot 113,3}{0,0122} - \frac{1,05 \cdot 113,3 \cdot (-0,0285) \cdot 0,109}{0,0000525} =$$

$$= -9751 + 7039 = -2712 \ \frac{kN}{m^2} = -2,7 \ MPa$$

$$\sigma_{inf} = -\frac{1,05 \cdot P_{ki}}{A} - \frac{1,05 \cdot P_{ki} \cdot e \cdot v'}{I} =$$

$$= -\frac{1,05 \cdot 113,3}{0,0122} - \frac{1,05 \cdot 113,3 \cdot (-0,0285) \cdot (-0,091)}{0,0000525} =$$

$$= -9751 - 5876 = -15627 \ kN/m^2 = -15,6 \ MPa$$

En la sección de centro luz es necesario considerar el momento flector del peso propio de la vigueta. El peso propio de la vigueta valdrá:

$$g_k = 0,0122 \ m^2 \cdot 25 \ kN/m^3 = 0,305 \ kN/m$$

Y el momento en el centro del vano producido por el peso propio, teniendo en cuenta que la vigueta tendrá una longitud de 5 metros:

$$M_1 = \frac{g_k \cdot L^2}{8} = 0,95 \ kNm$$

Las tensiones en el centro de la luz valdrán:

$$\sigma_{sup} = -\frac{1,05 \cdot P_{ki}}{A} - \frac{1,05 \cdot P_{ki} \cdot e \cdot v}{I} - \frac{M_1 \cdot v}{I} = -9751 + 7039 - \frac{0,95 \cdot 0,109}{0,0000525}$$

$$= -9751 + 7039 - 1972 = -4684 \ \frac{kN}{m^2} = -4,7 \ MPa$$

$$\sigma_{inf} = -\frac{1,05 \cdot P_{ki}}{A} - \frac{1,05 \cdot P_{ki} \cdot e \cdot v'}{I} - \frac{M_1 \cdot v'}{I} = -9751 - 5876 - \frac{0,95 \cdot (-0,091)}{0,0000525}$$

$$= -9751 - 5876 + 1467 = -14160 \ kN/m^2 = -14,2 \ MPa$$

Las tensiones máximas de compresión se producen en la sección de apoyo y valen 15,6 MPa. Al pretensar, la resistencia a compresión que debería tener el hormigón es tal que las tensiones no superen el 60% de ésta (A19-§5.10.2.2.5), Por tanto, la resistencia a compresión necesaria en el hormigón de la vigueta durante la transferencia de pretensado deberá ser mayor o igual a:

$$f_{ck(t)} = \frac{15,6}{0,6} = 26 \; MPa$$

c) La fisuración de la vigueta se producirá cuando en la sección de centro luz (la más desfavorable) el momento actuante produzca unas tensiones de tracciones iguales a la resistencia a flextracción del hormigón. La resistencia a flexotracción, según el Código Estructural (A19-§3.1.8.1), vale:

$$f_{ct,fl} = f_{ctm\,(t)} = max\left\{\left(1,6 - \frac{h}{1000}\right)f_{ct,m}; f_{ct,m}\right\}$$

$$f_{ct,m} = 0,30 \cdot f_{ck}^{2/3} = 0,30 \cdot 40^{2/3} = 3,51 \; MPa \qquad \text{(Tabla A19.3.1)}$$

$$f_{ct,m,fl} = max\left\{\left(1,6 - \frac{200}{1000}\right)3,51; 3,51\right\} = 4,91 \; MPa$$

Para calcular el momento de fisuración se impone que las tensiones en la fibra inferior sean igual a este valor:

$$\sigma_{inf} = -\frac{0,95 \cdot P_\infty}{A} - \frac{0,95 \cdot P_\infty \cdot e \cdot v'}{I} - \frac{M_{fis} \cdot v'}{I} = f_{ct,fl} = 4,91 \; MPa =$$
$$= 4910 \; kN/m^2$$

Y resulta que el momento de fisuración vale:

$$M_{cr} = \frac{I}{v'}\left(-\frac{0,95 \cdot P_\infty}{A} - \frac{0,95 \cdot P_\infty \cdot e \cdot v'}{I} - 4910\right) = 10,18 \; kNm$$

d) El momento de fisuración obtenido en el apartando anterior es para cada una de las viguetas. Por tanto, la carga lineal que produce para cada vigueta un momento igual al momento de fisuración se puede calcular como:

$$M_{cr} = \frac{p \cdot L^2}{8} \quad \Rightarrow \quad p = \frac{8 \cdot M_{cr}}{L^2} = \frac{8 \cdot 10,18}{5^2} = 3,26 \; kN/m$$

Por tanto, una carga lineal sobre la vigueta de 3,26 kN/m produciría la fisuración de la misma. Como se disponen las viguetas con una separación de 0,7 metros, la carga repartida por metro cuadrado que produce la fisuración vale:

$$p = \frac{3,26 \; kN/m}{0,7 \; m} = 4,66 \; kN/m^2$$

El peso del forjado a construir es de 3,33 kN/m², inferior a la carga que produciría la fisuración. Por tanto, no fisuran las viguetas para estas cargas muertas (viguetas, casetones y hormigón in-situ).

e) Para resolver este apartado se calculará, primero, cuánto vale la tensión en la fibra inferior de la vigueta autoportante al hormigonar la capa de compresión. Después, se supondrá que la sección resistente cambia (pasando a ser la sección compuesta de hormigón pretensado + hormigón in-situ), y será necesario calcular el momento flector que produciría la fisuración de esta nueva sección.

En el momento de hormigonar, el peso que soporta cada vigueta es de 3,33 kN/m². Por tanto, el momento flector que actúa en la sección de centro luz de cada vigueta vale (separación transversal de las viguetas igual a 0,7 m):

$$M_{constr} = 3,33 \ kN/m^2 \cdot 0,7 \ m \cdot \frac{5 \ m^2}{8} = 7,28 \ kNm$$

La tensión inferior en cada vigueta valdrá, en este instante:

$$\sigma_{inf} = -\frac{0,95 \cdot P_\infty}{A} - \frac{0,95 \cdot P_\infty \cdot e \cdot v'}{I} - \frac{M_{constr} \cdot v'}{I} =$$
$$= -7943 - 4787 + 12616 = -106 \ kN/m^2$$

El resultado es un valor negativo. Esto quiere decir que la sección sigue comprimida. Posteriormente, el hormigón in-situ endurece y la sección pasa a ser la siguiente:

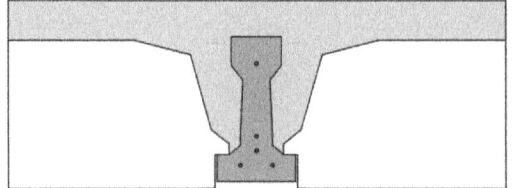

$A = 0,050$ m²

$I = 0,0010$ m⁴

$y_{cdg} = 0,15$ m

La sección fisurará cuando el incremento de tensiones que se produzca en la fibra inferior produzca que en ésta se llegue a la tensión de fisuración de la vigueta. Es decir, el incremento de tensión que produce la fisuración vale:

$$\Delta\sigma = 106 + 4910 = 5016 \ kN/m^2$$

Y el incremento de momento flector que, aplicado a la nueva sección, produce este incremento de tensiones es igual a:

$$\Delta\sigma = \frac{\Delta M \cdot v'_{sec\ ci\acute{o}comp}}{I_{sec\ ci\acute{o}comp}} \Rightarrow \Delta M = \frac{\Delta\sigma \cdot I_{sec\ ci\acute{o}comp}}{v'_{sec\ ci\acute{o}comp}} = \frac{5016 \cdot 0,0010}{0,15} = 33,4 \ kNm$$

Por lo tanto, un incremento de momento flector de 33,4 kN·m en cada vigueta produciría la fisuración de la sección compuesta. Teniendo en cuenta que la luz de las viguetas es de 5 metros y que se encuentran separadas 0,70 m entre si:

$$\Delta M_{fis} = \frac{\Delta p \cdot L^2}{8} \quad \Rightarrow \quad \Delta p = \frac{8 \cdot M_{fis}}{L^2} = \frac{8 \cdot 33,4}{5^2} = 10,69 \ kN/m$$

Por tanto, una carga lineal de 10,69 kN/m produciría la fisuración de la misma. Como se disponen las viguetas con una separación de 0,7 metros, la carga repartida por metro cuadrado que produce la fisuración vale:

$$\Delta p = \frac{10,69 \ kN/m}{0,7 \ m} = 15,27 \ kN/m^2$$

Es preciso señalar que este ejemplo ha tratado únicamente el pretensado respecto al Estado Límite de Servicio. Para conocer la carga última que resistiría la vigueta y el forjado sería preciso calcular el Estado Límite Último frente a flexión y cortante.

10.3 Cálculo del pretensado de una placa alveolar. Representación gráfica ecuaciones de Magnel.

Se pretende diseñar una placa alveolar pretensada de 350 mm de canto con la sección presentada en la figura. Las características geométricas de la sección son las presentadas en la figura. La losa alveolar de 1200 mm de base, tiene 10 m de luz, y va a soportar unas cargas en servicio de 7 kN/m además de su peso propio 4,8 kN/m, y está biapoyada. La losa alveolar está realizada con un hormigón tipo HP-40/P/12/XC1 y pretensada con una armadura activa Y1860C.

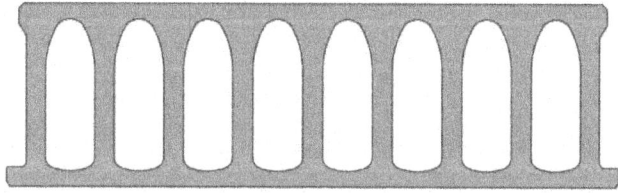

Propiedades de la sección en mm:
Área: $A = 192658.23$ mm^2
Centro de gravedad: $v = 168.88$ mm, $v' = 181.12$ mm
Momento de inercia con respecto al centro de gravedad $I_x = 2848336787$ mm^4

La armadura se tesa inicialmente a 1255 MPa. Se suponen unas pérdidas instantáneas del 11% y las pérdidas diferidas iguales a 14%, ambos porcentajes referidos a la fuerza inicial del pretensado. Se pide:

a) Plantea y dibuja los diagramas de Magnel, utiliza la sección bruta para realizarlos, y las limitaciones del Código Estructural, sabiendo que:
-Se pretende que la pieza no esté descomprimida en ningún momento de su vida útil en la sección central.
-Que el hormigón utilizado ya ha alcanzado un 70% de su resistencia característica antes de transmitir el pretensado.

b) Utilizando los diagramas de Magnel deducidos en el apartado anterior, evalúa cual es la fuerza de pretensado y excentricidad óptima, sabiendo que la suma de las pérdidas instantáneas y las perdidas diferidas es de un 25% del pretensado inicial.

c) Dado que el mapa de armado que dispone la fábrica que produce estas placas permite un recubrimiento mecánico mínimo de 41,12 mm, evalúa cual es el pretensado óptimo utilizando los diagramas de Magnel deducidos en el apartado a.

a) Los diagramas de Magnel son 4 inecuaciones que plantean condiciones en vacío y en servicio. En vacío, limitar que no aparezcan tracciones en la parte superior y compresiones en la parte inferior:

1) $\sigma_{c,sup,vacio} = -\dfrac{\gamma_{desf,P} \cdot P_0}{A_C} + \dfrac{\gamma_{desf,P} \cdot P_0 \cdot e \cdot v}{I_C} - \dfrac{M_{PP} \cdot v}{I_C} \leq \sigma_{adm,t,vacio} = 0$

2) $\sigma_{c,inf,vacio} = -\dfrac{\gamma_{fav,P} \cdot P_0}{A_C} - \dfrac{\gamma_{fav,P} \cdot P_0 \cdot e \cdot v'}{I_C} + \dfrac{M_{PP} \cdot v'}{I_C} \geq -\sigma_{adm,c,vacio} = -0.6 f_{ck(t)}$

En servicio, limitar compresiones en la parte superior, y que no aparezcan tracciones en la parte inferior:

3) $\sigma_{c,sup,servicio} = -\dfrac{\gamma_{desf,P} \cdot P_\infty}{A_C} + \dfrac{\gamma_{desf,P} \cdot P_\infty \cdot e \cdot v}{I_C} - \dfrac{M_{serv} \cdot v}{I_C} \geq -\sigma_{adm,c,servicio} = -0.6 f_{ck}$

4) $\sigma_{c,inf,servicio} = -\dfrac{\gamma_{fav,P} \cdot P_\infty}{A_C} - \dfrac{\gamma_{fav,P} \cdot P_\infty \cdot e \cdot v'}{I_C} + \dfrac{M_{serv} \cdot v'}{I_C} \leq \sigma_{adm,t,servicio} = 0$

Para trazar los diagramas de Magnel, en las 4 inecuaciones anteriores se debe expresar P·e en función de P. Estas inecuaciones, que representan una recta en la gráfica e - Pe, son las siguientes:

1) $P_0 \cdot e \leq \left(\dfrac{I_C}{v \cdot A_C}\right) \cdot \gamma_{desf,P} \cdot P_0 + \left(\dfrac{\sigma_{adm,t,vacio} \cdot I_C}{v} + M_{PP}\right)$

2) $P_0 \cdot e \leq -\left(\dfrac{I_C}{v' \cdot A_C}\right) \cdot \gamma_{fav,P} \cdot P_0 + \left(-\dfrac{\sigma_{adm,c,vacio} \cdot I_C}{v'} + M_{PP}\right)$

3) $P_\infty \cdot e \geq \left(\dfrac{I_C}{v \cdot A_C}\right) \cdot \gamma_{desf,P} \cdot P_\infty + \left(\dfrac{\sigma_{adm,c,servicio} \cdot I_C}{v} + M_{serv}\right)$

4) $P_\infty \cdot e \geq -\left(\dfrac{I_C}{v' \cdot A_C}\right) \cdot \gamma_{fav,P} \cdot P_\infty + \left(-\dfrac{\sigma_{adm,t,servicio} \cdot I_C}{v'} + M_{serv}\right)$

En el lado derecho de estas inecuaciones que representan un semiplano, el término que multiplica a P es la pendiente de la recta y el independiente es el corte con el eje de ordenadas de la recta que define el semiplano. Nótese que la primera y la tercera inecuación tienen la misma pendiente, por lo que son paralelas. Lo mismo sucede con la segunda y tercera inecuación. En donde:

- $A_C = 192.658,22 \ mm^2$
- $I_C = 2.848.336.787 \ mm^4$
- $v = 168,88 \ mm$
- $v' = 181,12 \ mm$
- $\gamma_{P,unfav} = 1,05$ (A19-§5.10.9), en vacío
- $\gamma_{P,fav} = 0,95$ (A19-§5.10.9)
- $\sigma_{adm,t,vacio} = \sigma_{adm,t,servicio} = 0 \ \text{MPa}$ (establecido en este problema ya que no se pretende llegar a la descompresión en la transmisión del pretensado)
- $\sigma_{adm,c,vacio} = 0,6 f_{ck,j}$ (A19-§5.10.2.2(5))

  puesto que el hormigón alcanza una resistencia del 70% de la característica antes de la transmisión del pretensado,
  $\sigma_{adm,c,vacio} = 0,6 f_{ck(t)} = 0,6 \cdot 0,7 \cdot f_{ck} = 0,6 \cdot 0,7 \cdot 40 MPa = 16,8 MPa$

- $\sigma_{adm,c,servicio} = 0{,}6f_{ck(t)} \geq 0{,}6f_{ck,28} = 0{,}6 \cdot 40MPa = 24MPa$
- $M_{PP} = \dfrac{Q_{pp}L^2}{8} = \dfrac{(4{,}8kN/m)\cdot(10m)^2}{8} = 60kN \cdot m = 60 \cdot 10^6 N \cdot mm$
- $M_{servicio} = \dfrac{Q_{servicio}L^2}{8} = \dfrac{(4{,}8kN/m+7kN/m)\cdot(10m)^2}{8} = 147{,}5kN \cdot m =$
  $$= 147{,}5 \cdot 10^6 N \cdot mm$$

Sustituyendo estos valores en las inecuaciones de los semiplanos queda:

1) $P_0 \cdot e \leq 91{,}92\ mm \cdot P_0 + 60000000 N \cdot mm$
2) $P_0 \cdot e \leq -77{,}55\ mm \cdot P_0 + 324200850\ N \cdot mm$
3) $P_\infty \cdot e \geq 91{,}92\ mm \cdot P_\infty - 257284953\ N \cdot mm$
4) $P_\infty \cdot e \geq -77{,}55\ mm \cdot P_\infty + 147500000\ N \cdot mm$

La representación gráfica de las inecuaciones es:

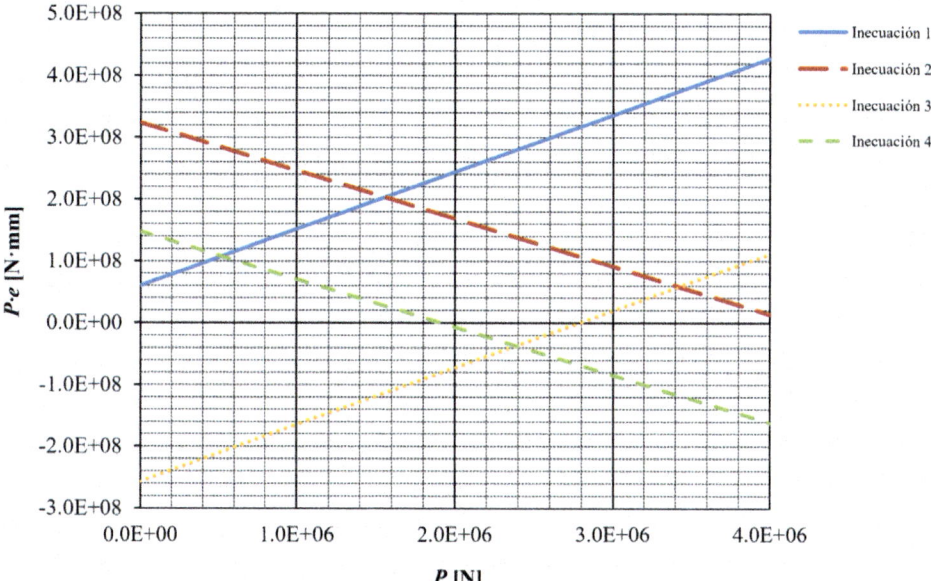

b) Una vez deducidos los diagramas de Magnel, se plantea una excentricidad e=100 mm. Esta excentricidad superpuesta en el diagrama supone la gráfica de una línea recta con la siguiente ecuación:

$$P \cdot e = 100mm \cdot P + 0$$

en donde la pendiente es igual a e, y el corte con el eje de las ordenadas de esta recta es en el punto (x,y)=(0,0). La representación es la siguiente:

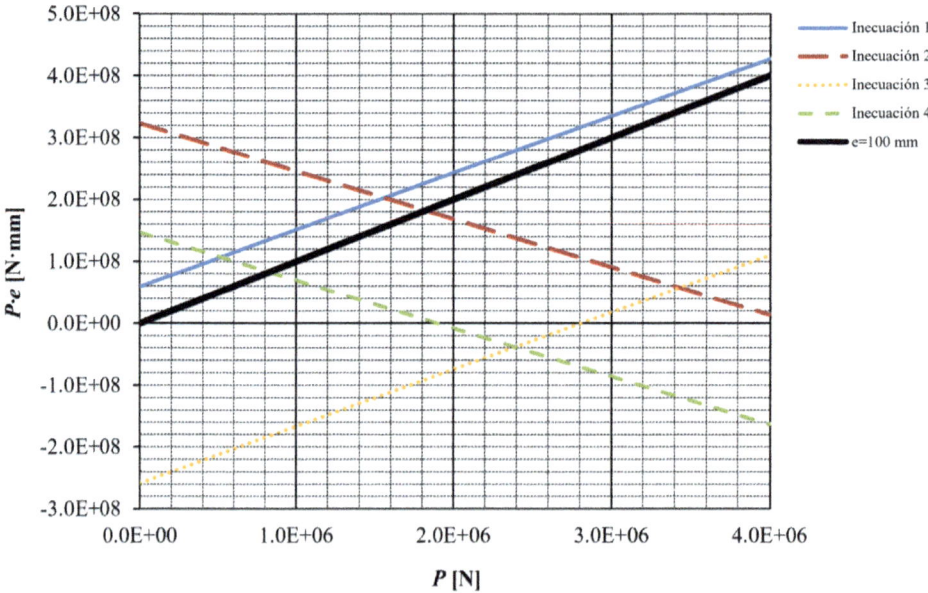

La recta intersecta por arriba con la Inecuación 2, y por abajo con la Inecuación 4.

La intersección superior se calcula resolviendo el siguiente sistema de ecuaciones, en el que está la recta de la Inecuación 2 y la recta de la excentricidad igual a 100 mm:

$$\left.\begin{array}{l} P_0 \cdot e = -77{,}55 \, mm \cdot P_0 + 324200850 \, N \cdot mm \\ P \cdot e = 100 \, mm \cdot P + 0 \end{array}\right\} P = 1826007{,}55 \, N$$

La intersección inferior se calcula resolviendo el siguiente sistema de ecuaciones, en el que está la recta de la Inecuación 4 y la recta de la excentricidad igual a 100 mm:

$$\left.\begin{array}{l} P_\infty \cdot e \geq -77{,}55 \, mm \cdot P_\infty + 147500000 N \cdot mm \\ P \cdot e = 100 \, mm \cdot P + 0 \end{array}\right\} P = 830769{,}30 \, N$$

Esta excentricidad serviría para pretensar la pieza, pero no sería la óptima, para evaluar la posición optima del pretensado mediante los diagramas de Magnel, se puede repetir el mismo proceso realizado para la excentricidad e = 100 mm, para diferentes excentricidades. El resultado de ello se presenta en la tabla presentada a continuación, nótese que en la tabla se representa:

- La excentricidad *e* en mm en la primera columna
- El pretensado máximo posible, según los diagramas de Magnel.
- El pretensado mínimo posible, según los diagramas de Magnel.
- La diferencia de pretenssado entre ambos, con respecto al pretensado máximo. Si se pretensase al máximo, las perdidas deberían ser inferiores a este valor.
- Las inecuaciones que limitan las soluciones en cada caso.

e	P_{max}	P_{min}	Máximas pérdidas de pretensado	Inecuaciones limitantes
[mm]	[N]	[N]	$(P_{min}-P_{max})/P_{max}$	
0	2798978	1902090	0.32	3-4
10	3140646	1684823	0.46	3-4
20	3323559	1512103	0.55	2-4
30	3014524	1371503	0.55	2-4
40	2758070	1254825	0.55	2-4
50	2541829	1156443	0.55	2-4
60	2357031	1072366	0.55	2-4
70	2197282	999686	0.55	2-4
80	2057813	936233	0.55	2-4
90	1934993	880354	0.55	2-4
100	1826008	830769	0.55	2-4
110	1728645	786473	0.55	2-4
120	1641139	746660	0.55	2-4
130	1562065	710685	0.55	2-4
140	1247947	678017	0.46	1-4
150	1033076	648220	0.37	1-4
160	881329	620932	0.30	1-4
170	768453	595848	0.22	1-4
180	681207	572713	0.16	1-4

En la tabla se distinguen tres dominios en función de las ecuaciones limitantes, representados en la gráfica mostrada a continuación:

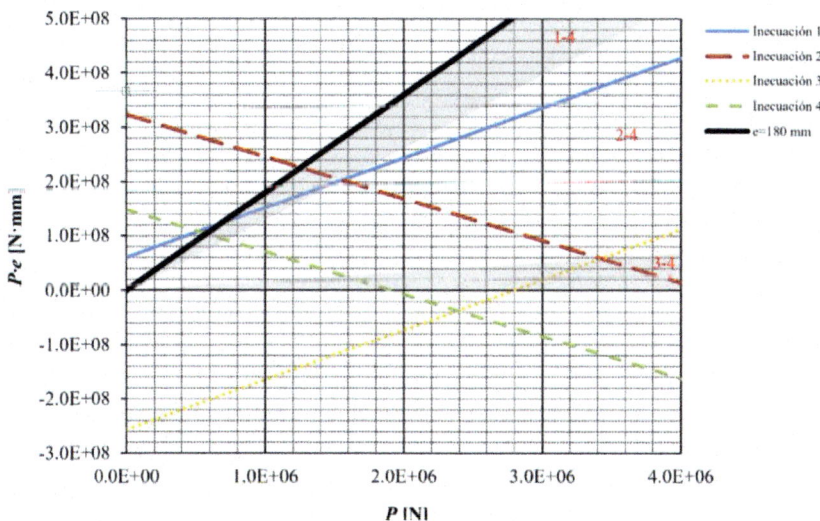

265

En la tabla se observa que a mayor excentricidad menor pretensado se necesita, sin embargo, puesto que el pretensado máximo P_{max} y el pretensado mínimo P_{min} no pueden variar menos de un 25%, ya que estas son las pérdidas que se van a producir a lo largo de la vida útil de la placa alveolar, no es posible disponer una excentricidad de 180 mm, cuya pérdida de pretensado máxima es un 16%. Para que cumpla con las inecuaciones prescritas, la primera excentricidad de la tabla posible (y más económica, dado que supone el menor pretensado dentro de las prescripciones antes indicadas) es la $e=160$ mm cuya diferencia entre pretensado máximo y mínimo es del 30%.

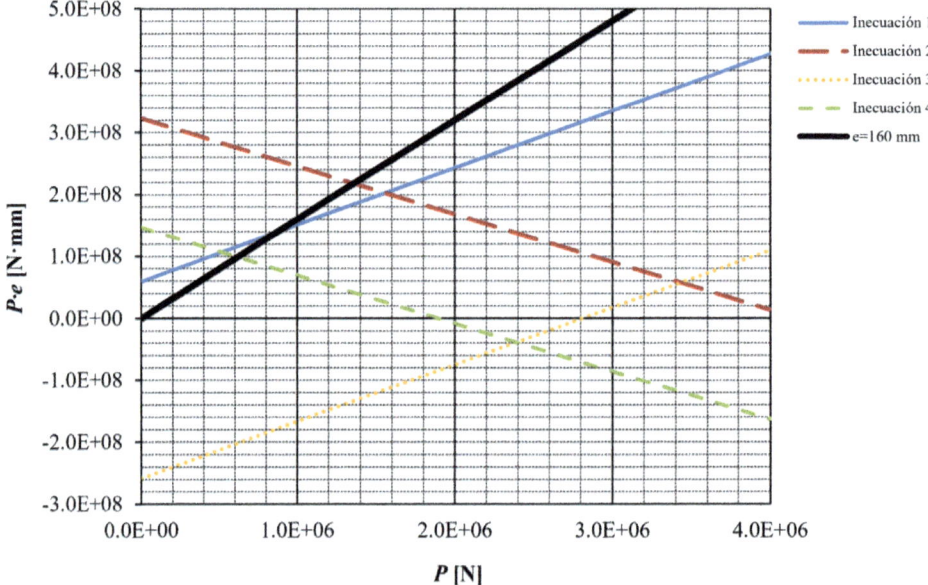

La excentricidad más adecuada según la tabla arriba mostrada es la de 160 mm. Sin embargo, dado que el centro de gravedad está a 181.12 mm de altura, esa excentricidad supondría un pretensado que no cumpliría con un recubrimiento adecuado para la durabilidad del elemento. Como solución constructiva razonable, se supone una excentricidad máxima de $e_{max,const} = 181.12$ mm $- 25$ mm $= 156.2$ mm. En el diagrama de Magnel la posición óptima queda representada en la siguiente figura, siendo $P_{max}=933,43\ kN$ y $P_{min} = 631,03\ kN$:

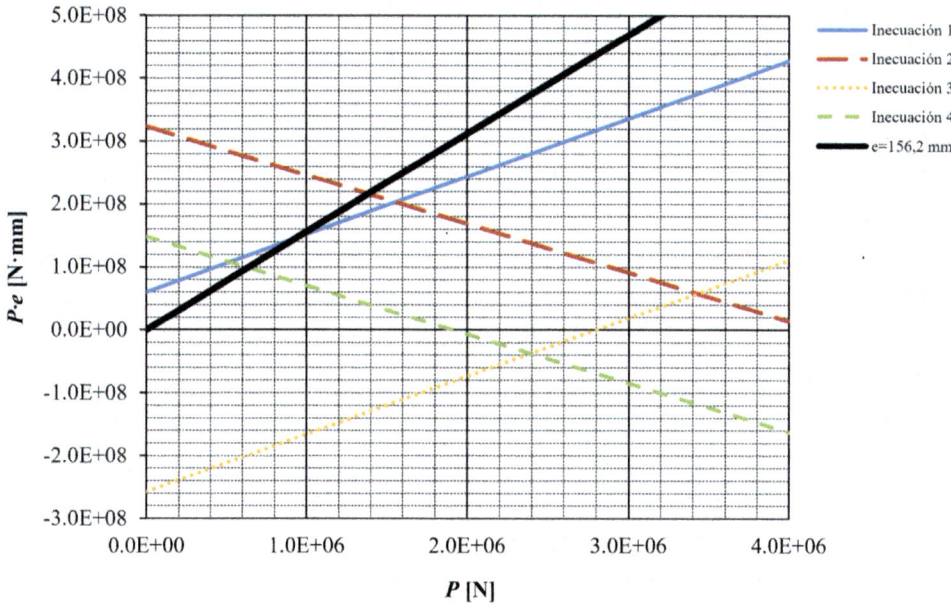

Esta pieza se debería pretensar con una fuerza inicial de $P_0 = 631,03$ kN/$0.75 = 841,37$ kN $< 933,43$ kN y con una excentricidad $e = 156,2$ mm, y al sufrir unas pérdidas de pretensado del 25% aún seguiría cumpliendo con las inecuaciones prescritas ($P_o \geq 631,03$ kN).

c) En el apartado anterior se plantea que la excentricidad fuese de 156,2 mm y puesto que v'= 181,12 mm suponiendo un recubrimiento mecánico mínimo de 25 mm.

Como se ha observado en el apartado anterior a mayor excentricidad menor pretensado se necesita. Por cuestiones de fabricación el recubrimiento mínimo debe ser $r_{mec} = 41,12$ mm, esto supone una excentricidad máxima $e_{max} = 181,12 - 41,12$ mm $= 140$ mm. En la tabla presentada en el apartado b, se observa que el pretensado mínimo que cumple con las inecuaciones prescritas para esta excentricidad es $P_{min} = 678,02$ kN, este será el pretensado al final de la vida útil de la placa alveolar, habiendo sufrido un 25% de pérdidas, por lo que el pretensado inicial óptimo con esta excentricidad será:

$$P_0 = \frac{678,02 \ kN}{0,75} = 904,03 \ kN$$

267

10.4 Diagrama momento-curvatura de un elemento pretensado.

Se pretende diseñar una viga rectangular pretensada de 400 mm de base y 700 mm de canto. Las características geométricas de la sección son las presentadas en la figura (cotas en mm). La viga de sección rectangular, tiene 10 m de luz y está biapoyada. La viga rectangular es hormigón tipo HP-40/P/12/XC1 y pretensada con una armadura activa Y1860C (cordones de 0,6 pulgadas de diámetro).

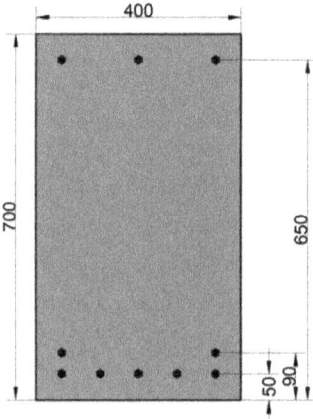

Las alturas de los cordones con respecto a la base de la sección están descritas en la tabla que se presenta a continuación:

Posición	Altura [mm]	N° cordones
1	50	5
2	90	2
3	650	3

Para el análisis se considerarán: unas pérdidas de pretensado de 16.74 %, la resistencia media del hormigón f_{cm} según el Código Estructural y el coeficiente de seguridad parcial de los materiales igual a 1. El área de un cordón de pretensado utilizado (0.6" de diámetro) es 141.88 mm^2, el módulo de elasticidad del acero pretensado es 190000 MPa y la tensión de pretensado inicial es 1255 MPa. En referencia al hormigón, se considerará un módulo de elasticidad en la transferencia del pretensado de 28021 MPa.

Se pide:
a) Dibujar el diagrama momento-curvatura de la sección para cargas instantáneas.

b) Utilizando el diagrama momento-curvatura obtenido en el apartado (a) deducir las curvaturas y flecha instantánea de una viga biapoyada de 10 m con una carga total uniforme de 70 kN/m.

a) El primer paso para establecer el diagrama momento-curvatura de una sección pretensada es establecer el regimen de tensiones y deformaciones producidas por el pretensado justo después de la transferencia. El pretensado introduce un axil de compresión y un momento flector a una sección de hormigón y acero que suponemos trabaja conjuntamente con adherencia perfecta y no fisurada. Esta hipótesis es real si cumplimos con lo establecido en los ejercicios anteriores de este bloque temático en donde evitamos fisuraciones durante la transferencia de pretensado.

La inercia de la sección bruta de una sección rectangular es:

$$I = \frac{1}{12} b h^3$$

Sin embargo, la inercia homogeneizada de esta sección requiere ponderar cada material de la sección por un valor n resultado del cociente entre el módulo de elasticidad material en la sección (a homogeneizar, en este caso el acero) y el módulo de elasticidad del material de referencia (normalmente el predominante, en este caso el hormigón).

$$n = \frac{E_s}{E_c} = \frac{29378\ MPa}{19000\ MPa}$$

Nótese, que esta forma de deducir la inercia homogeneizada es sólo cierta en régimen elástico lineal. De este modo la sección que es inicialmente como se muestra en la izquierda de la figura pasa a ser como se muestra en la derecha de la figura una vez homogeneizada con el material de referencia. Es importante reseñar, que n-1 (ver pie de figura) se utiliza porque el área (en este caso del acero) equivale a n veces la del material de referencia (en este caso el hormigón). El hecho de restarle una unidad es debido a que el acero está ocupando área que no ocupa el hormigón y que ya se ha tenido en cuenta al evaluar la sección bruta del hormigón (y que no tiene en cuenta los vacíos de hormigón que genera el acero). Otro aspecto a tener en cuenta, es que para simplificar el análisis se va a considerar que la inercia de los cordones trefilados de acero pretensados igual a 0.

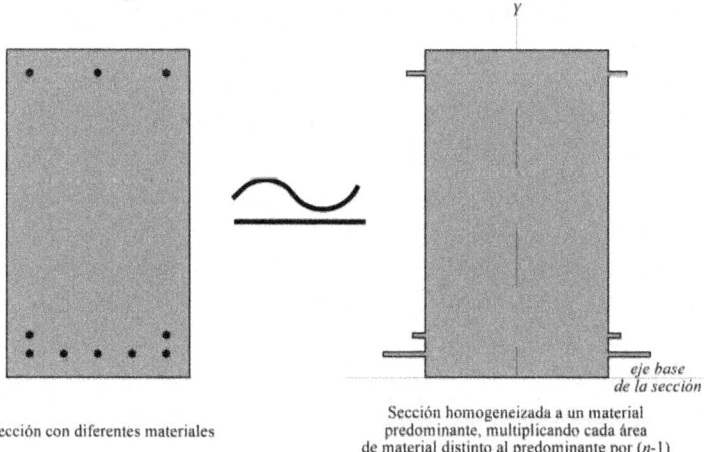

Sección con diferentes materiales

Sección homogeneizada a un material predominante, multiplicando cada área de material distinto al predominante por (n-1)

El primer paso es determinar el centro de gravedad de la sección homogeneizada. La distancia de un eje cualquiera al centro de gravedad de la pieza es:

$$CdG_h = \frac{\sum A_i n_i d_i}{\sum A_i n_i}$$

siendo A_i es el área de un elemento infinitesimalmente pequeño, n_i es el cociente arriba descrito para cada material i y d_i es la distancia de esa área al eje. Por simetría sabemos que el centro de gravedad debe pasar por el eje Y (ver figura anterior). Por tanto, la distancia de la base de la sección (eje base de la sección) al centro de gravedad de la sección homogeneizada se deduce de:

$$CdG_h = \frac{400\ mm \cdot 700\ mm \cdot \frac{28021}{28021} \cdot 350\ mm +}{400\ mm \cdot 700\ mm \cdot \frac{28021}{28021} +} \cdots$$

$$\frac{5 \cdot 141.88\ mm \cdot \left(\frac{28021}{190000} - 1\right) \cdot 50\ mm +}{5 \cdot 141.88\ mm \cdot \left(\frac{28021}{190000} - 1\right) +} \cdots$$

$$\frac{2 \cdot 141.88\ mm \cdot \left(\frac{28021}{190000} - 1\right) \cdot 90\ mm +}{2 \cdot 141.88\ mm \cdot \left(\frac{28021}{190000} - 1\right) +} \cdots$$

$$\frac{3 \cdot 141.88\ mm \cdot \left(\frac{28021}{190000} - 1\right) \cdot 650\ mm}{3 \cdot 141.88\ mm \cdot \left(\frac{28021}{190000} - 1\right)} = 346.28\ mm$$

Por motivos de espacio y docentes se ha dividido el quebrado (tanto el numerador como el denominador) en diferentes sumandos separados en filas. La primera fila se refiere a los datos de la sección bruta de hormigón de 400 · 700 mm, donde $n = 1$ y no se le resta la unidad, mientras que las filas 2ª, 3ª y 4ª van referidas respectivamente a las posiciones de armado 1, 2 y 3 de la tabla de armados pretensados del enunciado. Nótese que el denominador del quebrado anterior es el área homogeneizada de la sección $A_h = 289620.14$ mm^2.

Utilizando el teorema de Steiner, la inercia homogeneizada de la sección con respecto a un eje horizontal que pasa por CdG_h es:

$$I_h = \frac{400\ mm \cdot (700\ mm)^3}{12} + (400\ mm \cdot 700\ mm) \cdot (350\ mm - 346\ mm)^2 + \cdots$$

$$5 \cdot 141.88\ mm \cdot \left(\frac{28021}{190000} - 1\right) \cdot (346\ mm - 50\ mm)^2 + \cdots$$

$$2 \cdot 141.88\ mm \cdot \left(\frac{28021}{190000} - 1\right) \cdot (346\ mm - 100\ mm)^2 + \cdots$$

$$3 \cdot 141.88\ mm \cdot \left(\frac{28021}{190000} - 1\right) \cdot (650\ mm - 346\ mm)^2 = 11437208577\ mm^4$$

Del mismo modo que con el cálculo del CdG_h, por motivos de espacio y docentes se ha dividido el sumatorio en diferentes sumandos separados en filas. La primera fila se refiere a los datos de la sección bruta de hormigón de $400 \cdot 700$ mm aplicando el teorema de Steiner, mientras que las filas 2ª, 3ª y 4ª van referidas respectivamente a las inercias del acero pretensado en las alturas de armado 1, 2 y 3 de la tabla de armados pretensados del enunciado.

La altura del centro de gravedad del pretensado h_p se deduce mediante una media ponderada:

$$h_p = \frac{(5 \cdot 50\ mm) + (2 \cdot 90\ mm) + (3 \cdot 650\ mm)}{(5 + 2 + 3)} = 238\ mm$$

La excentricidad es la distancia del centro de gravedad de la sección homogeneizada al centro de gravedad del pretensado:

$$e = CdG_h - h_p = 346.28\ mm - 238\ mm = 108.28\ mm$$

La fuerza de pretensado después de las pérdidas es:

$$P_\infty = A_P \cdot \sigma_0 \cdot \left(1 - \frac{\Delta P}{P}\right) = 10 \cdot 141.88\ mm^2 \cdot 1255\ MPa \cdot$$
$$(1 - 0.1674) = 1482.52 kN$$

en donde A_p es el área de pretensado, σ_0 es la tensión inicial de pretensado y $\Delta P/P$ son las pérdidas de pretensado (en tanto por 1) planteadas en el enunciado.

Después de transferir el pretensado y producirse las perdidas establecidas en enunciado las tensiones de compresión en la cara superior e inferior de la sección valdrán:

$$\sigma_{sup} = -\frac{P_\infty}{A} - \frac{P_\infty \cdot e \cdot v}{I} =$$
$$= -\frac{1482523 N}{289620\ mm^2} - \frac{1482523 N \cdot 108.3\ mm \cdot (346 - 700)\ mm}{11437208577\ mm^4} =$$
$$= -0.20\ MPa$$

$$\sigma_{inf} = -\frac{P_\infty}{A} - \frac{P_\infty \cdot e \cdot v'}{I} = -\frac{1482523 N}{289620\ mm^2} - \frac{1482523 N \cdot 108.3\ mm \cdot 346\ mm}{11437208577\ mm^4} =$$
$$= -9.88\ MPa$$

Una vez conocido el perfil de tensiones que se produce en el hormigón, el perfil de deformaciones en rango elástico se deduce de forma inmediata, pues al estar en rango elástico se cumple la ley de Hooke, y la tensión superior e inferior del hormigón en este estado son:

$$\varepsilon_{c,sup,1} = \frac{\sigma_{sup}}{E_c} = \frac{-0.202\ MPa}{28021\ MPa} = -7.19 \cdot 10^{-6}$$

$$\varepsilon_{c,inf,1} = \frac{\sigma_{inf}}{E_c} = \frac{-9.88\ MPa}{28021\ MPa} = -0.0003525$$

Para el análisis que se va a realizar a continuación se deben establecer unos diagramas tensión-deformación (modelos constitutivos) de los materiales. En este caso se establece el modelo teórico propuesto por el Código Estructural (A19-§3.3.6(7)), en su figura A19.3.10 para el acero pretensado.

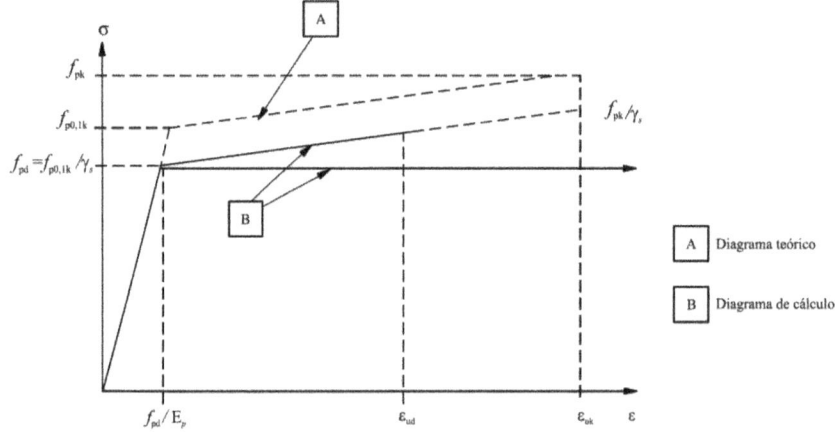

Siendo $f_{p0,1k}$ = 1674 MPa, $f_{p0,1k}/E_p$ = 0.008810526, y el módulo de elasticidad una vez se ha superado la deformación $f_{p0,1k}/E_p$ es 13868.5 MPa.

Por otra parte, la relación propuesta para la relación tensión-deformación del hormigón en el Código Estructural según A19-§3.1.5(1) es (ver parámetros correspondientes en Código Estructural):

$$\frac{\sigma_c}{f_{cm}} = \frac{k\eta - \eta^2}{1 + (k-2)\eta}$$

Un modelo constitutivo que es adecuado para hormigones desde 20 a 100 MPa de resistencia a compresión. Sin embargo, el propio código estructural en el punto siguiente (A19-§3.1.5(2)) establece que pueden aplicarse otros diagramas tensión-deformación, siempre que representen el adecuadamente el comportamiento del hormigón considerado. En este sentido, M. P. Collins y D. Mitchell (*Prestressed Concrete Structures*. Prentice Hall. 1991) exponen que para hormigones de resistencia a compresión hasta aproximadamente 41 MPa la relación tensión-deformación del hormigón puede ser razonablemente descrita por una simple parábola de segundo grado. Esta parábola de segundo grado se puede definir así:

$$\sigma_c = -\frac{f_c}{\varepsilon_c^2}\varepsilon^2 + \frac{2f_c}{\varepsilon_c}\varepsilon$$

en donde σ_c es la tensión del hormigón en función de una deformación del hormigón ε, f_c es la tensión máxima del hormigón y ε_c es la deformación del hormigón a esa tensión máxima, que para hormigones de hasta 40 MPa de resistencia a compresión puede establecerse el valor de 0.002.

En la figura se compara el modelo propuesto por el Código Estructural (curva inferior) y por Collins y Mitchell curva superior para un hormigón de resistencia de 40 MPa.

Tensión [MPa] - deformación del hormigón

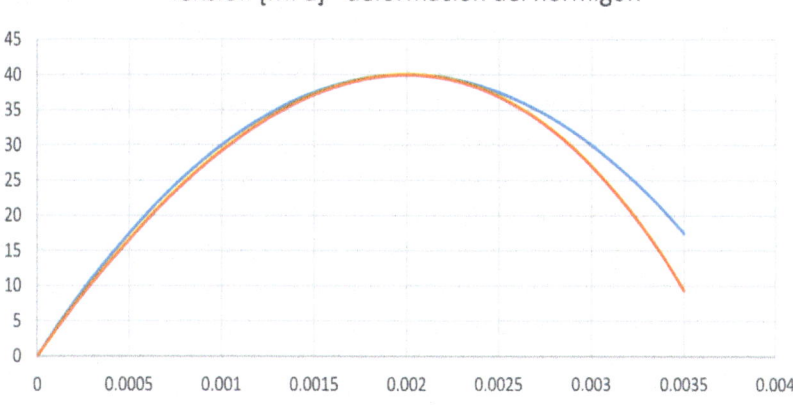

El uso de la parábola propuesta por Collins y Mitchell tiene ciertas ventajas para el cálculo como pueden ser una integración analítica directa o una mayor facilidad de deducir la tensión dada una deformación.

A partir de ahora, para establecer la relación entre el momento y la curvatura, se debe determinar los momentos y las curvaturas que le corresponden a diferentes valores de deformación $\varepsilon_{c,sup,2}$ en la cara superior del hormigón. El procedimiento es para cada valor de $\varepsilon_{c,sup,2}$ encontrar por tanteos la posición asociada de la fibra neutra c (distancia de la fibra neutra a la fibra superior de la sección) que consiga el equilibrio de axiles en la sección. Al hallar estos dos valores ($\varepsilon_{c,sup,2}$, c) se conoce el plano de deformaciones que mantiene en equilibrio a la sección. Este plano de deformaciones tiene una curvatura asociada y un momento flector que se deduce de relacionar las deformaciones con las tensiones de cada material gracias a los modelos constitutivos presentados arriba. Repitiendo el proceso para un barrido de valores de $\varepsilon_{c,sup}$ se obtiene una relación entre diferentes momentos M y curvaturas φ.

Para todo el proceso se debe tener en cuenta el estado inicial una vez transferido el pretensado (Estado 1) y el plano final de deformaciones (Estado 2).

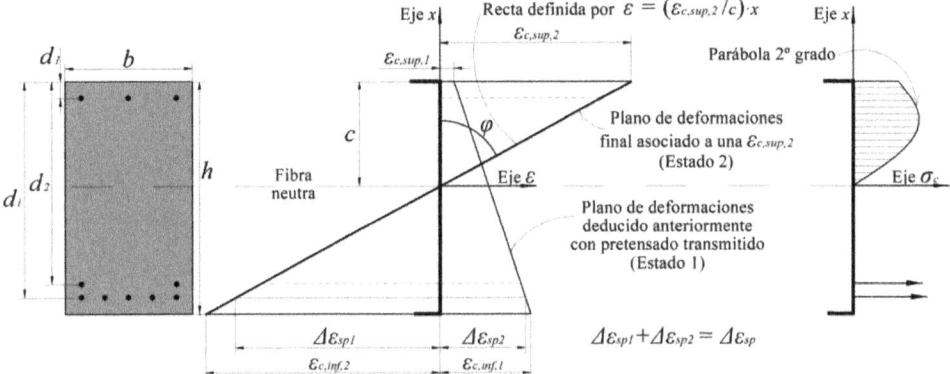

Planos de deformaciones en Estados 1 y 2 — Estado tensional del hormigón y del acero

A continuación, se presentan los pasos para conocer el momento M, la curvatura φ y la profundidad de la fibra neutra c, dada una deformación del hormigón en su cara superior $\varepsilon_{c,sup,2}$.

Paso 1.- Se estima un valor de la profundidad de la fibra neutra c arbitrario

Dado que es un análisis no lineal se realiza una propuesta inicial del valor c (para en pasos sucesivos ir ajustándola hacia la solución final c_{sol}).

Paso 2.- Se deduce la fuerza de compresión producida por el hormigón y su posición.

Tal y como se muestra en la figura la recta que define las deformaciones del hormigón (tomando como origen la posición de la fibra neutra) es:

$$\varepsilon = \left(\frac{\varepsilon_{c,sup,2}}{c}\right) x$$

Si se sustituye la ecuación que define ε en función de x dentro de la ecuación que define las tensiones del hormigón σ_c en función de la deformación del hormigón ε, resulta:

$$\sigma_c = -\frac{f_c}{\varepsilon_c^2}\left[\left(\frac{\varepsilon_{c,sup,2}}{c}\right)x\right]^2 + \frac{2f_c}{\varepsilon_c}\left[\left(\frac{\varepsilon_{c,sup,2}}{c}\right)x\right] =$$

$$= -\frac{f_c \cdot \left(\varepsilon_{c,sup,2}\right)^2}{\varepsilon_c^2 \cdot c^2}x^2 + \frac{2f_c \cdot \varepsilon_{c,sup,2}}{\varepsilon_c \cdot c}x$$

Esta es la parábola de segundo grado que aparece en la figura. Si se integra esta parábola de 0 a c (se obtiene el área debajo de la parábola mostrada en la figura) y al multiplicarla por la base b, se deduce el volumen de compresiones del hormigón que es la fuerza axil de compresión del hormigón N_c.

$$N_c = b \cdot \int_0^c \sigma_c \, dx = b \cdot \int_0^c -\frac{f_c \cdot \left(\varepsilon_{c,sup,2}\right)^2}{\varepsilon_c^2 \cdot c^2} x^2 + \frac{2f_c \cdot \varepsilon_{c,sup,2}}{\varepsilon_c \cdot c} x \, dx$$

$$N_c = b \cdot c \cdot f_c \cdot \left(-\frac{\left(\varepsilon_{c,sup,2}\right)^2}{3 \cdot \varepsilon_c^2} + \frac{\varepsilon_{c,sup,2}}{\varepsilon_c} \right)$$

La distancia desde la fibra neutra hasta el centro de gravedad del área que queda debajo de la parábola (rayada en la figura) se puede definir como el sumatorio de tensiones del hormigón multiplicadas por sus distancias a la fibra neutra y divididas por el sumatorio de tensiones del hormigón:

$$z_c = \frac{\int_0^c \sigma_c \cdot x \, dx}{\int_0^c \sigma_c \, dx} = \frac{\int_0^c -\frac{f_c \cdot \left(\varepsilon_{c,sup,2}\right)^2}{\varepsilon_c^2 \cdot c^2} x^3 + \frac{2f_c \cdot \varepsilon_{c,sup,2}}{\varepsilon_c \cdot c} x^2 \, dx}{c \cdot f_c \cdot \left(-\frac{\left(\varepsilon_{c,sup,2}\right)^2}{3 \cdot \varepsilon_c^2} + \frac{\varepsilon_{c,sup,2}}{\varepsilon_c} \right)}$$

Nótese que la resolución del denominador ya se había realizado en el proceso arriba expuesto. Por lo que:

$$z_c = \frac{\int_0^c \sigma_c \cdot x \, dx}{\int_0^c \sigma_c \, dx} = c \cdot \frac{\left(-\frac{\left(\varepsilon_{c,sup,2}\right)^2}{4 \cdot \varepsilon_c^2} + \frac{2 \cdot \varepsilon_{c,sup,2}}{3 \cdot \varepsilon_c} \right)}{\left(-\frac{\left(\varepsilon_{c,sup,2}\right)^2}{3 \cdot \varepsilon_c^2} + \frac{\varepsilon_{c,sup,2}}{\varepsilon_c} \right)}$$

Paso 3.- Se deducen las fuerzas producidas por los diferentes niveles de acero pretensado (su posición ya está definida).

Para evaluar el axil de una armadura es necesario conocer la tensión de dicha armadura de pretensado. Considerando los Estados 1 y 2 de deformaciones presentados en la figura anterior, la deformación final del acero se obtiene sumando a la deformación remanente de tesado ε_{sr} (ver figura siguiente) el valor $\Delta\varepsilon_{sp}$ (definido en la figura anterior) qua a su vez es la suma de:

$$\Delta\varepsilon_{sp1} = \varepsilon_{c,sup,2} \frac{d_i - c}{c}$$

Que es la parte del incremento del alargamiento debido a la flexión que lleva hasta el Estado 2 de deformaciones y la deformación de la armadura $\Delta\varepsilon_{sp2}$ que es la deformación que debe experimentar dicha armadura para pasar de la tensión de pretensado a la correspondiente de la descompresión de la fibra. Este alargamiento se mide o calcula a partir del plano de deformaciones del Estado 1:

$$\Delta\varepsilon_{sp2} = \varepsilon_{c,sup,1} + \left(\left(\varepsilon_{c,inf,1} - \varepsilon_{c,sup,1}\right) \cdot \frac{d_i}{h} \right)$$

Conocido $\Delta\varepsilon_{sp} = \Delta\varepsilon_{sp1} + \Delta\varepsilon_{sp2}$, se considera el diagrama tensión deformación del acero teórico del Código Estructural (figura A19.3.10 anteriormente expuesta). El punto A corresponde al pretensado permanente con tensión (también referida como tensión remanente de tesado):

$$\sigma_p = -\frac{P_\infty}{A_P}$$

A partir del alargamiento permanente del pretensado ε_{sr} se incrementa la deformación del pretensado el valor $\Delta\varepsilon_{sp}$, y con esa deformación se deduce la tensión y deformación del punto B.

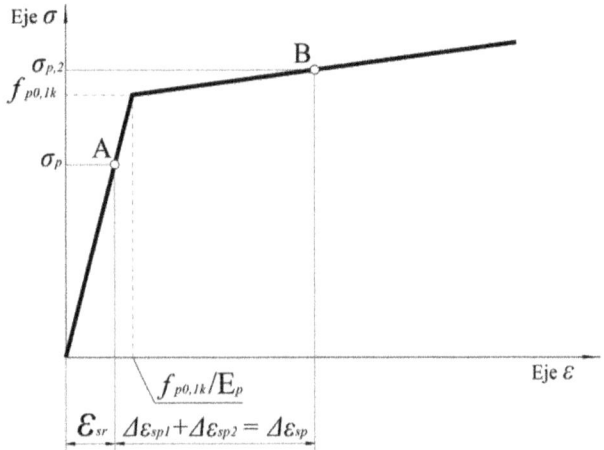

Este proceso se repite para todos los niveles de armadura pretensada que tiene la sección (3 en el caso de estudio).

Al multiplicar la tensión obtenida $\sigma_{p,2}$ por el área de acero pretensado en ese nivel se obtiene la fuerza de tracción o compresión que realiza ese nivel de armado para ese plano (Estado 2) de deformaciones. Nótese que por claridad en la figura sólo se han representado 2 vectores de los 3 niveles de armado que hay.

El axil de cada nivel de armadura i será:

$$N_{S,i} = \sigma_{p,2i} \cdot A_i$$

siendo A_i el área de armadura en un nivel determinado.

Paso 4.- Se evalúa el equilibrio de la sección y corrige el tanteo de c

Una vez obtenidos los axiles por una parte del hormigón N_c y por la otra de los diferentes niveles de pretensado $N_{S,iK}$, se suman y se evalúa si la propuesta inicial de la profundidad de la fibra neutra c consigue el equilibrio. Esto supondría que:

$$N_c + \sum N_{S,i} = 0$$

Si con el valor de c propuesto en el paso 1 el sumatorio no es igual a 0 sino que es menor que cero (las compresiones son mayores que las tracciones) se debe disminuir el valor de c para la nueva iteración (que se reinicia en el Paso 1) y si es mayor se debe aumentar el valor de c. Al realizar 3 iteraciones del Paso 1 al Paso 4 se puede dibujar una gráfica para determinar la solución c_{sol} tal y como muestra la figura.

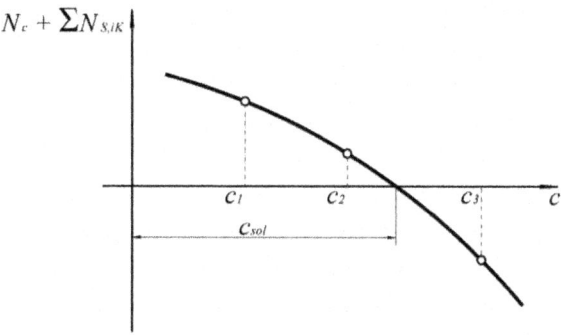

Paso 5.- Se calcula el momento M y curvatura φ resultante para el plano deformaciones definido por $\varepsilon_{c,sup,2}$ y c_{sol}

Para calcular el momento asociado a un plano de deformación que está en equilibrio de axiles, se deben multiplicar las fuerzas axiles deducidas N por las distancias z desde el punto de aplicación de esas fuerzas a la fibra neutra que se muestran en la figura.

$$M = N_c \cdot z_c + \sum N_{S,i} \cdot z_i$$

donde N_c y z_c se deducen en el Paso 2, los diferentes valores $N_{s,i}$ se deducen en el Paso 3 y los diferentes valores de $z_{s,i}$ se deducen en la figura siguiente mediante las posiciones d_1, d_2 ... d_i y c_{sol}.

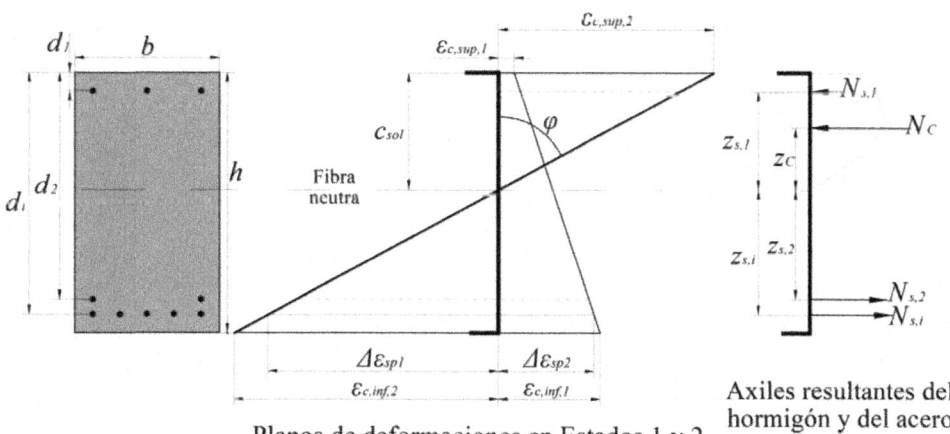

Planos de deformaciones en Estados 1 y 2

Axiles resultantes del hormigón y del acero

277

Por otra parte, la curvatura φ asociada al momento es:

$$\varphi = \tan^{-1}\left(\frac{\varepsilon_{c,sup,2}}{c_{sol}}\right) \cong \left(\frac{\varepsilon_{c,sup,2}}{c_{sol}}\right)$$

Nótese que al tratarse de ángulos muy próximos a 0 la arcotangente del ángulo es prácticamente igual al ángulo en radianes.

Solución. Iteración del proceso del Paso 1 al 5 para hacer un barrido de momentos M relacionados con curvaturas φ partiendo de diferentes valores de $\varepsilon_{c,sup,2}$

Se repiten los Pasos del 1 al 5 para diferentes valores iniciales de $\varepsilon_{c,sup,2}$ que suelen ir de valores próximos a 0 a valores próximos a 0.0035. Una vez obtenidos los diferentes pares M-φ se dibuja el diagrama.

A continuación, se presentan los resultados de aplicar el mencionado proceso al ejemplo que nos ocupa, partimos del valor $\varepsilon_{c,sup,2} = 0.002$

Paso 1.- Se estima un valor de la profundidad de la fibra neutra c arbitrario
Elegimos tres valores (en milímetros) para $c = \{100, 150, 200\}$ desarrollando el procedimiento expuesto para los tres valores. En realidad, elegimos el primero, pero el Paso 5 nos lleva a repetirlo 3 veces con diferentes valores.

Paso 2.- Se deduce la fuerza de compresión producida por el hormigón y su posición.
Para $c_1 = 100$ mm, el resultado de $N_c = -1280$ kN, $z_c = 62.5$ mm.
Para $c_2 = 150$ mm, el resultado de $N_c = -1920$ kN, $z_c = 93.75$ mm.
Para $c_3 = 200$ mm, el resultado de $N_c = -2560$ kN, $z_c = 125$ mm.

Paso 3.- Se deducen las fuerzas producidas por los diferentes niveles de acero pretensado (su posición ya está definida).
Para $c_1 = 100$ mm

Nivel i pret.	$\Delta\varepsilon_{sp1}$	$\Delta\varepsilon_{sp}$	ε_B	$\sigma_{P,2}$ [MPa]	$\Delta\sigma$ [MPa]	Ns,i [N]
3	0.011	0.0113278	0.0171248	1789.3	750	1269317
2	0.0102	0.0105081	0.0162854	1777.7	739	504423
1	-0.001	-0.000968	0.0045329	861.3	-178	366579

Para $c_2 = 150$ mm

Nivel i pret.	$\Delta\varepsilon_{sp1}$	$\Delta\varepsilon_{sp}$	ε_B	$\sigma_{P,2}$ [MPa]	$\Delta\sigma$ [MPa]	Ns,i [N]
3	0.00667	0.0069945	0.0127915	1729.2	690	1226685
2	0.00613	0.0064414	0.0122187	1721.3	682	488420
1	-0.00133	-0.001301	0.0041996	797.9	-241	339622

Para $c_3 = 200$ mm

Nivel i pret.	$\Delta\varepsilon_{sp1}$	$\Delta\varepsilon_{sp}$	ε_B	$\sigma_{P.2}$ [MPa]	$\Delta\sigma$ [MPa]	$N_{s,i}$ [N]
3	0.0045	0.0048278	0.0106248	1699.2	660	1205369
2	0.0041	0.0044081	0.0101854	1693.1	654	480418
1	-0.0015	-0.001468	0.0040329	766.3	-273	326143

Paso 4.- Se evalúa el equilibrio de la sección y corrige el tanteo de c

Para $c_1 = 100$ mm

$$N_c + \sum N_{S,i} = 860319 \ N$$

Para $c_2 = 200$ mm

$$N_c + \sum N_{S,i} = -548069 \ N$$

Para $c_3 = 150$ mm

$$N_c + \sum N_{S,i} = 134726 \ N$$

Nótese que en este paso se ha presentado en el orden natural de aproximaciones sucesivas.

Al realizar 3 iteraciones del Paso 1 al Paso 4 se puede dibujar una gráfica para determinar la solución c_{sol} tal y como muestra la figura.

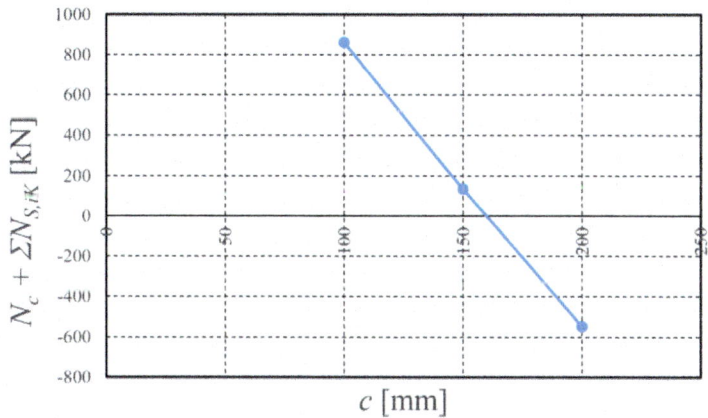

Si buscamos la intersección de la curva con el eje de axiles igual a 0 (eje horizontal) el valor solución es $c_{sol} = 159.712$ mm.

Paso 5.- Se calcula el momento M y curvatura φ resultante para el plano deformaciones definido por $\varepsilon_{c,sup,2}$ y c_{sol}

Una vez hallado el valor solución c_{sol} asociado una deformación de la fibra superior del hormigón $\varepsilon_{c,sup,2} = 0.002$, se calculan los resultados del Pasos del 1 al 4 utilizando el valor solución para c.

Los resultados son los siguientes:

Para $c_1 = 159.712$ mm, el resultado de $N_c = -2044.316$ kN, $z_c = 99.82$ mm.

Nivel i pret.	$\Delta\varepsilon_{sp1}$	$\Delta\varepsilon_{sp}$	ε_B	$\sigma_{P.2}$ [MPa]	$\Delta\sigma$ [MPa]	Ns,i [N]
3	0.00614	0.0064674	0.0122645	1721.9	683	1221500
2	0.00564	0.0059468	0.0117241	1714.4	675	486474
1	-0.00137	-0.001342	0.004159	790.2	-249	336343

$$N_c + \sum N_{S,i} = 0$$

El sumatorio de momentos con respecto a la fibra neutra es:

$$
\begin{aligned}
M = N_c \cdot z_c + \sum N_{S,i} \cdot z_i \\
= 2044316\ N \cdot 159.71\ mm + 1221500 \cdot 490.29\ mm \\
+ 486474\ N \cdot 450.29\ mm + 336343 \cdot -109.71\ mm \\
= 985.1\ m \cdot kN
\end{aligned}
$$

Mientras que la curvatura es:

$$\varphi = \left(\frac{\varepsilon_{c,sup,2}}{c_{sol}}\right) = \left(\frac{0.002\ mm}{159.71\ mm}\right) = 0.0125 \cdot 10^{-3}\ rad/mm$$

Si grafiamos la parábola de tensiones del hormigón de esta solución con respecto a la altura de la sección, el resultado es el que se muestra en la figura. En la figura se puede observar que el vértice de la parábola es el punto más alto de la sección, ya que tal y como hemos definido la tensión máxima (en este caso $fcm = 48$ MPa) se produce en la deformación del hormigón $\varepsilon_c = 0.002$, que precisamente es la deformación impuesta en la fibra superior $\varepsilon_{c,sup,2}$ para esta serie de iteraciones.

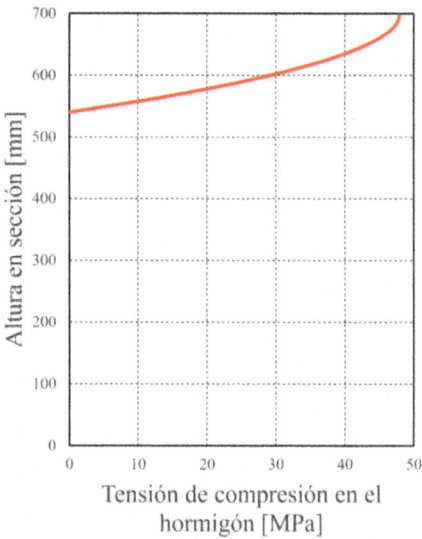

Si repitiésemos todo el proceso para $\varepsilon_{c,sup,2} = 0.003$ y $\varepsilon_{c,sup,2} = 0.00045$ los resultados serían los que se muestran a continuación:

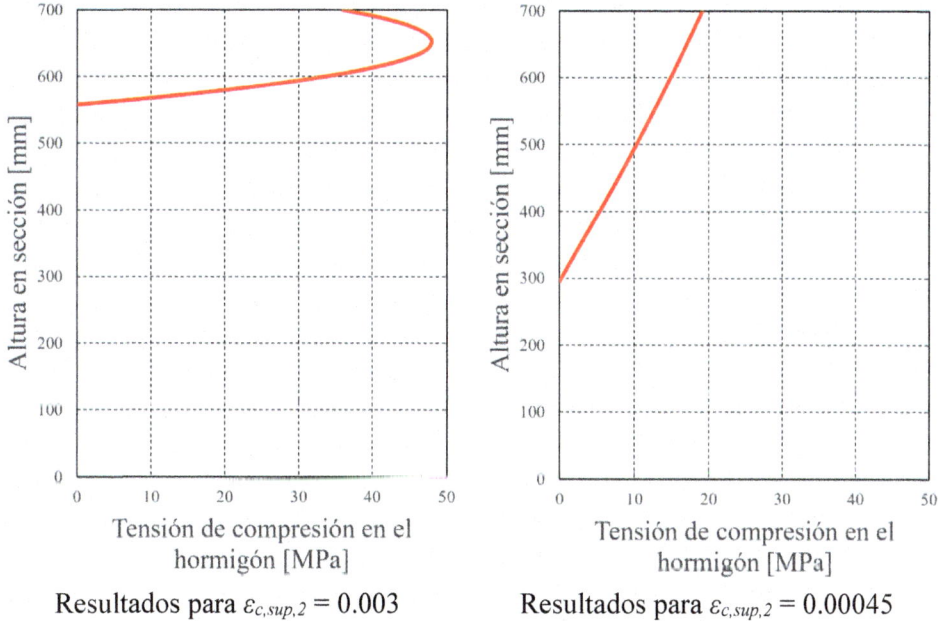

Resultados para $\varepsilon_{c,sup,2} = 0.003$ Resultados para $\varepsilon_{c,sup,2} = 0.00045$

En el primer caso se puede observar el vértice de la parábola, mientras que en el segundo el vértice de la mencionada parábola queda fuera del bloque de compresiones del hormigón debido a que no hay ninguna fibra de la sección que alcance la deformación $\varepsilon_c = 0.002$. Además, en la segunda figura (Resultados para $\varepsilon_{c,sup,2} = 0.00045$) se puede observar que cuando la tensión del hormigón está por debajo de un 40% de f_{cm} el comportamiento es prácticamente lineal, tal y como se desprende de la figura A19.3.2 del Código Estructural.

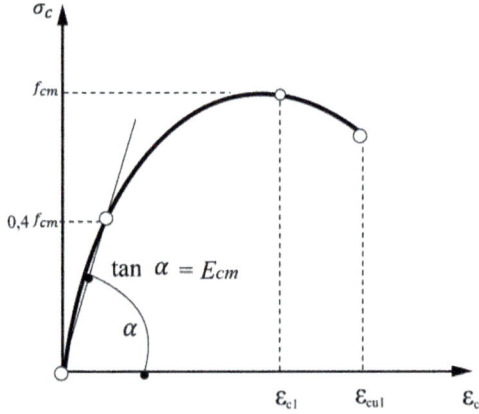

Solución. Iteración del proceso del Paso 1 al 5 para hacer un barrido de momentos M relacionados con curvaturas φ partiendo de diferentes valores de $\varepsilon_{c,sup,2}$

Tal y como se ha presentado en el procedimiento expuesto, si se repiten los Pasos del 1 al 5 para diferentes valores iniciales de $\varepsilon_{c,sup,2}$ (que suelen ir de valores próximos a 0 a valores próximos a 0.0035) se puede obtener una figura y una tabla como las que se muestran a continuación para los diferentes pares momento-curvatura M-φ.

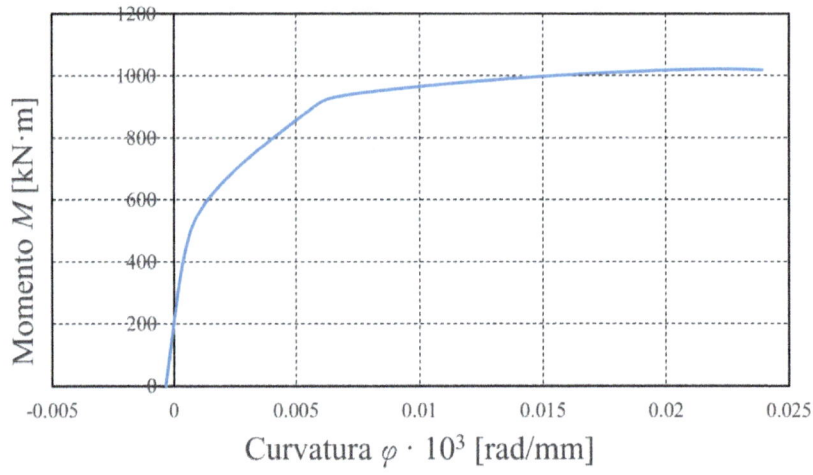

$\varepsilon_{c,sup,2}$	c [mm]	$\varphi \cdot 10^3$ [rad/mm]	M [kN·m]
0.0035	146.33	0.02391811	1019.737
0.00338	144.90	0.02335125	1021.66
0.00327	143.86	0.02270943	1022.587
0.00315	143.21	0.02199859	1022.605
0.00303	142.95	0.02122463	1021.789
0.00292	143.06	0.02039335	1020.2
0.0028	143.56	0.01951056	1017.893
0.00268	144.47	0.01858209	1014.911
0.00257	145.80	0.01761382	1011.29
0.00245	147.58	0.01661171	1007.058
0.00234	149.86	0.01558185	1002.234
0.00222	152.68	0.01453045	996.8277
0.0021	156.12	0.01346388	990.8381
0.00199	160.27	0.01238869	984.2507
0.00187	165.23	0.01131163	977.0344
0.00175	171.15	0.01023966	969.1359
0.00164	178.22	0.00917993	960.4726
0.00152	186.68	0.00813982	950.9214
0.0014	196.86	0.00712693	940.3016
0.00129	208.04	0.0061841	922.9654
0.00117	216.59	0.00540203	880.5123
0.00105	227.21	0.00463678	834.765
0.00094	241.35	0.00388256	787.9665
0.00082	260.59	0.00314877	740.0004
0.0007	287.66	0.00244753	690.3707
0.00059	327.46	0.00179428	637.6617
0.00047	389.86	0.00120827	578.1102
0.00035	497.78	0.00071226	501.2603
0.00024	719.62	0.00033081	373.1086
0.00012	35000.00	3.4731E-06	196.9635
0	∞	-0.0003224	0

b) Debido a la excentricidad del pretensado, las vigas pretensadas biapoyadas se curvan de forma convexa si las cargas gravitatorias soportadas (por ejemplo peso propio) son bajas. La deformación en vertical hacia arriba se llama contraflecha. En diseño es necesario asegurar que las contraflechas y flechas no excedan ciertos límites. La relación del diagrama Momento-Curvatura puede utilizarse para estimar las curvaturas a lo largo de un elemento si se conoce la distribución de momentos. Las deformaciones de una viga pueden calcularse conocido el diagrama de momentos y el diagrama momento-curvatura. El procedimiento para una viga con cargas uniformes es tal y como se muestra a continuación.

Una viga biapoyada de luz $l = 10$ m y carga repartida total (contando peso propio) de $q = 70$ kN/m tiene un diagrama de momentos flectores dependiente de la posición x como el que se muestra en la figura.

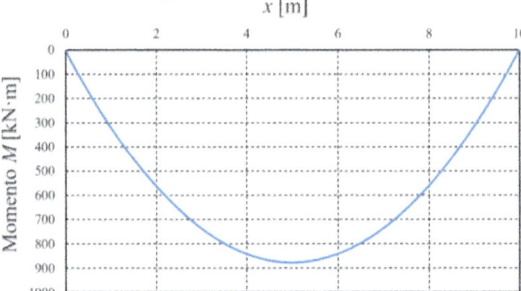

La función que describe esta parábola es:

$$M_{(x)} = \frac{q \cdot x}{2} \cdot (l - x)$$

Si dividimos la viga en un número finito de trozos (100 en este caso) y asociamos cada momento flector de la figura y función anterior a una curvatura definida por el diagrama momento-curvatura deducido en el apartado anterior se puede dibujar el diagrama de curvaturas de la viga tal y como se muestra en la siguiente figura.

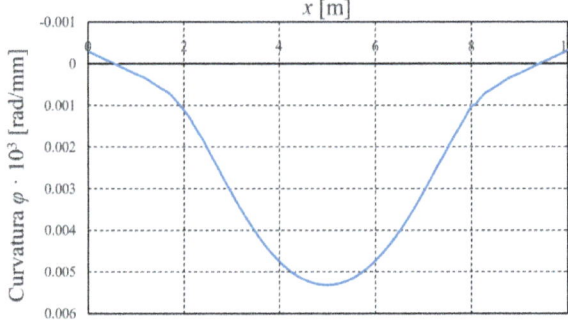

Una forma rápida y clara de ver gráficamente esta asociación y relaciones entre el momento flector M, la curvatura φ y la posición x es la que se muestra en la figura siguiente. Nótese que por conveniencia gráfica los momentos positivos se han grafiado en el semiplano superior (y no en el inferior como se viene haciendo en el resto del libro).

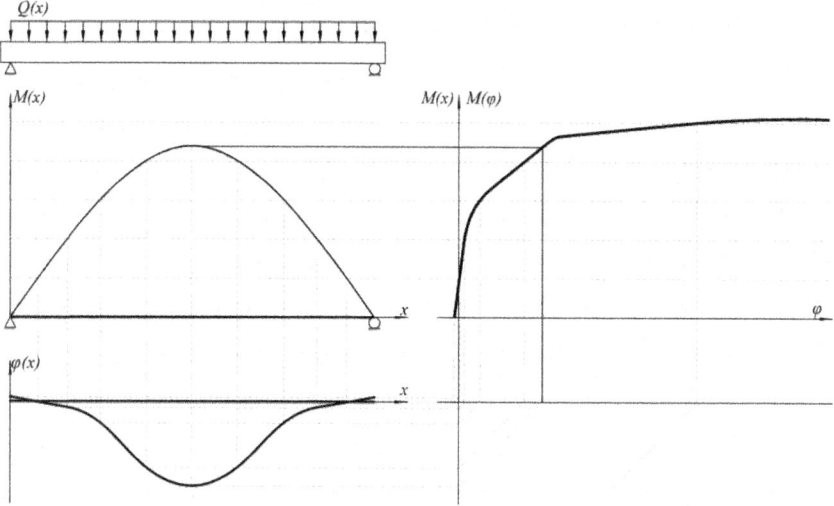

Para una carga distribuida en una viga biapoyada la flecha en el centro del vano f de una viga puede deducirse gracias al segundo teorema de Mohr y calcularse como:

$$f = \int_0^{0.5l} \varphi \cdot x \; dx$$

Con el fin de encontrar la flecha es conveniente realizar la integración numérica que se puede aproximar mediante este sumatorio hasta el punto medio de la viga (dónde por simetría la tangente a la curva de deformación es una recta horizontal):

$$f = \left(\frac{\varphi_1 x_1 + \varphi_2 x_2}{2}\right)(x_2 - x_1) + \left(\frac{\varphi_2 x_2 + \varphi_3 x_3}{2}\right)(x_3 - x_2) + \cdots$$

Las definiciones de cada uno de los valores de esta integración numérica se encuentran definidos en la figura que se muestra a continuación.

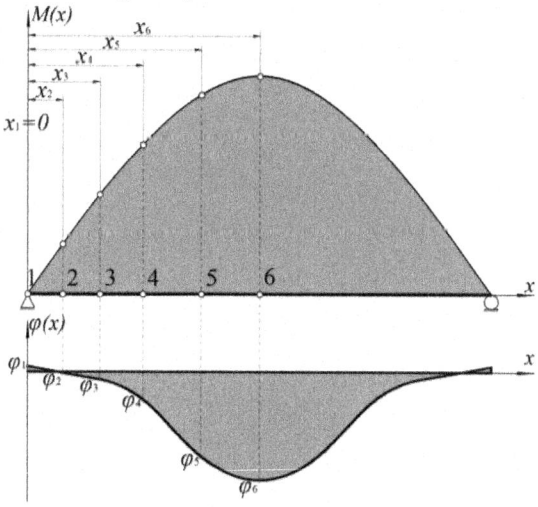

En las gráficas anteriores se puede observar que hasta x_3 no se alcanza el momento de fisuración en torno a 400 m·kN y es alrededor de esa sección donde empieza a haber una variación notable de pendientes en el diagrama de curvaturas con respecto a x.

En la tabla se puede presentan los cálculos (de media viga) para una viga discretizada en 100 partes iguales de 0.1 m cada una. La suma de los 50 valores de la última columna es la flecha predicha en mm en el centro del vano bajo cargas instantáneas.

Sección	Luz [m]	M [m·kN]	$\varphi \times 10^3$ [rad/mm]	$f=(\varphi_1 x_1+\varphi_2 x_2)/2\cdot(x_2-x_1)+(\varphi_2 x_2+\varphi_3 x_3)/2\cdot(x_3-x_2)+\cdots$
0	0	0	-0.00032	-0.00133
1	0.1	34.65	-0.00027	-0.00341
2	0.2	68.6	-0.00021	-0.00440
3	0.3	101.85	-0.00015	-0.00431
4	0.4	134.4	-0.00010	-0.00318
5	0.5	166.25	-0.00005	-0.00106
6	0.6	197.4	0.00000	0.00226
7	0.7	227.85	0.00006	0.00678
8	0.8	257.6	0.00012	0.01230
9	0.9	286.65	0.00017	0.01880
10	1	315	0.00022	0.02622
11	1.1	342.65	0.00027	0.03454
12	1.2	369.6	0.00032	0.04536
13	1.3	395.85	0.00040	0.05912
14	1.4	421.4	0.00047	0.07436
15	1.5	446.25	0.00055	0.09077
16	1.6	470.4	0.00062	0.10830
17	1.7	493.85	0.00069	0.13168
18	1.8	516.6	0.00081	0.16360
19	1.9	538.65	0.00095	0.19973
20	2	560	0.00109	0.23863
21	2.1	580.65	0.00123	0.28675
22	2.2	600.6	0.00143	0.34344
23	2.3	619.85	0.00162	0.40260
24	2.4	638.4	0.00180	0.46949
25	2.5	656.25	0.00202	0.54392

26	2.6	673.4	0.00224	0.62038
27	2.7	689.85	0.00244	0.70232
28	2.8	705.6	0.00266	0.78971
29	2.9	720.65	0.00288	0.87864
30	3	735	0.00308	0.97029
31	3.1	748.65	0.00328	1.06524
32	3.2	761.6	0.00348	1.16166
33	3.3	773.85	0.00367	1.25835
34	3.4	785.4	0.00384	1.35617
35	3.5	796.25	0.00402	1.45515
36	3.6	806.4	0.00418	1.55374
37	3.7	815.85	0.00433	1.65127
38	3.8	824.6	0.00447	1.74739
39	3.9	832.65	0.00460	1.84240
40	4	840	0.00472	1.93617
41	4.1	846.65	0.00484	2.02767
42	4.2	852.6	0.00494	2.11631
43	4.3	857.85	0.00502	2.20172
44	4.4	862.4	0.00510	2.28357
45	4.5	866.25	0.00516	2.36149
46	4.6	869.4	0.00522	2.43514
47	4.7	871.85	0.00526	2.50416
48	4.8	873.6	0.00529	2.56821
49	4.9	874.65	0.00530	2.62693
50	5	875	0.00531	

TOTAL FLECHA [mm] –   43.35 mm

COLECCIÓN BIBLIOTECA TÉCNICA UNIVERSITARIA

Títulos Publicados

BIBLIOTECA TÉCNICA UNIVERSITARIA
Títulos por Secciones

Sección Arquitectura

1. **Método y Aplicación de Representación Acotada y del Terreno** - por José M Gentil Baldrich.

2. **La Arquitectura y… Introducción al Acondicionamiento y las Instalaciones** - Por Jaime Navarro Casas.

3. **La Arquitectura y … Introducción a los materiales de Construcción- por** Milagros Borrallo Jiménez ; Pedro Gómez de Terreros Guardiola, Jaime Navarro Casas y Ana Prieto Thomas.

4. **Ejercicios de Geometría Descriptiva** – Por Juan Jsé Escudero Alameda; Amparo Bernal López-Sanvicente; José Antonio Berganza de Diego y José Mariano Ruiz Izquierdo

Sección Construcción

1. **Cerramientos Ligeros y pesados en los edificios** – Por Antonio Rolando Ayuso

2. **Economía Aplicada a la Construcción** – Por Sebastián Truyols Sebas y José Manuel Saiz Álvarez

Sección Dibujo Técnico

1. **Autocad 14 Aplicado a la Arquitectura** - Por Eduardo Martínez Borrell (AGOTADO)

2. **50 Ejercicios de Expresión Gráfica** – Por José Luís Pérez Díaz y Sebastián Palacios Cuenca

Sección Economía

1. **Definiciones y Cuestiones Básicas de Economía Actual** – Por Nuria Querol Aragón

2. **Economía Aplicada a la Construcción** – por Sebastián Truyols Mateu: José Manuel Saiz Álvarez

Sección Electrónica

1. **Ingeniería Electrónica. 7ª Edición** – *Por J. González Bernardo de Quirós*

2. **Problemas Resueltos de Ingeniería Electrónica** – *por J. González Bernardo de Quirós; José María Marcos Elgoibar y Vicente Aguilera Ribota*

3. **Radar y Ayudas para la Navegación Aérea** – *Por J. González Bernardo de Quirós*

4. **Sistemas de Control Lineal y no Lineal** – *Por José María Marcos Elgoibar*

5. **Ejercicios de Componentes y Circuitos Electrónicos** – *Por Francisco Javier Gabiola Ondarra*

6. **Problemas Resueltos de Electrotecnia** – *Por Rosa Mª de Castro Fernández; Carlos César Sanz; Mª Lourdes Peña Llana*

7. **Introducción a los sistemas de control automático** – *por José María Marcos Elgoibar*

8. **Localización Aeronáutica** – *Por Julio González Bernaldo de Quirós*

Sección Energética

1. **Minicentrales Hidroeléctricas. Mercado Eléctrico, aspectos técnicos y viabilidad económica de las inversiones** – *Por Germán Martínez Montes y Mª del Mar Serrano López*

2. **Energía Solar en Edificación -** *por Eusebio J.Martínez Conesa y Arturo García Agüera*

Sección Estructuras

1. **Problemas Resueltos de Estructuras Metálicas adaptados a la NBE-EA 95. Cálculo de Estructuras de Acero** - *Por Miguel A. Serrano y Miguel A. Castrillo* – **2ª Edición revisada y ampliada**

2. **Curso de Cálculo de Estructuras** – *Por Ignacio García-Badell*

3. **Vigas Alveoladas** – *Por Javier Estévez Cimadevilla; Emilio Martín Gutiérrez y José Antonio Vázquez Rodríguez*

4. **Diseño de Elementos de Hormigón Armado (Problemas resueltos según la EHE)** – *Por Miguel Ángel Serrano López*

5. *Principios de Construcción de Estructuras Metálicas – 2ª Edición ampliada y adaptada al CTE y a la EAE - Por Domingo Pellicer Daviña; Germán Ramos Ruiz Cristina Sanz Larrea.*

6. *Tipología Estructural en Arquitectura Industrial – Por Ángel Martín Rodríguez – Francisco Suárez Domínguez – Juan José del Coz Díaz*

7. *Hormigón Armado – Adaptado a la EHE y al CTE – por Ariel Catalán Goñi*

8. *Construcción de Estructuras de Hormigón Armado en Edificación (3ª Edición 2014) – por Eduardo Medina Sánchez.*

9. *Diseño y Cálculo de los Sistemas Estructurales (Teoría, Problemas y Programas). Tomo 1: Estructuras de Barras y Vigas – Por Dr. José Miguel Martínez Jiménez – Coautores: José Miguel Martínez Valle y Álvaro Martínez Valle*

10. *Diseño y Cálculo de los Sistemas Estructurales (Teoría, Problemas y Programas). Tomo 2: Inestabilidad y Pandeo de Estructuras, Líneas de Influencia y Cálculo Dinámico – Por Dr. José Miguel Martínez Jiménez – Coautores: José Miguel Martínez Valle y Álvaro Martínez Valle*

11. *Formulario y Tablas de Resistencia de Materiales – Por Ignacio Herrera Navarro*

12. *Resistencia de Materiales II – Por Ignacio Herrera*

13. *Diseño y Cálculo de los Sistemas Estructurales (Teoría, Problemas y Programas). Tomo 3- 2ª Edición 2023: Placas; Cables; Arcos y Láminas (Incluye CD con Programas Informáticos + Demo Programa CAESBA – Por Dr. José Miguel Martínez Jiménez – Coautores: José Miguel Martínez Valle y Álvaro Martínez Valle*

14. *Hormigón Armado – Adaptado a la EHE 08 – por Ariel Catalán Goñi*

15. *Resistencia de Materiales 1 – 2ª Edición – Por Ignacio Herrera Navarro – Catedrático del área Mecánica de Medios Continuos y Teoría de Estructuras Departamento de Ingeniería Mecánica, Energética y de los Materiales. Universidad de Extremadura*

16. *Construcción de Estructuras de Madera – Por Eduardo Medina Sánchez. Arquitecto Técnico. Profesor de la UPM – Escuela Universitaria de Arquitectura Técnica*

Sección Ganadería

1. **La Ganadería Extensiva en España** – *Por Sigfredo Francisco Ortuño Pérez y Susana González Herraiz*

Sección Geodesia y Topografía

1. **Introducción a las Ciencias que Estudian la Geometría de la superficie Terrestre: Geodesia, Fotogrametría, Cartografía y Topografía** – *Por José Juan de San José, Josefina García y Mariló López (AGOTADO)*

2. **Fundamentos Teóricos de los Métodos Topográficos** – *Por Alonso Sánchez Ríos*

3. **Problemas de Métodos Topográficos** – *Por Alonso Sánchez Ríos*

4. **Programas Informáticos de Topografía** – *Por Calos Tomás Romeo*

5. **Topografía y Sistemas de Información** – *Por Rubén Martínez Marín*

6. **Transformaciones de Coordenadas** – *Por Juan Antonio Pérez Álvarez y José Antonio Ballell Caballero*

7. **Redes Topométricas** – *Por Juan P. Carpio Hernández*

8. **Problemas de Topografía y Fotogrametría** – *Por Luís Ortiz Sanz; M! Luz Gil Docampo y Mª Teresa Rego Sanmartín*

9. **Topografía Para Ingenieros** – *Por Silvino Fernández García y Mª Luz Gil Docampo*

10. **Topografía para Estudios de Grado. 3ª Edición Ampliada y Revisada** – *Por José Juan de San José Blasco; Emilio Martínez García; Mariló López González y Alan D. J. Atkinson*

11. **Problemas Básicos de Topografía** – *Por Carlos Muñoz San Emetrio*

12. **Topografía Práctica con Problemas Resueltos** – *por Amparo Verdú Vazquez*

13. **Replanteo de Obras. Prácticas de Topografía** – *Por Mª Ángeles Domínguez Sánchez*

14. **Replanteo de Obras. Curvas de Transición – Clotoides – Acuerdos Verticales** – *Por Mª Ángeles Domínguez Sánchez*

15. **Topografía Aplicada. 2ª Edición 2023** – *Por Rubén Martínez Marín; Miguel Marchamalo Sacristán; Luis Velilla Almaraz*

16. **Topografía y Geomática Básicas en Ingeniería** – *Por Silvino Fernández García; María de la Luz Gil Docampo*

Sección Hidráulica

1. **Hidráulica Fluvial** – *Por Eduardo Martínez Marín*

Sección Informática

1. **HTML4.0 y Dinámico. Construcción de Documentos para el Servicios World Wide Web** – *Por Ángel García Beltrán*

2. **Métodos Informáticos en TurboPascal -** *por Ángel García Beltrán; Raquel Martínez Fernández y Alberto Jaén Gallego* – **3ª Edición ampliada y revisada**

3. **Iniciación a la Programación Usando Lenguajes Visuales Orientados a Eventos-** *Por Adolfo Lozano Tello*

4. **Introducción a la Informática: Programación práctica en C y Matlab®** *- Por Sagrario Lantarón Sánchez y Bernardo Llanas Juárez –* **AGOTADO**

5. **Matlab® y Matemática Computacional** – *Por Sagrario Lantarón y Bernado Llanas Juárez*

6. **Programación para Ingeniería y Ciencias con Matlab® y Octave** – *Por Sagrario Lantarón Sánchez*

Sección Ingeniería Mecánica

1. **Mecánica de Fluidos. Adaptada al Espacio Europeo de Educación Superior. Libro de Teoría y Problemas** – *Por José Pérez García y Ruth Herrero Martín*

2. **Mecánica de Fluidos. Adaptada al Espacio Europeo de Educación Superior. Cuaderno del Estudiante** – *Por José Pérez García y Ruth Herrero Martín*

Sección Ingeniería del Terreno y Geología

1. **Ejercicios Resueltos de Geotecnia. Tomo I** – *por A. Matías Sánchez*

Sección Instalaciones Eléctricas

1. **Luminotecnia** – *Por Lorenzo Salas Morera; Rafael Ayuso Muñoz y Antonio J. Cubero Atienza*

Sección Máquinas y Mecanismos

1. **Fundamentos de Teoría de Máquinas – 4ª Edición** – *Por Antonio Simón Mata; Álex Bataller Torras; Juan A. Cabrera Carrillo; Antonio Ortiz Fernández.*

Sección Matemáticas

1. **Análisis Vectorial para la Ingeniería. Teoría y Problemas** – *Por José Luís Galán García*

2. **Problemas de Álgebra Lineal** – *Por Elena Domínguez; Mario López ; Luís Sanz y Pablo Solana*

3. **Modelos Diferenciales y Numéricos en la Ingeniería- Por** *Emilio de la Rosa Oliver*

4. **Cálculo Integral y Diferencial** – *Por Francisco Bordes Caballero*

5. **Variable Compleja y Ecuaciones en Derivadas Parciales para la Ingeniería** – *Por José Luís Galán García y Pedro Rodríguez Cielos.*

6. **Fundamentos de Matemáticas (Problemas Resueltos) 2ª Edición** - *Por Esther Guervós García y Ana Pastor Regidor*

7. **Ampliación de Matemáticas para la Ingeniería** – *José Luis Galán García; Pedro Rodríguez Cielos; Yolanda Padilla Domínguez; Mª Ángeles Galán García*

Sección Mecánica

1. **Geometría de masas-** *Por Luís Delgado Lallemand y José Quintana Santana*

2. **Problemas resueltos de Tecnología mecánica** *– Por Jesús Peláez Vara; Esteban García Maté; Francisco Javier Gómez Gil*

Sección Mecánica del Suelo y Cimentaciones

1. **Cimentaciones y Estructuras de Contención de Tierras** *– Por Jesús Ayuso Muñoz; Alfonso Caballero Repullo; Martín López Aguilar; José Ramón Jiménez Romero y Francisco Agrela Sainz*

Sección Medio Ambiente

1. **Técnicas de Muestreo en Ciencias Forestales y Ambientales** *– Por Esperanza Ayuga Téllez; Concepción González García; Susana Martín Fernández, J. Eugenio Martínez Falero y Manuel Pedro Méndez*

Sección Metalurgia-Soldadura

1. **Soldadura: Tecnología y Técnica de los Procesos de Soldadura. 2ª Edición** *– Por David Rodríguez Salgado*

2. **Apuntes de Soldadura. Conceptos Básicos** *– Por Marian García Prieto*

Sección Química

1. **Problemas y Cuestiones en Ingeniería de las Reacciones Químicas** *– Por Sebastián O. Pérez Báez y Antonio Gómez Gótor*

Sección Resistencia de Materiales

1. **Problemas Resueltos de Elasticidad y Resistencia de Materiales- 2ª Edición** *– Por Antonio Argüelles Amado e Isabel Viña Olay*

2. **Problemas Resueltos de Resistencia de Materiales** *– Por Fernando Rodríguez-Avial Azcúnaga*